JN237038

プロセス化学の現場

事例に学ぶ製法開発のヒント

日本プロセス化学会 編

PROCESS CHEMISTRY

化学同人

はじめに

　プロセス化学は，医薬品・農薬など有用物質の創製と生産の中間に位置し，創製された新規有用物質の大量生産可能な方法を案出し，その方法を生産現場に委譲するきわめて重要なサイエンスである．一般に有機合成化学がプロセス化学の中核をなすが，化学工学，分析化学，分離技術，製剤工学，環境科学，法規制，特許などとも密接に関連しあう，いわばハブ・サイエンスといえよう．

　このように重要なプロセス化学のさらなる興隆を志向して，今世紀初頭に日本プロセス化学会が創設され，シンポジウムやセミナーで切磋琢磨し，出前講義などを行うとともに，プロセス化学の書籍の発行にもかかわってきた．最初に日本プロセス化学会監修で『プロセス化学の新展開』（シーエムシー出版，2003年）を，次いで日本プロセス化学会編で『医薬品のプロセス化学』（化学同人，2005年）を刊行した．前者は日本プロセス化学会の研究会やシンポジウムの講演内容をまとめたものであり，後者は医薬品のプロセス化学全般にわたって，初心者・学生などを対象に，またベテランの方がたの復習のために，基礎的事項を解説したものである．そして本書は日本プロセス化学会としては第3弾となる出版物であり，企業におけるプロセス化学のトップランナーの方がたに，各自が携わった個々の事例について生き生きと，ときに生なましく紹介していただいたものである．本書を読まれる方がたには，プロセス化学のチャレンジに値する，奥の深さ，興味深さ，困難さ，レベルの高さなどを味わっていただけるものと確信している．近時，幸いなことにプロセス化学の重要性が認識され，日本プロセス化学会以外で企画されたプロセス化学関連書籍がいくつか出版されるようになったのも歓迎すべきことであろう．

　プロセス化学者が目指す道とは，他の模倣や追随を許さない究極の生産方法，合成方法を案出することにあるといってもよかろう．そのためにこの書がおおいに役立つことは疑いのないところである．

　本書はまさに「プロセス化学者の，プロセス化学者による，プロセス化学者のため」の書籍であるが，同時にプロセス化学に興味をおもちの方がたにも自信をもってお奨めしたい．

　ご多忙のなか，本書のためにご執筆いただいた方がたに厚く感謝すると同時に，編纂にあたった日本プロセス化学会出版編集委員会の諸氏，とくに冨松公典，生中雅也，増井義之の諸博士の献身的なご努力に深く感謝し，また編集を担当された化学同人 栫井文子氏に謝意を表する．

2009年初夏

編集委員を代表して
塩入　孝之
（日本プロセス化学会会長）

● 編集委員一覧(五十音順)

秋山　隆彦(学習院大学)
五十嵐喜雄(タマ化学工業株式会社)
生中　雅也(長瀬産業株式会社)
衣川　雅彦(協和発酵キリン株式会社)
鴻池　敏郎(塩野義製薬株式会社)
五島　俊介(三協化成株式会社)
佐治木弘尚(岐阜薬科大学)
塩入　孝之(名城大学)
田辺　陽(関西学院大学)
富岡　清(京都大学)
冨松　公典(武田薬品工業株式会社)
本多　裕(味の素株式会社)
増井　義之(塩野義製薬株式会社)
吉澤　一洋(エーザイ株式会社)

目 次

まえがき iii
目　次 v

◆ 研究者をめざすあなたへ ◆
プロセスケミストへの道
.... 鴻池敏郎　1

Part I　日本が誇るプロセス化学

第1章　セファロスポリンの硫黄を酸素に変える
1-オキサセフェム抗生物質のプロセス開発
.... 上仲正朗　9

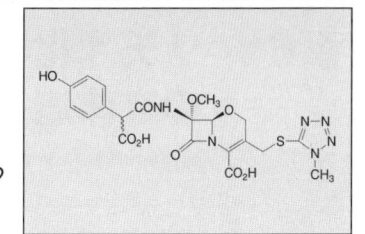

第2章　栽培する農薬から製造する農薬への転換
日本がリードしたピレスロイド系殺虫剤のプロセス研究
.... 松尾憲忠　29

Part II　合成ルートの選択

第3章　安全・品質・コストの追求
果樹用殺菌剤 (S)-MA20565 の工業的製造法
　　　　　　　　　　　　　　桂田　学　*47*

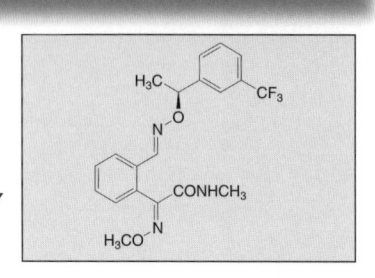

第4章　逆合成によるプロセスイノベーション
PDE5 阻害薬 KF31327 のプロセス開発
　　　　　　　　　藤野賢二・衣川雅彦　*59*

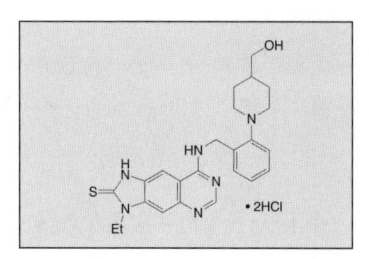

第5章　ルートの収斂化が高める効率と品質
新規三環性ヘテロ環化合物のプロセス研究
　　　　　　　　　　　　　池本朋己　*69*

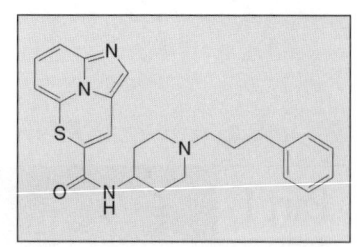

第6章　リチオ化を経由する対称分子の立体選択的合成
神経ペプチドY拮抗薬のスピロラクトン中間体の製造
　　　　　　　　　　　　　間瀬俊明　*81*

第7章　副生成物の有効利用による経済性の追求
(1S,2R)-1-アミノインダン-2-オールの工業的製造
　　　　　　　　　　　　五十嵐喜雄　*93*

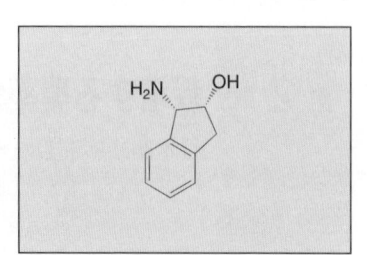

Part III 反応の開発と不純物の制御

第8章 新しいフッ素化プロセスの開発
ニューロキノロン系抗菌剤塩酸グレパフロキサシンの鍵中間体の製法
………………………… 安芸晋治・南川純一 105

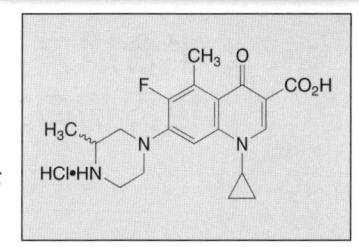

第9章 水中でのC-C結合の形成
2酵素タンデム反応によるN-アセチルノイラミン酸の合成
………………………… 丸 勇史・大西 淳・太田泰弘 117

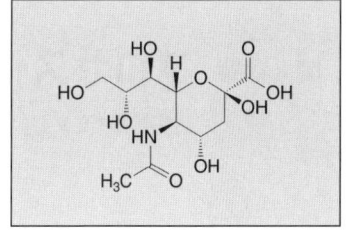

第10章 酵素を利用したキラリティーの創製
抗高脂血症治療薬キラル原料の製造
………………………… 八十原良彦 131

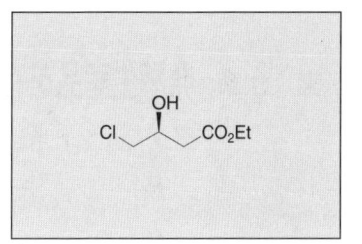

第11章 マグネシウム反応剤を用いるプロセス研究
Naチャネル阻害薬(E2070)のプラント製造を可能にしたMg反応剤の開発
………………………… 鎌田 厚・下村直之 141

第12章 不純物の功罪
セフェム系抗生物質 塩酸セフマチレンの製造と晶癖の制御
………………………… 増井義之 151

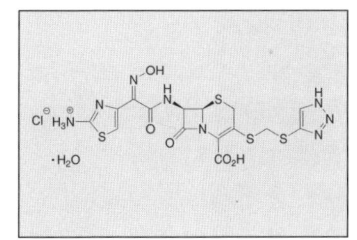

Part IV 官能基の変換

第13章 半合成アミノ配糖体抗生物質の世界初の工業化
硫酸ジベカシンの製造法改良
………………………梅村英二郎・味戸慶一　167

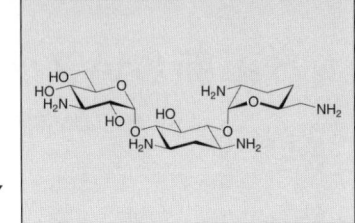

第14章 プロセス化学における温故知新
活性型ビタミン D_3 マキサカルシトールの効率的な製造法の開発
………………………清水　仁　179

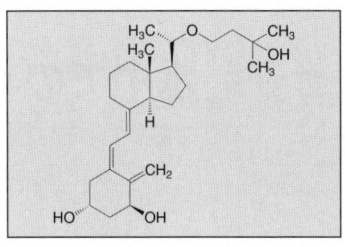

第15章 発酵生産品を有効利用した医薬品製造プロセス
ヌクレオシド系抗ウイルス薬の製法開発
………………………井澤邦輔　191

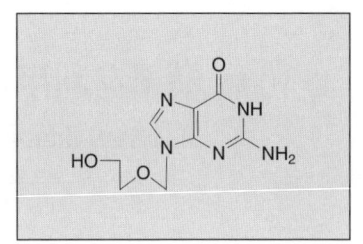

略　語 ……………………………………………………… 201
索　引 ……………………………………………………… 203

研究者をめざすあなたへ
プロセスケミストへの道

■ 鴻池　敏郎 ■
〔塩野義製薬株式会社　CMC 技術研究所〕

　私が大学で合成化学を専攻して以来約 40 年が経った．その間，有機合成を研究し，恩師，先輩，友人，若い人と交流してきた．その過程で私がどんな化学を体験し，どうしてプロになったかを紹介する．本稿が化学を目指す若い人，そして彼らを育てる方がたの参考になれば幸いである．

1. 光化学とエノラートの化学

　私は松浦輝男教授の教科書『有機光化学』で光反応に興味をもち，学部では斉藤　烈先生(京都大学工学部)の実験室でニトロ化合物の光反応を研究し[1]，有機化学と光化学の基本や反応と分離・精製など実験技術を学んだ．光反応と熱反応の許容・禁制が Woodward と Hoffman により軌道対称性保存則によって説明された頃であった．最近も熱許容反応はクリックケミストリーとして展開されるなど，プロセス化学やグリーンケミストリーにつながる新しい合成反応として期待されている．

　大学院では三枝武夫教授の下の伊藤嘉彦先生の研究室でエノラートの反応を研究した．Stork 教授が報告したシリルエノールエーテル (**1**) を用いて「さまざまな金属エノラートを発生させる」というアイデアが発端であった(図 1)．2-ブタノンから合成した **1a** と **1b** を分離してそれぞれ酸化銀/DMSO で反応させると，酸化カップリングが進行して対称 1,4-ジケトン (**2a** と **2b**) が位置特異的に生成することを発見した[2]．同様にリチウムエノラート (**3**) も，塩化第二銅/DMF で処理すると酸化カップリングを起こした．これが私の有機金属や極性溶媒中での有機合成反応との出会いであった．この反応を 2 種のエノラートのクロスカップリングに応用し，生成した非対称 1,4-ジケトン (**4**) からシス-ジャスモン (**5**) を合成した．続いて，酢酸パラ

シリルエノールエーテル
エノラートは酸素でも炭素でも反応するアンビデント求核剤で，ハードな求電子剤であるトリメチルクロロシランとはハードな酸素で反応してシリルエノールエーテルを生成するが，ソフトな求電子剤であるハロゲン化アルキルとは炭素で反応する．

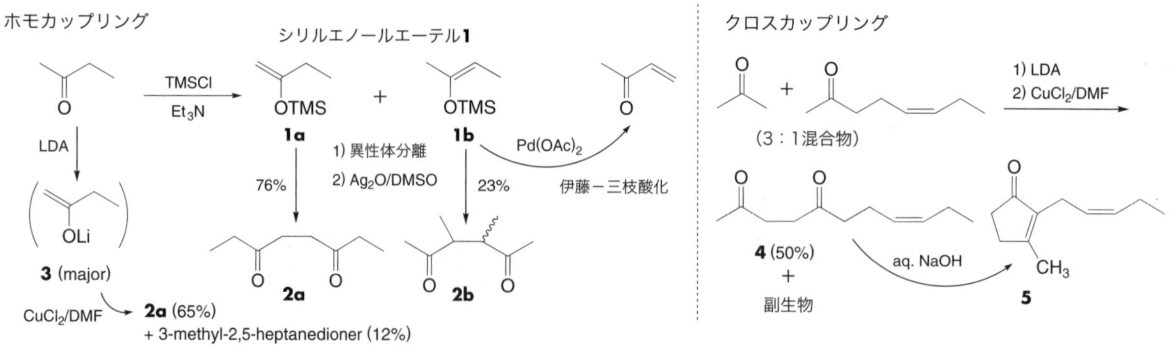

図1 エノラートの酸化カップリング

ジウムを用いてシリルエノールエーテルから不飽和ケトンを合成する伊藤－三枝酸化が発見された．当時われわれは新反応の発見を目指しており，エノラートを不斉アルドール反応などに展開することは考えなかった．しかしこのことは，その後の不斉アルドール反応の展開を考えると，実験に集中しつつも化学の視野も広めるべきとの教訓となった．

2. グラムからトンへ：オキサセフェムの合成

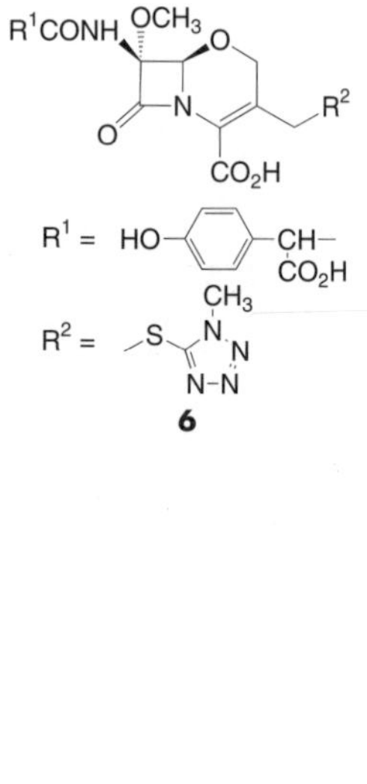

1976 年に塩野義製薬株式会社に入社，永田 亘博士とヒドロシアノ化[3])を研究した吉岡美鶴博士の下でオキサセフェム抗生剤ラタモキセフ（シオマリン®）(**6**) の合成法を開発し[4])，工場に移ってスケールアップ検討とパイロット製造を行った．たとえば塩素ガスを極低温で使用する塩素化は特殊設備を必要とするため工業化が困難であったが，同じ反応がさらし粉〔$Ca(ClO)_2$〕でも進むことを見いだし，これが発端となって実用的な別法の開発につながった．このような経験は，後年プロセス化学の研究に役立った．

不安定な β-ラクタム環を扱うオキサセフェム研究では使える反応が限られていたので，新しい反応や理論を学んでは実験で試すことを繰り返した．この反応に対する興味が私をプロセス化学に向かわせた．若い人には新反応を試みる心意気と幅広い知識の吸収を期待する．吉岡氏は英語に堪能で，皆が頼りにしていた．企業では専門知識以外にも，英語などの多様なスキルが必要である．

3. 留学とプロセス化学

1984 年に Kozikowski 研究室（ピッツバーグ大学）にポスドク留学し，C-グリコシドの合成研究と天然物アクチノボリン (**7**)（図2）の全合成を行った[5])．合成戦略を練り，反応・試薬・触媒（キラルシントン，環化付加反応，ヒドロホウ素化，パラジウムなど）を活用し，多段階合成を完成した．そし

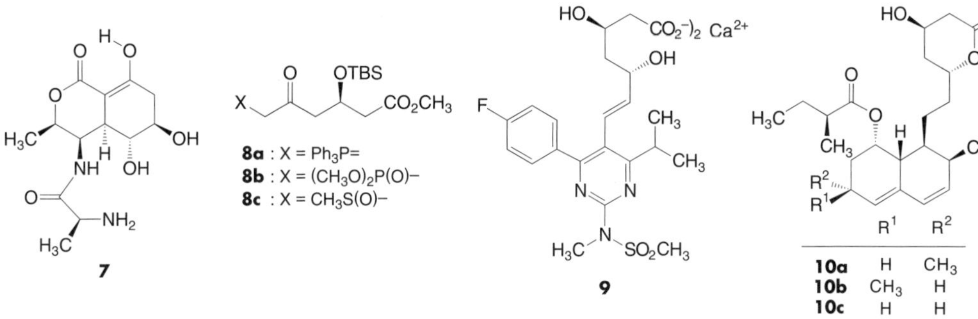

図2 天然物とスタチンの合成

て科学的な価値を求める研究や実験を行う姿勢を身につけた．この体験は今でも，報文を読み，論文を書き，校閲する際の基本となっており，留学は私の有機合成の基盤を築いた時期であった．

帰国後しばらくして独立し，新人のA君を指導してスタチンの不斉合成のプロセス研究をはじめた（図2）．テーマを光学活性3,5-ジヒドロキシヘキサン酸部位の実用的構築に定め，3種のキラル中間体(**8**)[6]を合成した．そして **8a** はロバスタチン（クレストール®）(**9**)の最初の不斉合成に使用された[7]．この仕事にかかわってきたA君は **8b**, **8c** からも別途合成を成し遂げたが，生成物のNMRが標品と一致したときは感動のあまり手が震えていた．このとき私は，A君が実験者として自立し研究者として歩みはじめたことを実感した．協力者と後継者を育てることは自分に対する修練でもあった．

その後，天然物ロバスタチン(**10a**)類縁体の全合成を研究し，**8b** を用いて3-エピメビノリン(**10b**)の全合成を完成した．さらに，コンパクチン(**10c**)合成への戦略的アプローチとしてキラルアレン合成を研究し，デオキシスタニル化反応[8]を発見して(S)-2,3-デカジエン(**11**)を合成した．この方法は(S)-tert-ブチルアレンオキシド(**12**)，クムレン(**13**)の合成に発展したが，その基盤にあったのは学生時代のケイ素化学の経験であった．このようにプロセス化学で鍛えた合成技術は，次に述べるエンドセリン拮抗薬（S-0139）のような複雑な構造の天然物をベースにした創薬研究でもおおいに役立った．

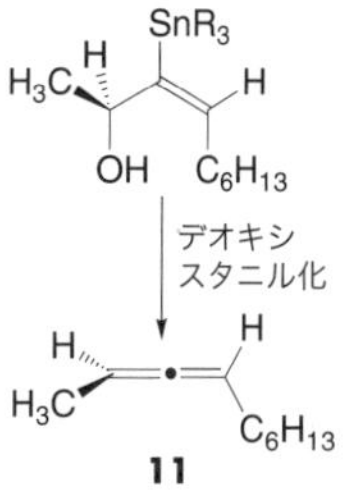

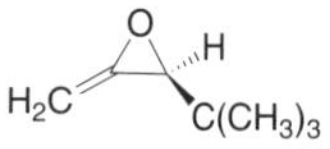

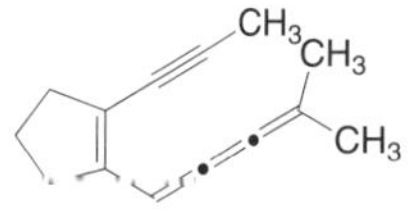

4. プロセス化学がリードする創薬

1990年，「シロコヤマモモの抽出液から発見されたトリテルペンのエンドセリン拮抗物質のミリセリン酸A(**14**)をリード化合物として循環器系疾患治療薬を開発する」ことになった（図3）．**14** は27位メチル基がヒドロキシ化され，そこでカフェイン酸(**15**)とエステル結合しているのが特徴である．構造修飾用に提供された50 mgのミリセロン(**16**)を数mgずつ用いて27位ヒドロキシ基をアシル化して構造活性相関(SAR)を検討したところ，桂皮

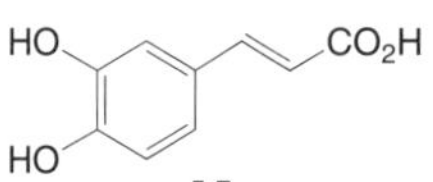

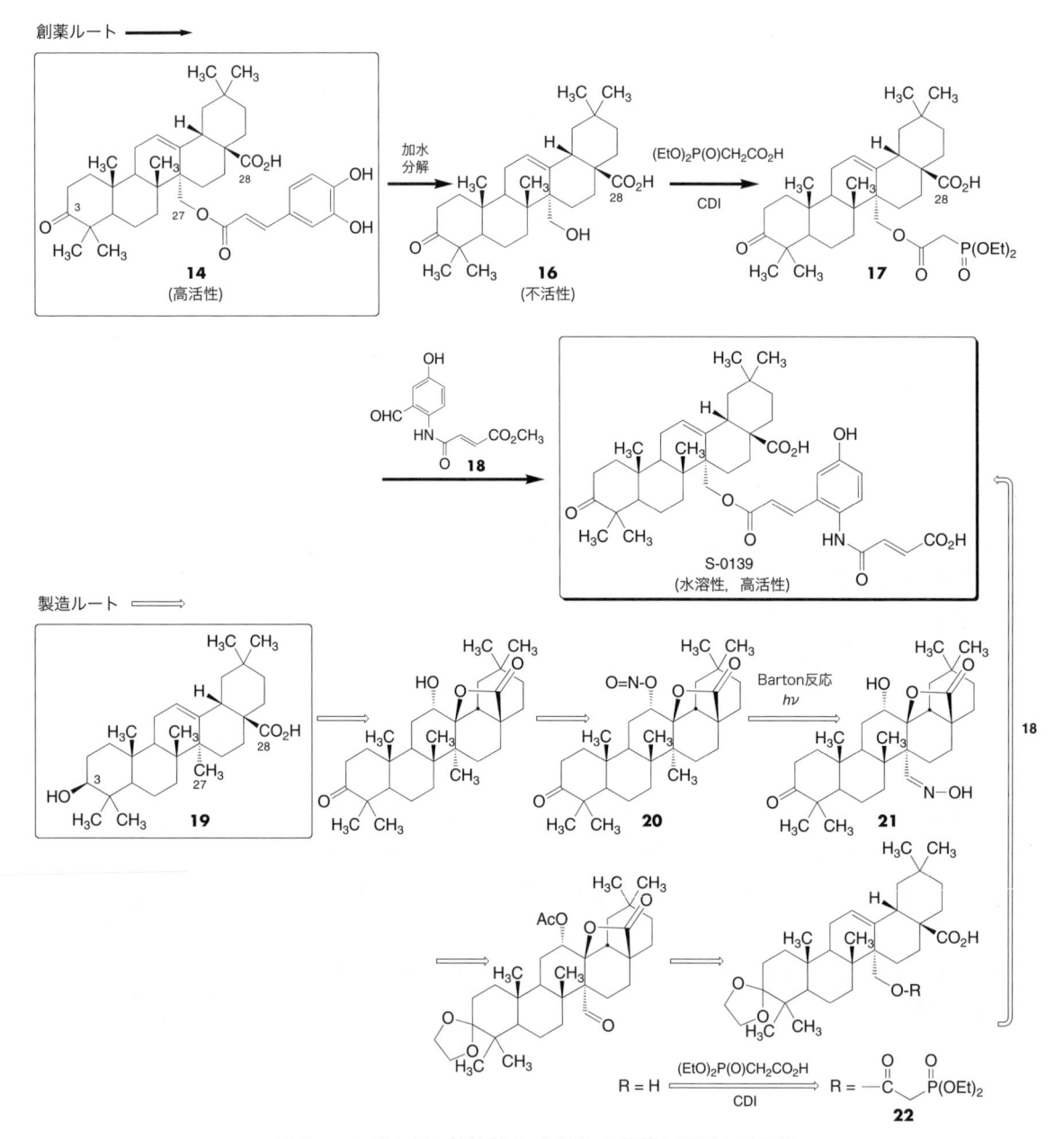

図3 エンドセリン拮抗薬 S-0139 の創薬とプロセス化学

　　酸エステルの誘導体だけが高活性を示した．そこで桂皮酸のベンゼン環について SAR 研究を効率よく展開するために，Horner–Wadsworth–Emmons (HWE) オレフィン化を利用する合成ルートを開拓した．そして **16** をホスホノ酢酸エステル (**17**) としたのち，置換ベンズアルデヒド類と縮合させて置換桂皮酸エステル誘導体を多数合成し，**18** との縮合で創出されたのが臨床開発候補 S-0139 である（創薬ルート）．しかし問題は，むしろ S-0139

の大量合成にあった.

　天然には 27 位にヒドロキシ基をもつオレアナン型トリテルペンがほとんど存在しないことから，入手が容易なオレアノール酸(**19**)から出発するルートを新たに開拓した．最終的には，図 3 の製造ルートに示したように，27 位のヒドロキシ化には Barton 反応(**20** → **21**)を利用し，HWE オレフィン化には 3 位ケトンをケタールで保護したホスホノ酢酸エステル(**22**)を利用することによって，S-0139 の大量合成を達成した[9]．このように S-0139 の創出は，天然物から出発した創薬研究をプロセス化学がリードした成果であったが，これ以降もプロセス化学主導でスルホンアミド系エンドセリン拮抗薬[10]やキマーゼ阻害薬[11]の創薬研究を行った．

5. コミュニケーションが大切

　1997 年からはマネージャーとして，すべての原薬の製法開発に従事した．今でも印象に残るのはロバスタチンの海外導出で，その年の AstraZeneca 社による査察では Robinson 博士[12]と合成法を議論し，コミュニケーションの重要性とビジネス英語のシビアさを痛感した．

　この頃の会心の研究は，S-1255 の不斉合成[13]である．最終中間体であるラセミカルボン酸(**23**)の動的光学分割が思いどおりに進行し，R 体の S-1255 が効率的に合成できた．日頃「理想は動的分割」と話しあっていた O 君が，みずから理想を実現した．プロセス化学の発見にはルート・反応・プロセスの理想を求め，語り，共有し，精緻な実験と観察を行うことが必須である．

　2000 年頃には学会活動をはじめた．中井 武東京工業大学名誉教授から「知識・知恵を人に役立てるのが仕事」と教えられた．それからはプロセス化学の普及のために社内教育や大学での出前講義を行い，化学の知識と研究への情熱を伝えるよう努めている．若い研究者は上司，指導教員から影響を受ける．そのため教育には，自由なコミュニケーションと信頼関係が不可欠である．そして今こそ望まれるのが，企業や国家の枠を越えて世界で通用する能力と技術を備えた人を育てることである．

　以上さまざまな人との交流を通じて科学・技術・スキルを吸収し，それを企業や社会に役立ててきた経験を紹介した．これらの経験をともにした多くの先輩，同輩，後輩に感謝したい．

参考文献

1) 松浦輝男, 『有機光化学』, 化学同人 (1970). I. Saito, M. Takami, T. Konoike, T. Matsuura, *Tetrahedron Lett.*, **26**, 2689 (1972).
2) Y. Ito, T. Konoike, T. Saegusa, *J. Am. Chem. Soc.*, **97**, 649 (1975). Y. Ito, T. Konoike, T. Harada, T. Saegusa, *J. Am. Chem. Soc.*, **99**, 1487 (1977). Y. Ito, T. Hirao, T. Saegusa, *J. Org. Chem.*, **43**, 1011 (1978).
3) W. Nagata, M. Yoshioka, in "Organic Reactions," Vol. 25, John Wiley, New York (1977), p.255.
4) 永田 亘, 成定昌幸, 吉岡美鶴, 吉田 正, 尾上 弘, 薬学雑誌, **111**, 77 (1991). 本書, 第3章.
5) A. P. Kozikowski, T. Konoike, A. Ritter, *Carbohyr. Res.*, **171**, 109 (1987). A. P. Kozikowski, T. Nieduzak, T. Konoike, J. P. Springer, *J. Am. Chem. Soc.*, **109**, 5167 (1987).
6) T. Konoike, Y. Araki, *J. Org. Chem.*, **59**, 7849 (1994). T. Konoike, T. Okada, Y. Araki, *J. Org. Chem.*, **63**, 3037 (1998). Y. Araki, T. Konoike, *J. Org. Chem.*, **62**, 5299 (1997).
7) M. Watanabe, H. Koike, T, Ishiba, T. Okada, S. Seo, K. Hirai, *Bioorg. Med. Chem.*, **5**, 437 (1997).
8) 荒木美貴, 鴻池敏郎, 有合化誌, **58**, 956 (2000).
9) T. Konoike, K. Takahashi, Y. Araki, I. Horibe, *J. Org. Chem.*, **62**, 960 (1997). T. Konoike, K. Oda, M. Uenaka, K. Takahashi, *Org. Process Res. Dev.*, **3**, 347 (1999).
10) T. Konoike, Y. Kanda, Y. Araki, *Tetrahedron Lett.*, **37**, 3339 (1996).
11) Y. Aoyama, M. Uenaka, M. Kii, M. Tanaka, T, Konoike, Y. Hayasaki-Kajiwara, N. Naya, M. Nakajima, *Bioorg. Med. Chem.*, **9**, 3065 (2001).
12) S. Lee, G. Robinson "Process development: fine chemicals from grams to kilograms," Oxford university press, Oxford (1995).
13) T. Konoike, K. Matsumura, T. Yorifuji, S. Shinomoto, Y. Ide, T. Ohya, *J. Org. Chem.*, **67**, 7741 (2002).

Part I
日本が誇るプロセス化学

セファロスポリンの硫黄を酸素に変える

1-オキサセフェム抗生物質のプロセス開発

■ 上仲　正朗 ■
〔塩野義製薬株式会社　CMC技術研究所〕

1. はじめに

　塩野義製薬株式会社では，1974年からセフェム系β-ラクタム抗生物質の母核構造の改変に取り組み(図1)，セフェム骨格の1位硫黄原子を酸素原子に変換した1-オキサ-1-デチア-3-セフェム-4-カルボン酸(以下，1-オキサセフェムと称する)の構築法を開発し，さらに1-オキサセフェム骨格の3位と7位を化学修飾することによって，強力な抗菌活性をもつシオマリン®(latamoxef sodium, **1**)とフルマリン®(flomoxef sodium, **2**)の創製に成功した．

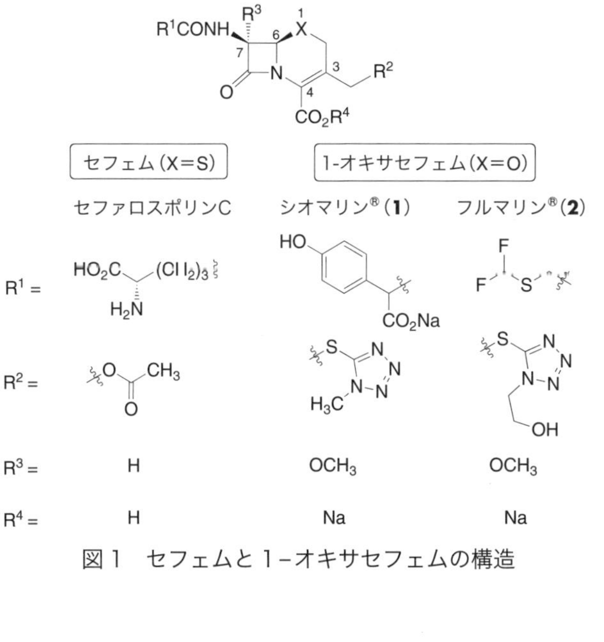

図1　セフェムと1-オキサセフェムの構造

2. 1-オキサセフェム抗生物質の生物学的特徴

硫黄原子より原子半径が小さく電気陰性度の大きな酸素原子でセフェム骨格の1位が置換された1-オキサセフェムでは，β-ラクタム環に隣接するジヒドロオキサジン環の張力がβ-ラクタム環に及ぼす歪みと酸素原子の電子求引効果によって，β-ラクタムの反応性が高められる（図2）．その結果，細菌細胞壁（ペプチドグリカン）の架橋構造の形成を触媒するトランスペプチダーゼの活性部位であるセリン残基側鎖のヒドロキシ基に対するアシル化能が向上し，本酵素に対する自殺型阻害活性によって発現する抗菌活性が，対応するセフェムよりも高まった．なお，1-オキサセフェムのβ-ラクタム環は反応性が高まったので，細菌の産生するβ-ラクタマーゼ（4種のうち3種までがセリン加水分解酵素）によって分解されやすくなったが，この欠点は 7α 位にメトキシ基を導入することによって克服できた．

硫黄原子が酸素原子に置換された結果，親水性が増大することが水-オクタノール系での分配係数の比較からも確認された．これによってグラム陰性菌の細胞外膜（糖脂質層）に対する透過性が向上し，同菌に対する強い抗菌活性が実現された．また1-オキサセフェム骨格は，薬動力学的にはタンパク質結合率が低く，尿排泄型であるという特性を示した．

1-オキサセフェムは，このようにユニークな薬理学的特性を示したので，β-ラクタマーゼ耐性の向上した 7α-メトキシ体の側鎖について構造活性

> **自殺型酵素阻害**
> β-ラクタム抗生物質は，トランスペプチダーゼの活性中心に存在するセリン残基のヒドロキシ基をみずからアシル化することによって酵素活性を阻害する．

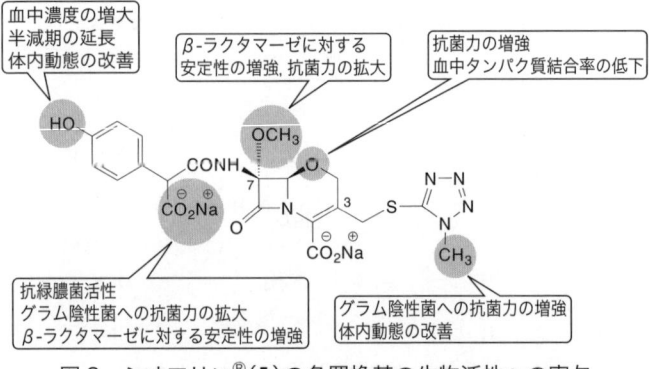

図2 シオマリン®(**1**)の各置換基の生物活性への寄与

相関研究を展開し(図2),グラム陰性菌に対する強力な抗菌活性をもつ**1**を1982年,世界で最初の1-オキサセフェム系抗生物質として上市することに成功した.引き続き1988年には,抗菌活性がグラム陽性菌にまで拡大した**2**が上市されるに至った.図2には,**1**における各置換基の薬理学的特性への寄与をまとめた.**1**と**2**はいずれも注射剤であるが,現在でも敗血症,急性気管支炎・肺炎などの呼吸器感染症,膀胱炎・腎盂腎炎などの尿路感染症治療薬として,また手術後の感染症予防薬として広範に使用されている.

3. 合成ルートの探索

1は工業的製法を含め,4種類の合成ルートが開発された.各ルートに共通する合成戦略上の特徴は,発酵で大量生産されるペニシリンを出発物質に用い,そのチアゾリジン環を開裂して得られるアゼチジノン(単環性のβ-ラクタム誘導体)の4位にエーテル結合を形成したのち,ジヒドロオキサジン環を立体選択的(3位アミノ基に対してシスになるように)に構築することによって,(6R,7R)-シス-1-オキサセフェムを完成するというものである.本稿では以後,アゼチジノン4位への酸素原子導入反応をエーテル化反応と呼ぶことにする(図3).

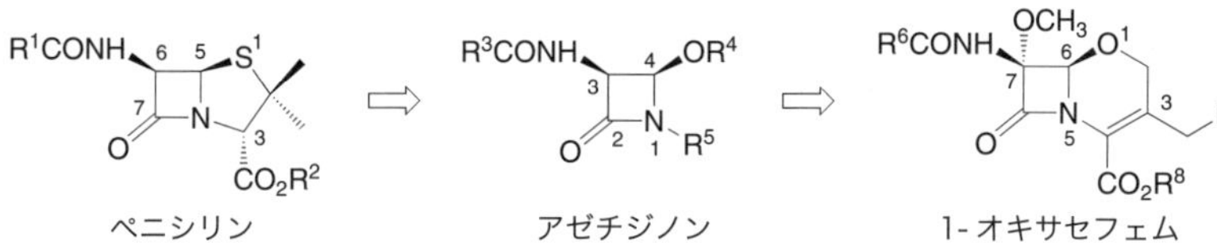

図3 ペニシリンの1-オキサセフェムへの変換

4種類のルートは,それぞれエーテル化反応の手法が異なっており,最初に開拓された第1合成ルートは立体選択性に乏しかったが,その後開発された第2合成ルート以降では高い立体選択性を達成できた.なお7α-メトキシ基は,第3合成ルートではアゼチジノンの段階で導入されたが,ほかの3ルートでは1-オキサセフェム骨格を構築したあとに導入された.

第1合成ルート(図4) [4] エーテル化反応の基質となる3-アミノ-4-クロロアゼチジノン(**7**)は,ペニシリンの6位アミノ基に結合したアシル基(ペニシリンGの場合はフェニル酢酸残基)を切断して得られる6-アミノペニシラン酸[6-APA(**3**)]から調製した.**3**にジフェニルジアゾメタン(Ph_2CN_2)を作用させてエステル(**4**)としたのち,**4**を塩素と反応させるとチアゾリジン環が開裂し(**5 → 6**),アゼチジノンの4位がクロロ化された**7**が得られた.**7**の3β-アミノ基への配位効果を利用すれば,エーテル化反応が4β-シス選択的に進行すると期待し,Lewis酸としてアミノ基とヒドロキシ基にキ

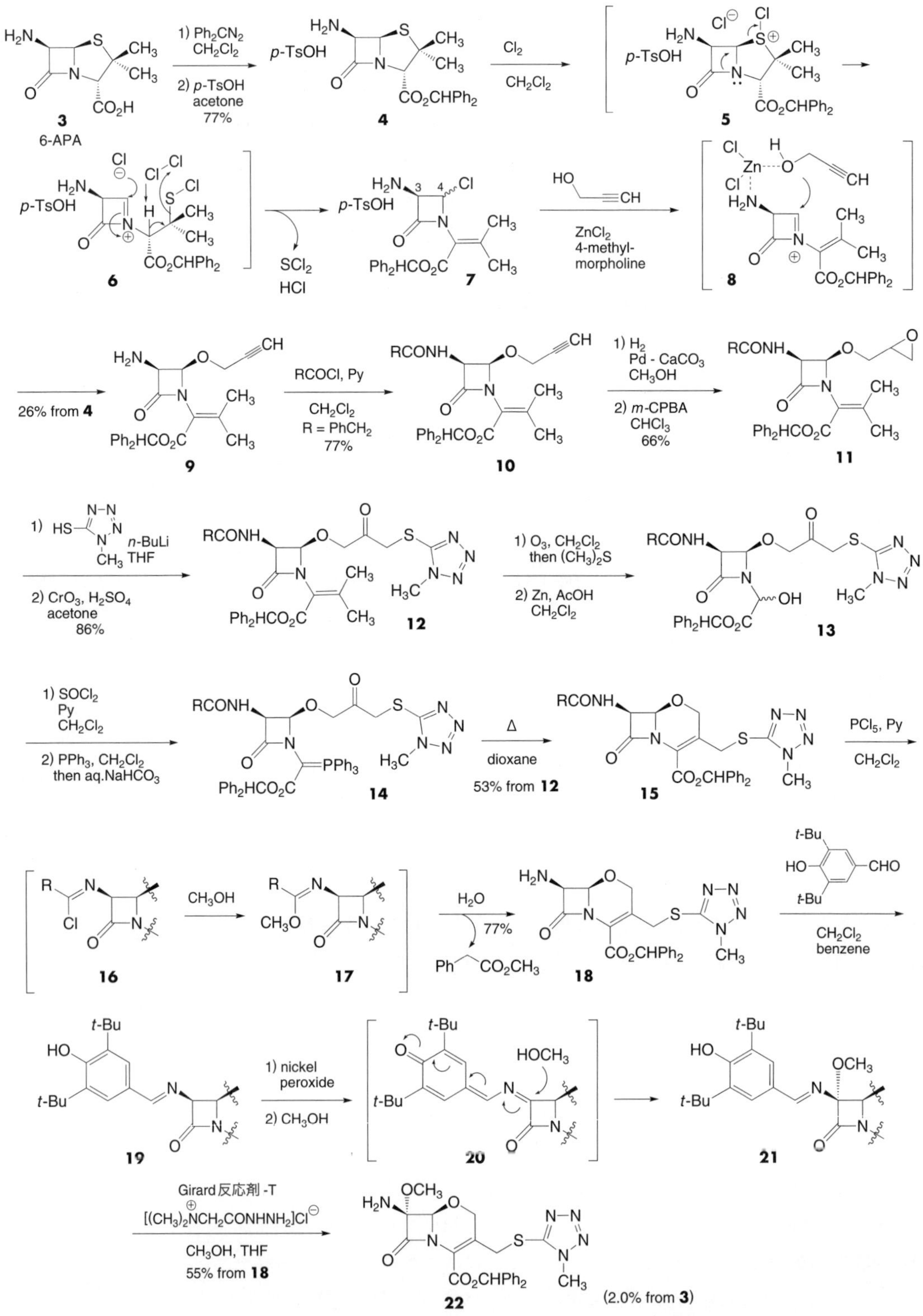

図4 第1合成ルート（プロパルギルアルコールとのエーテル化反応）

レートできる塩化亜鉛の存在下，**7** をプロパルギルアルコールで処理すると，シス体のエーテル(**9**)が優先して生成した(単離収率：シス体 = 26%，トランス体 = 13%)．**9** の 3 位アミノ基をアシル化したのち，**10** の三重結合を半還元し，生成したオレフィンを m-CPBA で選択的にエポキシ化して **11** とした．次いで，3 位側鎖を構成する 5-メルカプト-1-メチルテトラゾールで **11** のエポキシ環を位置選択的に開環し，生じたアルコールを酸化してケトン(**12**)に誘導した．

12 の 1 位置換基に存在するイソプロピリデン基をオゾン酸化して得られるケトンを亜鉛-酢酸で還元してアルコール(**13**)とした．これに塩化チオニルを作用させ，ヒドロキシ基をクロリドに変換したのち，トリフェニルホスフィンと反応させるとホスホニウム塩が得られる．これを弱い塩基($NaHCO_3$)で処理するとイリド(**14**)となる．**14** をジオキサン中で加熱すると分子内 Wittig 反応が起こり(Woodward 法)，1-オキサセフェム(**15**)を得ることができた．

次に 7α-メトキシ基を導入するために，ピリジンの存在下 **15** を五塩化リンで処理し，イミノクロリド(**16**)を経由してアミノ基に変換した(Lunn 法)．このようにして得られた 7β-アミノ体(**18**)は，3,5-ジ-t-ブチル-4-ヒドロキシベンズアルデヒドと Schiff 塩基(**19**)を形成させ，過酸化ニッケルでキノンイミド(**20**)に酸化したのち，これをメタノリシスすることによって 7α-メトキシ基を導入した．最後に **21** に Girard 反応剤を作用させて Schiff 塩基を分解して 7β-アミノ基を再生させ[*1]，**1** の前駆体となる **22** とすることができた(**22** から **1** への変換は後述する)．

本ルートにより，光学活性な **22** をはじめて得ることができたが，鍵反応であるエーテル化反応は立体選択性も収率も低く，**22** の大量合成には合成戦略の抜本的見直しが必要であることが明らかとなった．また **22** の **3** からの通算収率は 17 工程で 2.0% であり，工程数が多いことも問題であった．

第 2 合成ルート (図 5)[5]　アゼチジノン 4 位における β 選択的エーテル化反応を実現するために，Lewis 酸を介した 3β-アミノ基との弱い相互作用(図 4 の **8** を参照)の代わりに，3β-アミノ基に導入したメチルオキザリル基($COCO_2CH_3$)の反応性を利用して分子内でオキサゾリン環を形成させる反応(**24** → **25**)を利用することにした．**3** から誘導した **23** に塩素を作用させ，3β-アミノ基がメチルオキザリル化された 4-クロロアゼチジノン(**24**)を得た．トリエチルアミンの存在下，塩化亜鉛を作用させて 4 位クロロ基を活性化すると，隣接した 3β-メチルオキザリルアミノ基の関与によってオキサゾリン環(**25**)が生成した．そのイミン部分をアルミニウムアマルガムで還元し，生成したオキサゾリジンの第二級アミノ基をフェニル酢酸ク

[*1] 3,5-ジ-t-ブチル-4-ヒドロキシベンズアルデヒドとのシッフ塩基を経由するメトキシ基の導入方法(**18** → **19** → **20** → **21** → **22**)は「三共法」と呼ばれる．

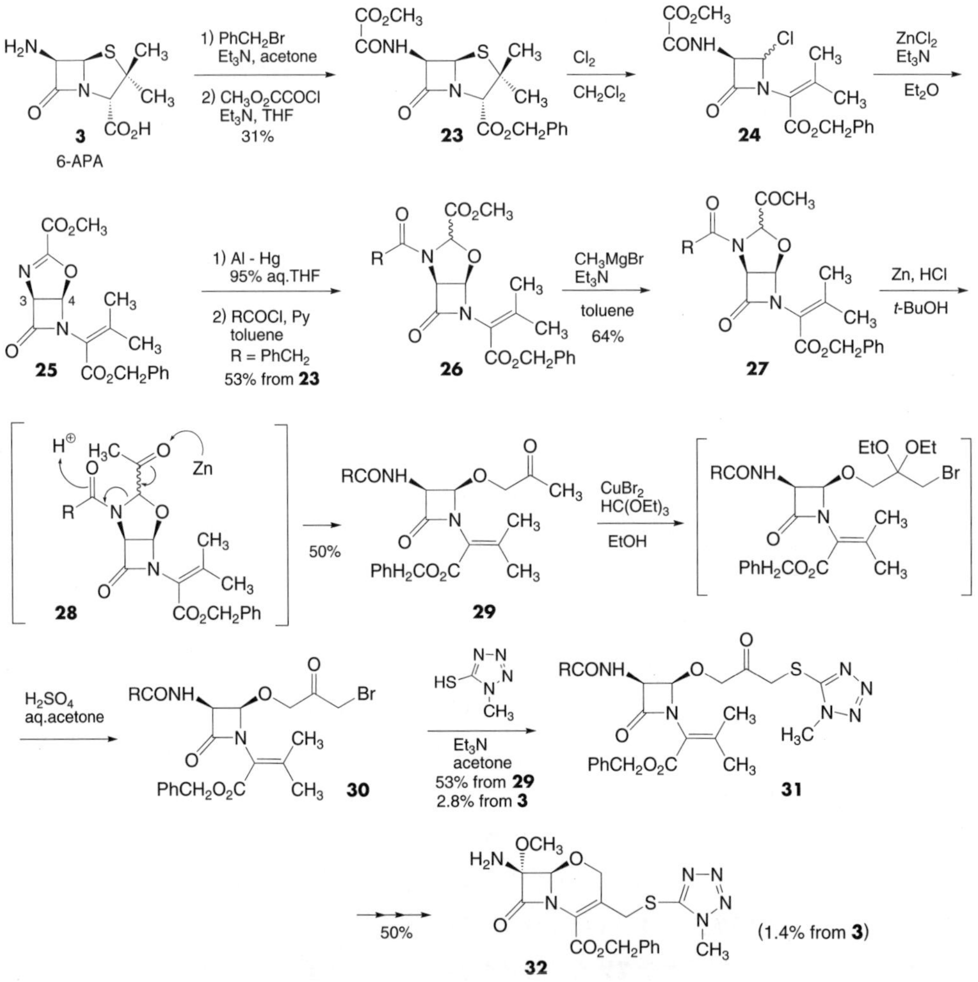

図5 第2合成ルート（オキサゾリジン環の還元的開環）

ロリドでアシル化してアミド（**26**）とした．次いでトリエチルアミンの存在下，**26**にCH_3MgBrを反応させ，メチルエステルをメチルケトン（**27**）に変換した．これを亜鉛-塩酸で還元すると，**28**に示したように2-アセチル-3-アシルオキサゾリジン環が開裂し，目的とする4β-エーテル（**29**）を収率50％で得ることができたが，同時に原料（**27**）が収率42％で回収された．このようにして得られた**29**は，4β-エーテル側鎖のメチルケトンの末端を臭素化して**30**としたのち，**1**の3位を修飾するメチルテトラゾリルチオ基を導入した．第1合成ルートと同様の方法で7α-メトキシ-1-オキサセフェム（**32**）に導いた．

本ルートにより4β位エーテル化反応の立体選択性が，はじめて制御できるようになったが，**23**から**29**に至る5工程の通算収率は17％と低く，依

然として満足のいくものではなかった．またオキサゾリン環（**25**）をいったん形成したのち，それを開裂するために煩雑な工程（**29** までの4工程）を必要とすることは，実用上も問題であった．

第3合成ルート（図6）[6]　本ルートでは4β-エーテル化反応を効率的に実施するために，アゼチジノンの3位と4位がともにβ配置のオキサゾジン環を還元的に開裂するのではなく，α配置のオキサゾリン環を外部か

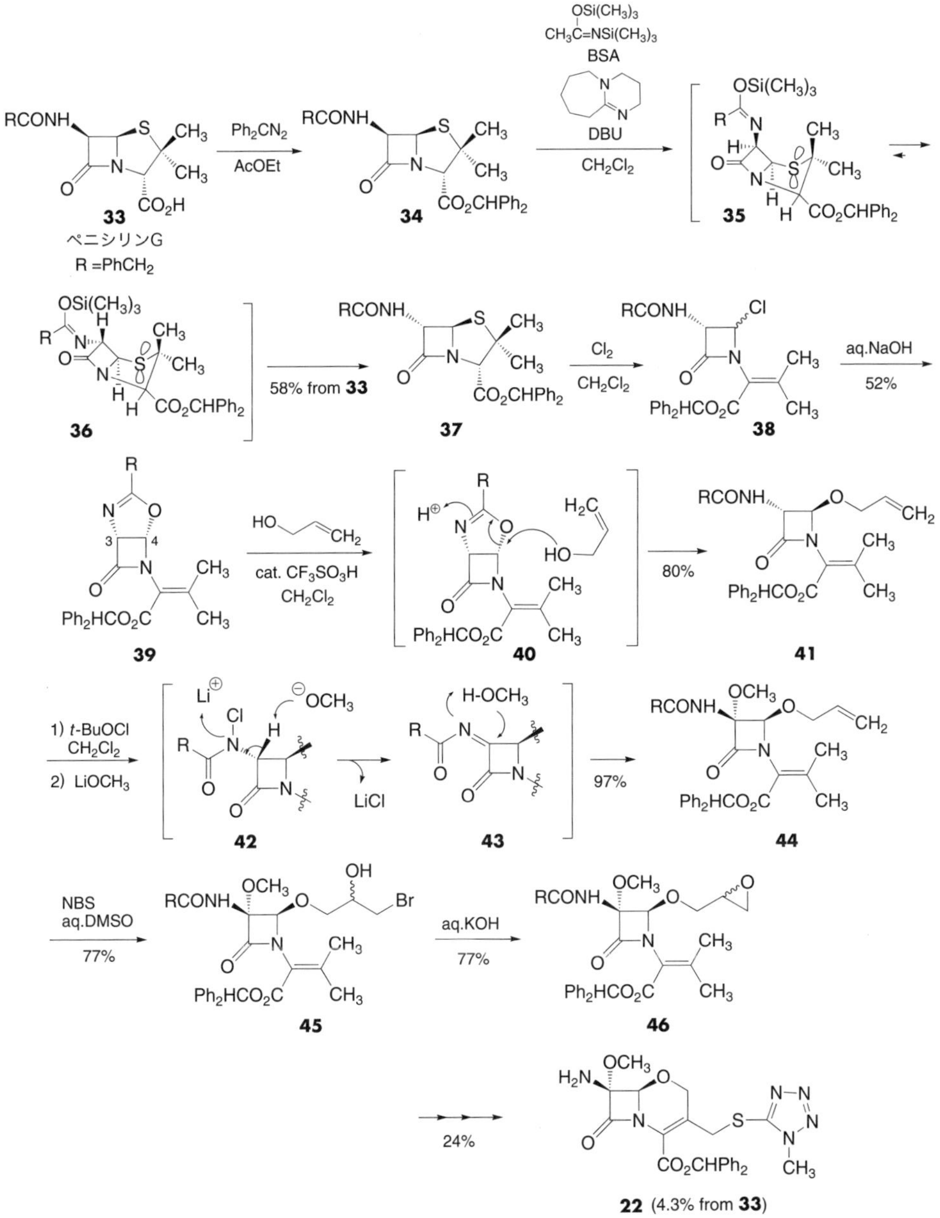

図6　第3合成ルート（オキサゾリン環のアリルアルコールによる求核的開裂）

ら加えたアルコールによって求核的に開環することを試みた．そこでペニシリンの6β-アシルアミノ基を反転させてα配置 (**37**) としたのち，アゼチジノンの3位と4位がともにα配置になったオキサゾリン (**39**) に閉環させ，これにアリルアルコールを作用させて立体配置の反転した4β-エーテル結合を形成させる．そして，4β-エーテル化反応における立体制御の役割を終えた3α-アシルアミノ基は，3位（1-オキサセフェムでは7位に相当）にメトキシ基を導入する際に再度β配置に反転させることにした (**41** → **42** → **43** → **44**)．

ペニシリンG (**33**) のジフェニルメチルエステル (**34**) をBSA–DBUで処理して6β-アシルアミノ基を反転させた6α-ペニシリン誘導体 (**37**) を得た．これに塩素を反応させて3α-アシルアミノ-4-クロロアゼチジノン (**38**) としたのち，アルカリ水溶液で処理すると，鍵中間体となるオキサゾリン (**39**) が得られた．触媒量のトリフルオロメタンスルホン酸の存在下，**39** にアリルアルコールを作用させると，4位の立体化学が反転した4β-アルコキシ体 (**41**) が収率80%で生成した．次いで，これに次亜塩素酸 t-ブチル (t-BuOCl) を作用させて生成した N-クロロ体 (**42**) にリチウムメトキシドを作用させると，イミン (**43**) を経由して3α位にメトキシ基が導入された**44**が得られた (Koppel法)．

44 は含水ジメチルスルホキシド中，N-ブロモコハク酸イミド (NBS) と反応させてブロモヒドリン (**45**) とした．次いで，アルカリ水溶液で処理してエポキシド (**46**) としたのち，第1合成ルートと同様の方法に従って**22**へと導いた．

以上のようにして，アゼチジノン4β位エーテル化反応を高収率で行うことができるようになった．しかも，3α-アシルアミノアゼチジノン (**41**) にKoppel法を適用することによって，1-オキサセフェム (**22**) における7α位メトキシ基を導入することができたので，反応工程を短縮することができた．その結果，**33** から **22** までの通算収率は4.3%になり，第1および第2合成ルートと比較して有意に高い生産性が達成された．しかしながら，4β-アリルエーテル側鎖の末端オレフィンを利用してメチルテトラゾリルチオ基を導入するには，依然として多段階の工程を必要としたうえ，分子内Wittig反応 (Woodward法) によってジヒドロオキサジンを構築する限り (**14** → **15**，図4)，工程の短縮とアトムエコノミーの改善にも限界があった．そのため**1**の製造を工業化するには，これまでの開発の延長上にはない，斬新な着想とブレークスルーが求められた．

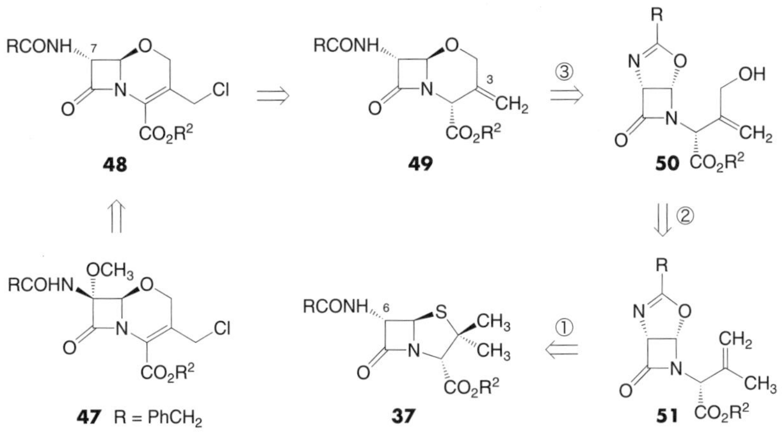

図7 分子内エーテル化反応を利用した第4合成ルートの逆合成

4. 工業的製法の原型となる合成ルートの開発

　このように逼迫した状況のもと，従来のアプローチでは解決できなかった問題を克服するために，鍵中間体として塩化アリル(**47**)を選び，その7α-メトキシ-1-オキサセフェム骨格についてあらためて逆合成解析を試みた(図7)．すなわち，比較的実施の容易な7α-メトキシ基(**47**)の導入は合成の終盤，**48**で実施することにすれば，後者はセフェム誘導体(半合成セファロスポリン)ですでに確立された変換方法を用い，3-メチレン体(**49**)から合成できると考えた．そして**49**は，これまで分子間で実施してきたエーテル化反応を分子内で行えば，オキサゾリン(**50**)から1工程で得られるはずである．さらに，後者のアリルアルコール部分〔-C(=CH_2)CH_2OH〕の前駆体として**51**が利用でき，これが6α-ペニシリン(**37**)のチアゾリジン環を開裂して得られれば，アトムエコノミーの優れた(**37**の原子を無駄なく使う)ルートが完成することになる．しかし，上記の合成計画で前提とした ① ペニシリンの脱硫的開裂(**37** → **51**)，② イソプロペニル基への酸素官能基の導入(**51** → **50**)，③ チアゾリン環に対する分子内求核置換反応を利用した1β-エーテル化反応(**50** → **49**)は，原理的には可能と思われても，当時はどれも未知なものばかりであった．そこで以下では，これらの問題をいかに克服して第4合成ルートの開拓に成功したかについて説明する．

4.1　ペニシリンG(**33**)からオキサゾリン(**51**)の効率的合成法の確立

　オキサゾリン(**51**)の実用的製法に関するブレークスルーは，意外なところからもたらされた．それは，1-オキサセフェムの合成研究に先立ち，ペニシリンをセフェムに変換しようとして偶然に見いだされた小さな発見で

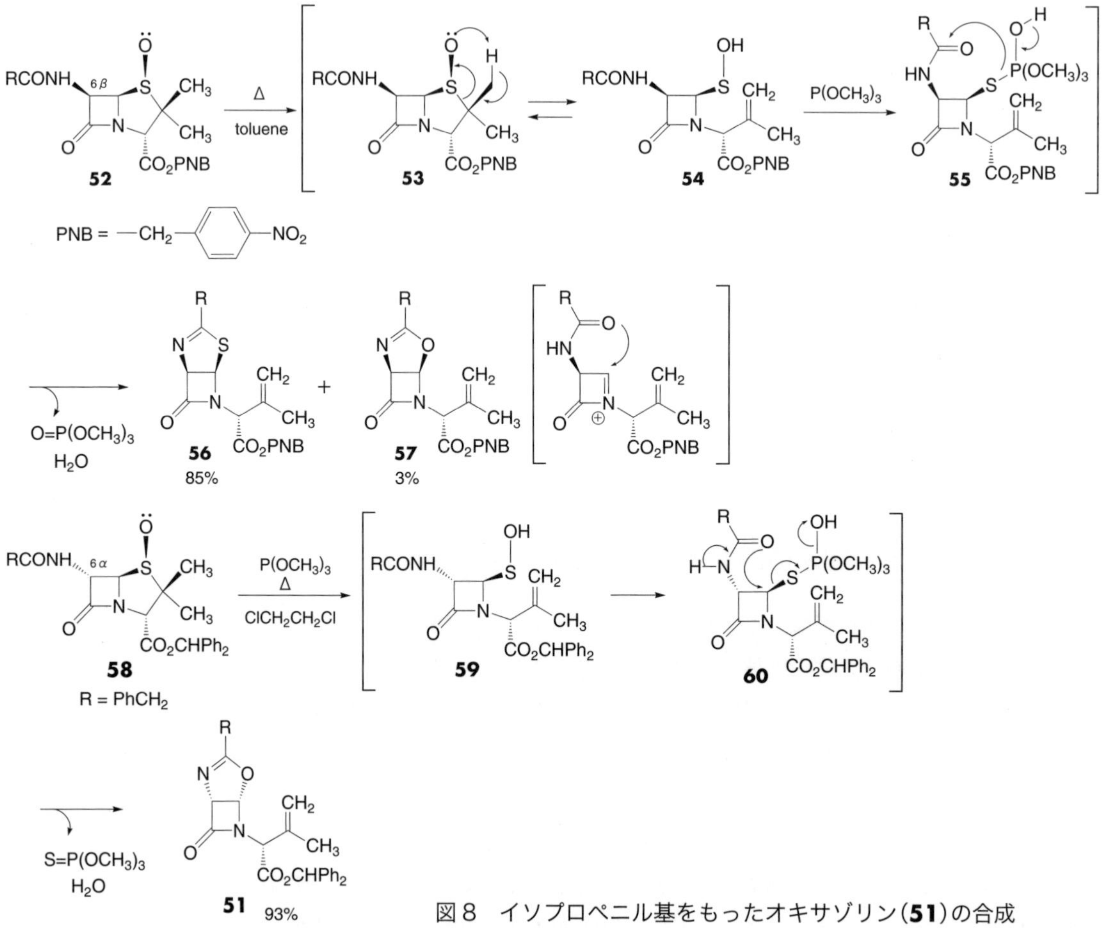

図8 イソプロペニル基をもったオキサゾリン(**51**)の合成

あった(図8).亜リン酸トリメチルの存在下ペニシリンスルホキシド(**52**)を加熱すると，2,3-シグマトロピー転位で生成したスルフェン酸(**54**)から酸素原子が奪われ，イソプロペニル基をもつチアゾリン(**56**)が主生成物として得られる(Cooper法)．しかし，**56**が結晶として析出したあとの母液を精査すると，オキサゾリン(**57**)が収率3％で副生していることがわかった．これは亜リン酸トリメチルが脱硫剤として機能することを示している．

上と同じ反応を6位の立体配置が反転した6α-ペニシリンスルホキシド〔**58**，製法は4.3項(図11)参照〕に対して試したところ，6位アシルアミノ基の酸素原子が活性化された硫黄原子を背面から攻撃できるため，むしろオキサゾリン環の形成が円滑に進行し，目的とするイソプロペニル基を備えた**51**が収率93％で生成した(図8)[7]．このように最初の課題①は，注意深い観察がきっかけで発見された新反応のおかげで，タイムリーに解決することができた．

4.2 分子内エーテル化反応に使用するアリルアルコール(50)の合成

51のイソプロペニル基を直接アリル酸化しようとしとして7通りの方法を試みたが，どの方法によっても目的とするアリルアルコール(**50**)は得られなかった（図9a）．そこでアリル位をハロゲン化したのち，加水分解してアリルアルコールに変換することを試みた．AIBNの存在下，**51**にNBSを作用させたところ，目的とするブロモ体(**61**)は生成したものの，収率は14%でしかなかった（図9b）．他方，光照射下に**51**に塩素や臭素を作用させると，生成したのはオレフィンにハロゲンが付加したジハロ体(**64**)であった（図9c）．さらに検討した結果，**51**を塩素もしくは塩化スルフリルで処理すれば，目的とする塩化アリル(**65**)が収率60%で得られることがわかった（図9d）．

このようにして得られた**65**を**50**に変換するために，トリフルオロ酢酸銀を作用させたが，反応はまったく起こらなかった（図10）．そこで，反応性の高いヨウ化物(**66**)にいったん変換したのち，トリフルオロ酢酸銀と反応させたところ，トリフルオロアセトキシ体(**67**)を収率96%で得ることが

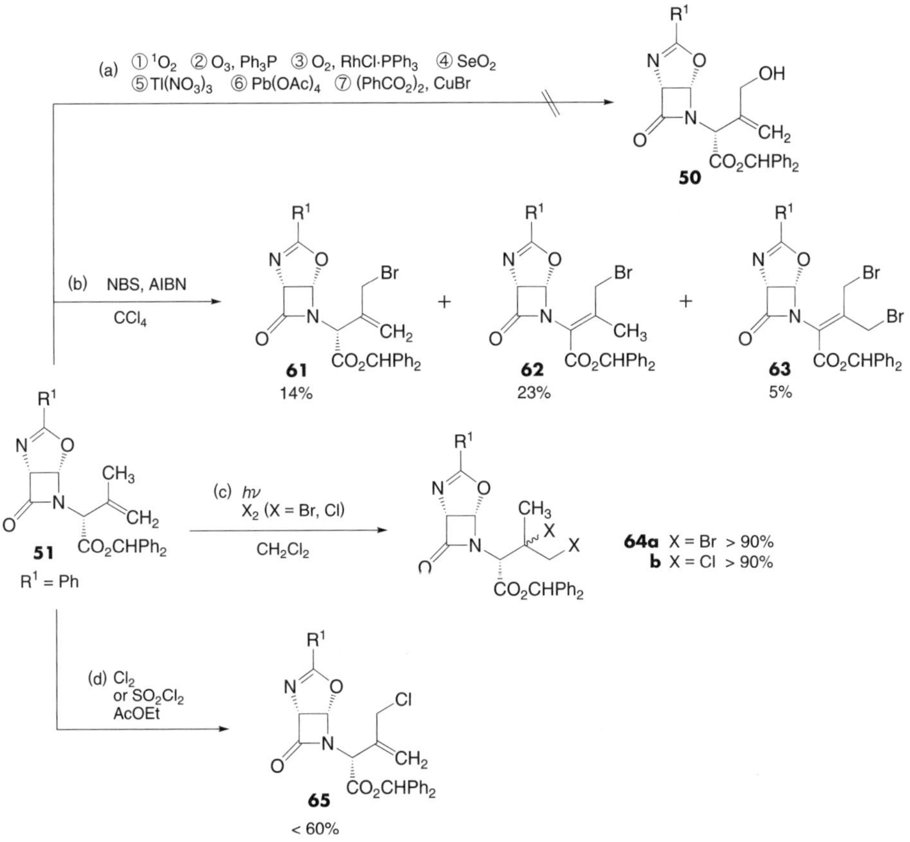

図9 アリル酸化の試みとアリル位のハロゲン化の検討

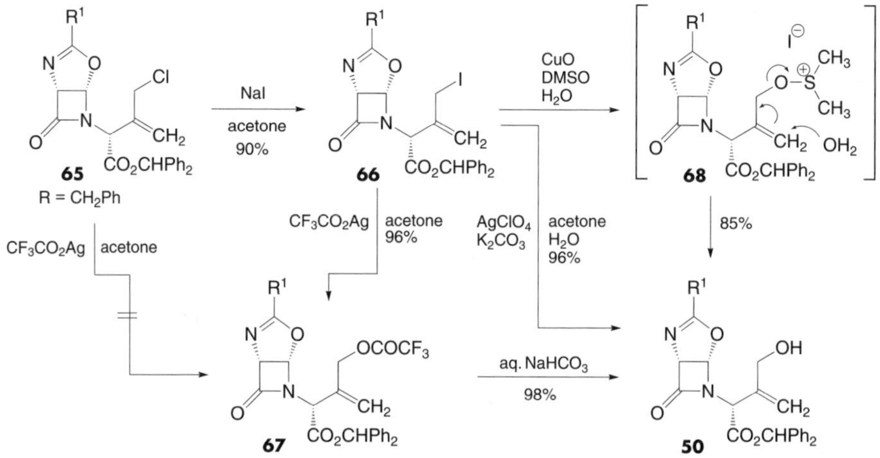

図 10　塩化アリル(**65**)のアリルアルコール(**50**)への変換

できた．そしてこれを炭酸水素ナトリウム水溶液で処理すると，目的とする**50**に高収率で変換された．なお，含水アセトン中，炭酸カリウムの存在下，**66**を過塩素酸銀で処理しても，**50**に変換することができた．

　次に高価な銀塩の使用を回避するために，**66**を直接加水分解して**50**にする方法を検討した．炭酸カリウムの存在下，**66**を含水ジメチルスルホキシドと加温すると，低収率ながら目的とする**50**が生成することが観察された．そこで**66**の加水分解反応を促進するには，銀塩のようにハロゲン化物イオンと親和性の高い金属塩を共存させればよいと考え，そのような金属塩を探索して銅塩が有効であることを突き止めた．そして，添加効果の最も大きいのは，酸化銅(I)であることを見いだした．事実，酸化銅(I)の存在下，**66**を含水ジメチルスルホキシドと加温すると，目的とする**50**が収率85％で得られた．なおこの反応は，ほかの含水溶媒（ジメチルホルムアミド，スルホラン，ヘキサメチルリン酸トリアミド）ではまったく起こらないことから，オキソスルホニウムイオン(**68**)を経由して進行したものと考えられる．

　以上の検討の結果，**51**のイソプロペニル基の末端メチル基を塩素（もしくは塩化スルフリル）でクロロ化したのち，**65**をヨウ化物（**66**）に変換し，これを酸化銅(I)の存在下，含水ジメチルスルホキシドで加水分解することにより，3工程を要するものの**50**を収率46％で得ることができるようになった．これにより課題②も解決できた．

4.3　分子内エーテル化反応によるジヒドロオキサジン環の形成

　最後に，**50**においてジヒドロオキサジン環を形成するための反応条件を検討した．その結果，酢酸エステル中**50**にBF$_3$·OEt$_2$を作用させると，オキサゾリン環に対する分子内求核置換反応が立体反転を伴って進行し，3-

メチレン-1-オキサセフェム (**49**) が収率 90% で得られた．これによって課題③も無事，解決することができた．

4.4　第4合成ルートの完成

以上のようにして鍵反応である分子内エーテル化反応が実現できたので，**49** から 7α-メトキシ-1-オキサセフェム体 (**22**) への変換を検討すると同時に，**51** を生成する脱硫反応の基質となる **58** の合成法についても，工業化のための改良を実施した (図 11)．

具体的には，触媒量のタングステン酸ナトリウムの存在下，ペニシリン G (**33**) を過酸化水素水処理したのち，生成したスルホキシドをジクロロメタン中 BSA-DBU で処理すると，6 位アシルアミノ基が反転した 6α-ペニシリンスルホキシド (**69**) が収率 58% で得られた．次いで，これにジフェニルジアゾメタンを作用させると，目的とする **58** を収率 94% で得ることができた．このようにして得られた **58** は，亜リン酸トリメチルとの反応で **51** を収率 90% で与えたが，後者は上述の方法 (4.1, 4.2, 4.3 項) に従って 4 工程通算収率 39% で **49** に変換されることが確認された．

セフェム誘導体では，**49** に対応する 1-チオ-3-メチレン体に Koppel 法 (図 6 参照) を適用すると，アリル転位したクロロ体の形成と 7α-メトキシ基の導入が同時に起こることが知られていた[*3]．しかし実際には，この方法によって **49** を直接 **47** に変換することはできなかった．また **49** に対応するセフェム誘導体に臭素と DBU を作用させると，アリル転位した 3-ブロモメチル体 (**48** の 1 位 O と Cl がそれぞれ S と Br に置き換わった化合物) が得られることが報告されていたが[*4]，この方法によっても **49** を **48** に対応するブロモ体に変換することはできなかった．しかしながら，図 9(c) にならってジクロロメタン中，光照射下 (タングステンランプ) に **49** を塩素と反応させるとジクロロ体 (**70**) が生成したので，これに DBU を作用させると，塩化水素が脱離し，目的とする **48** を収率 65% で得ることができた．

このようにして得られた **48** は，Koppel 法によって 7α-メトキシ基を導入したのち，**47** の 3 位クロロメチル基をヘテロ環で修飾して **71** とした．最後に 7β-アシルアミド基を Lunn 法 (図 4 参照) で切断し，目的とする **22**

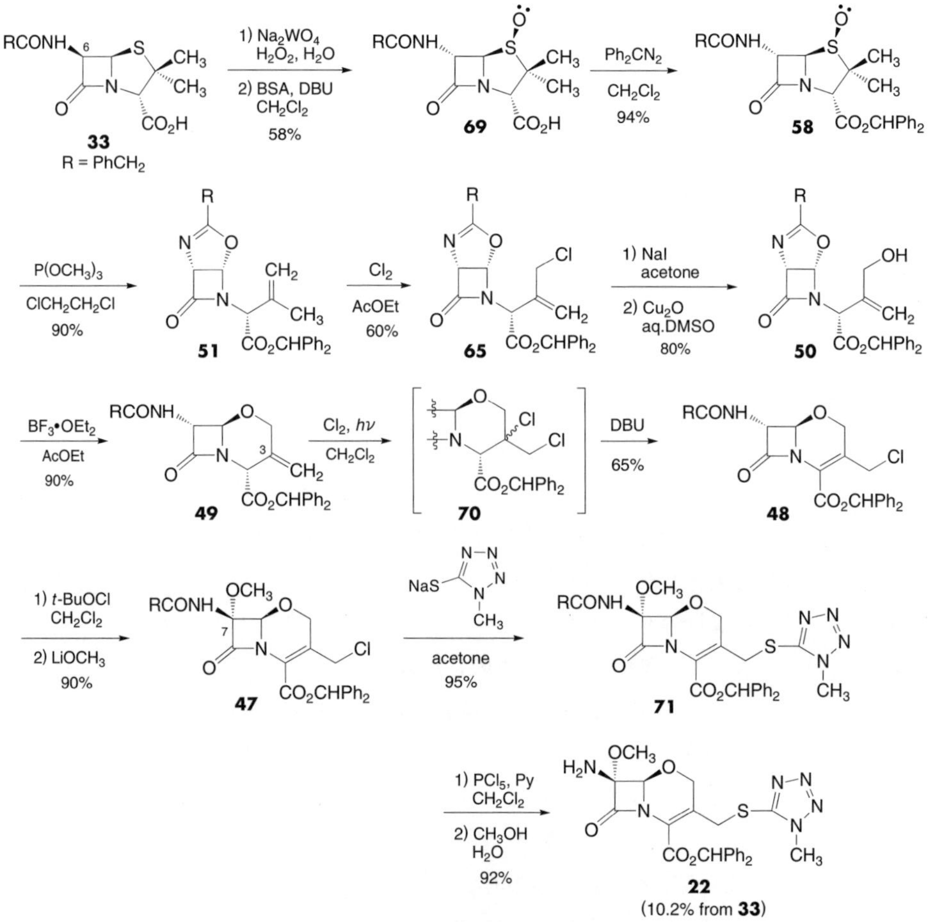

図11 第4合成ルート

を **48** からの3工程通算収率79％で得た．以上のようにして，工業的製法の原型となる第4合成ルートが完成し，鍵となる **22** がペニシリンG（**33**）から13工程通算収率10.2％で合成できるようになった．

5. シオマリン®（**1**）の工場生産

上述の第4合成ルートが完成したのは，1-オキサセフェムの合成研究を始めて3年後の1978年のことであったが，これをもとに **1** の工業的製法を確立するには，さらに以下に述べるような改良が必要であった．

まず第4合成ルートでは，**69** をエステル化してジフェニルメチルエステル（**58**）を調製するために，危険なジフェニルジアゾメタンを使用していた（図11）．さらにペニシリンG（**33**）のスルホキシド化に用いた反応条件は，他社の特許に抵触するおそれがあった．そこで，**58** に対する独自の製法を開発した（図12）．まず出発原料は，**33** よりも廉価な6-APA（**3**）に変更し，

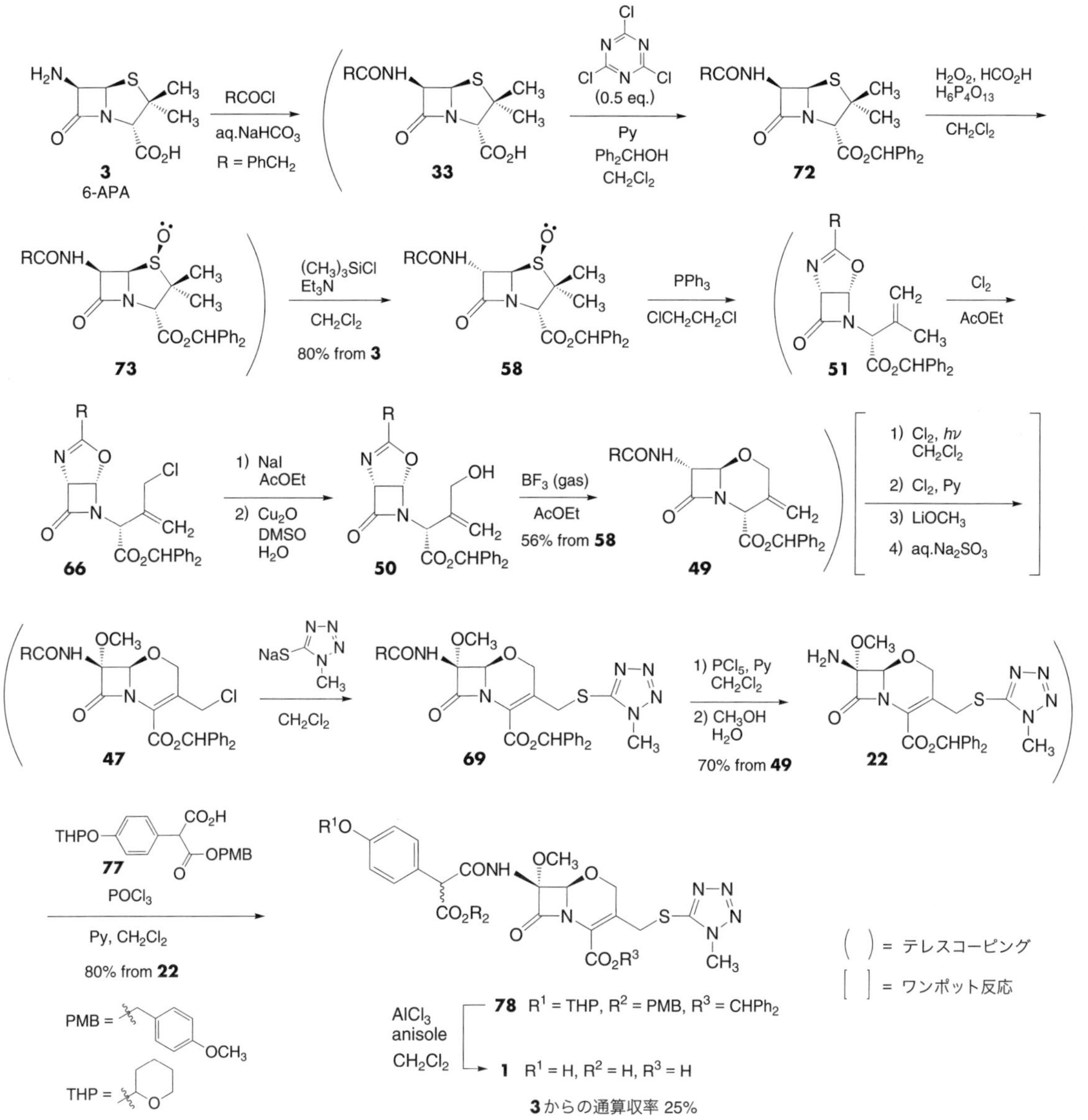

図12 シオマリン®(**1**)の工業的製法

これを塩化フェニルアセチルで*N*-アシル化して**33**とした．次いで，2,4,6-トリクロロ-1,3,5-トリアジンを縮合剤に用い，**33**をベンズヒドロールでエステル化して**72**を得た．

ペニシリンのエステル誘導体をジクロロメタン中，ギ酸の存在下，過酸化水素水で処理すると，対応するスルホキシドが生成することが知られていたが，**72**では分解反応と過剰酸化によるスルホンの副生が起こり，満足する収率で**73**が得られなかった．そこでギ酸と過酸化水素水の反応を促進して酸化反応全体の効率を高めるために，脱水剤の共存下に高濃度の過酸化水

素を調製する条件を検討した．事実，**72** を過酸化水素／ギ酸／ポリリン酸（$H_6P_4O_{13}$）〔1.05：0.75：0.27（当量比）〕で処理したところ，スルホキシド（**73**）の収率は94％まで向上した．さらに **33** から **73** までは，中間体を単離・精製することなく反応を連続して行うテレスコーピング（telescoping）化にも成功した．最後に，BSA-DBU（図6／図7）の代わりに安価なクロロトリメチルシラン-トリエチルアミンを用いても6β-アシルアミノ基の反転が起こることを見いだし，**58** の経済的製法が確立した．

　58 の脱硫反応（Cooper法）では，悪臭のする亜リン酸トリメチルを無臭のトリフェニルホスフィンに置き換えることができた．その後 **51** から **49** までの変換は，分子内エーテル化反応で$BF_3 \cdot OEt_2$の代わりにガス状のBF_3を使用する以外は，第4合成ルート（図11）と同じ条件に従って実施したが，テレスコーピング化することによって収率を39％より56％に高めることができた．

　製造ルートの後半では，**49** から **47** への変換をすべて同一の反応槽で行うワンポット（one-pot）化に成功した．そのきっかけは，Koppel法において次亜塩素酸t-ブチル（t-BuOCl）を用いて行ってきた7位アシルアミノ基のN-クロロ化〔たとえば **41** → **42**（図6）〕が，ピリジンの存在下，塩素を用いても進行することを見いだしたことであった（図13）．検討の結果，光照射下に **49** を塩素と反応させジクロロ体（**70**）としたのち，そのままピリジンと塩素を追加すると **74** が生成した．このとき，過剰の塩素を加えておくと，次の脱離反応で使用するリチウムメトキシドと反応して次亜塩素酸メチル（CH_3OCl）が生成する．次いで **74** にリチウムメトキシドを作用させると2分子のHClが脱離してイミン（**75**）が生成する．このようにして生成したアシルイミン（**75**）が次亜塩素酸メチルの存在下，リチウムメトキシドと反応すると，N-クロロ-7α-メトキシ体（**76**）となる．最後に，**76** を亜硫

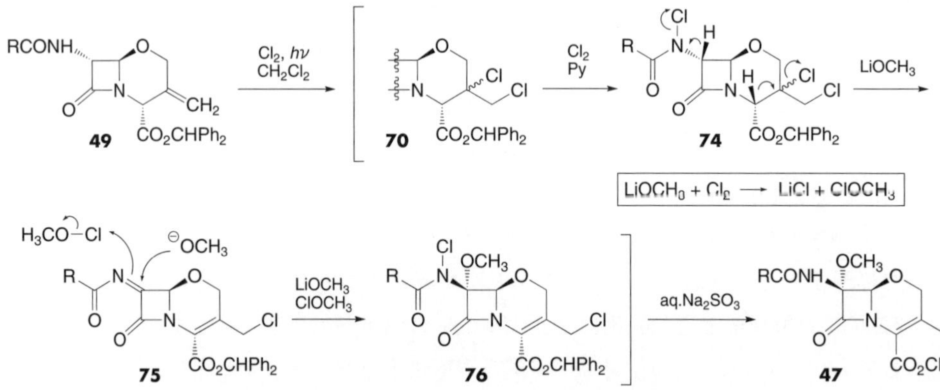

図13　**49** から **47** までの反応のワンポット化

酸ナトリウム水溶液で処理して **47** とした．

　このようにして得た **47** に対するヘテロ環側鎖の導入（**47** → **69**）と 7β-アミノ基に結合したアシル基の切断（**69** → **22**）は，第 4 合成ルートの条件に従って実施したが，ここでもテレスコーピング化を行って効率を高めることに成功した．

　22 のアミノ基をアシル化して **78** を得るには，**77** にオキシ塩化リンを作用させて調製した酸クロリドの使用が有効であった（図 12）．なお酸クロリドの調製では，オキシ塩化リンの滴下に時間がかかると **77** の酸無水物が副生したが，この問題は，あらかじめ冷却した **77** のジクロロメタン溶液にオキシ塩化リンを一度に加えることで解決された．最後に **78** を無水塩化アルミニウム/アニソール[8]で処理すると，穏和な条件下に脱保護が進行して，**1** を高収率で得ることができた．

　以上のようにして確立された **1** の製造ルートは，他社の特許を抵触する工程をいっさい含まない斬新なものであった．そして，最適化された反応のテレスコーピング化（**33** から **73**；**51** から **49**；**47** から **22**，図 12）とワンポット化（**49** から **47**，図 13）による効率化を重ねた結果，**3** からの通算収率は 25％に達し，実際の生産現場においても安全かつ堅牢なプロセスであることが実証されて現在に至っている．

6. おわりに

　塩野義製薬株式会社は β-ラクタム系抗生物質の分野において，1-オキサセフェムというユニークな骨格の創出に成功し，感染症治療と有機合成化学における革新をもたらした．上述のようにその道のりでは幾多の困難を克服しなければならなかったが，その過程では創薬研究からプロセス開発

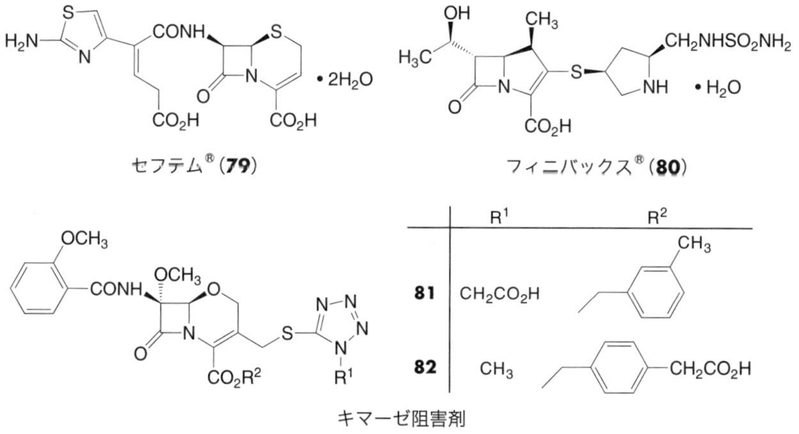

図 14　1-オキサセフェムから発展した化合物

にわたる広範な分野で多数の有為な研究者や技術者が育てられた．1-オキサセフェムの創製で培われたチャレンジ精神と合成力は，その後も受け継がれて 3′-ノルセフェム化合物〔セフテム®(ceftibuten hydrate, **79**)〕と 1β-カルバペネム化合物〔フィニバックス®(doripenem hydrate, **80**)〕の製品化に結実した．最後に，最近では 1-オキサセフェムのユニークな性質を利用して，β-ラクタマーゼやセリンプロテアーゼ（キマーゼ）に対する阻害剤(**81**, **82**)[9]としての研究も行われていることを付記し，本稿の結びとする（図14）．

参考文献

◆ 1-オキサセファロスポリンに関する総説
1) 永田 亘, 成定昌幸, 吉岡美鶴, 吉田 正, 尾上 弘, 薬学雑誌, **111**, 77 (1991).
2) W. Nagata, M. Narisada, T. Yoshida, "Chemistry and Biology of β-Lactam Antibiotics Vol. 2," Academic Press, Inc. (London) LTD. (1982), p. 1.
3) 永田 亘, 成定昌幸, 有機合成化学, **38**, 1009 (1980).
◆ その他の文献
4) (a) M. Narisada, H. Onoue, W. Nagata, *Heterocycles*, **7**, 839 (1977).
 (b) M. Narisada, T. Yoshida, H. Onoue, M. Ohtani, T. Okada, T. Tsuji, I. Kikkawa, N. Haga, H. Itani, W. Nagata, *J. Med. Chem.*, **22**, 757 (1979).
5) M. Yoshioka, I. Kikkawa. T. Tsuji, Y. Nishitani, S. Mori, K. Okada, M. Murakami, F. Matsubara, M. Yamaguchi, W. Nagata, *Tetrahedron Lett.*, **20**, 4287 (1979).
6) S. Uyeo, I. Kikkawa, Y. Hamashima, H. Ona, Y. Nishitani, K. Okada, T. Kubota, K. Ishikura, Y. Ide, K. Nakano, W. Nagata, *J. Am. Chem. Soc.*, **101**, 4403 (1979).
7) Y. Hamashima, S. Yamamoto, S. Uyeo, M. Yoshioka, H. Ona, Y. Nishitani, W. Nagata, *Tetrahedron Lett.*, **20**, 2595 (1979).
8) T. Tsuji, T. Kataoka, M. Yoshioka, Y. Sendo, Y. Nishitani, S. Hirai, T. Maeda, W. Nagata, *Tetrahedron Lett.*, **20**, 2793 (1979).
9) Y. Aoyama, M. Uenaka, T. Konoike, T. Iso, Y. Nishitani, Y. Kanda, A. Naya, N. Nakajima, *Bioorg. Med. Chem. Lett.*, **10**, 2403 (2000).

もう一つのセフェム骨格変換――3′位の炭素原子を取り除く

塩野義製薬株式会社がセフェム系抗生物質の開発を開始したのは 1974 年にさかのぼる．当時，セフェム系抗生物質の開発は，ペニシリン系抗生物質の 6 位アミノ基に結合したアシル基にならった 7 位アミノ基の修飾をすでに終え，高い経口吸収性の期待される 3′-ノルセフェム誘導体（3 位に結合した 3′-炭素原子のないセフェム化合物）の構造改変に移行しつつあり，Woodward 研究所を擁する Ciba-Geigy 社や Eli Lilly 社が，その合成研究にしのぎを削っていた．このようななか塩野義製薬研究所では，3 位に置換基の存在しない（3′-炭素原子を水素原子で置換した）文字どおりの 3′-ノルセフェム母核（**1**）の新規製法を開発し，その 7 位アミノ基を (Z)-2-(2-アミノ-4-チアゾイル)-4-カルボキシ-2-ブテン酸の誘導体（**2**）でアシル化することによって，グラム陰性菌に対する優れた抗菌活性と経口吸収性を備えたセフチブテン（**3**）の創製に成功した．

1 の合成法を次頁の図にまとめたが，最初の工程はペニシリン G のスルホキシド誘導体（**4**）をチアゾリン（**5**）に変換する Cooper 反応で，その詳細な解析がオキサゾリン合成法開発のブレークスルーをもたらしたことは本章第 4.1 節（図 8）で論じたとおりである．**5** の二重結合をオゾン分解して得られるエノール（**6**）をトシル化し，モルホリンを作用させてエナミン（**8**）としたのち，これに臭素を反応させてアリルブロミド（**11**）を得た．なお **8** に対する臭素化は，β,γ-不飽和 α-ブロモ体（**10**）における臭素原子の 1,3-転移を経由して進行する．そして，含水メタノール中 **11** を酸で処理すると，チアゾリン環の開環とエナミンの加水分解ののち分子内閉環反応が起こり，3-ヒドロキシ体（**14**）が生成した（**6** から **14** に至る反応はワンポットで進行し，その通算収率は 74% を記録した）．このような分子内反応による環化は，本論でも紹介したように，オキサセフェムの合成研究に生かされることになった．また **14** は，第 12 章で論じられるセフマチレンの合成において，その原料として利用された．次いで，**14** を水素化ホウ素ナトリウムで還元して得られたアルコール（**15**）をメシル化し，**16** の 7 位アミノ基に結合したアシル基を Lunn 法〔本章第 3 節（図 4）〕で切断して **17** を得た．最後に弱塩基性条件下，メシラートを脱離させて目的とする **1** としたが，**4** からの通算収率は 48% であった．

上記の研究成果[1]を 1976 年，Cambridge で行われた Recent Advance in the Chemistry of β-Lactam Antibiotics で発表したところ，同学会に招待講演者として参加していたノーベル化学賞受賞者 R. B. Woodward 教授（Harvard 大学；セファロスポリン C の全合成を世界ではじめて成功）から絶賛されたことは，当時の研究陣にとって大きな励みとなった．

〔上仲　正朗〕

参考文献
1) Y. Hamashima, K. Ishikura, H. Ishitobi, H. Itani, T. Kubota, M. Minami, W. Nagata, Y. Narisada, Y. Nishitani, Y. Okada, H. Onoue, H. Satoh, Y. Sendo, M. Tsuji, M. Yoshioka, "Recent Advance in the Chemistry of β-Lactam Antibiotics," Royal Society of Chemistry, London (1976), p. 243.

28 第1章 セファロスポリンの硫黄を酸素に変える

Part I 第2章

栽培する農薬から製造する農薬への転換
日本がリードしたピレスロイド系殺虫剤のプロセス研究

松尾　憲忠
〔住友化学株式会社 農業化学品研究所〕

除虫菊に含まれる天然殺虫成分〔ピレトリン(**1/2**), 図1〕はシクロペンテノンアルコールと菊酸(シクロプロパンカルボン酸)のエステルであり, 構造的にも合成化学者の興味を引き, 数多くの合成法が報告されている. またピレトリンの構造をもとにデザインされた化合物はピレスロイドとよばれ, これまでに家庭・防疫用, 農業用殺虫剤として30種以上が実用化されている. これらのピレスロイドの製造プロセスには, 古典的な汎用反応(Ullmann反応, アルキル化反応, ハロゲン化反応, アルドール反応, ジアゾシクロプロパン化反応, エステル化反応, 光学分割など)から, 近年進歩の著しい不斉合成, 酵素反応, フッ素化反応まで, さまざまな反応が使われている. したがって, これらを理解することは, あらゆる分野のプロセス研究者にとって有益であると考え, 本章では, ピレスロイドのなかから農業用分野や家庭・防疫用分野で重要なもの, および構造的に特徴のあるものを選び, それぞれの酸成分, アルコール成分のプロセス化学について概説する[1].

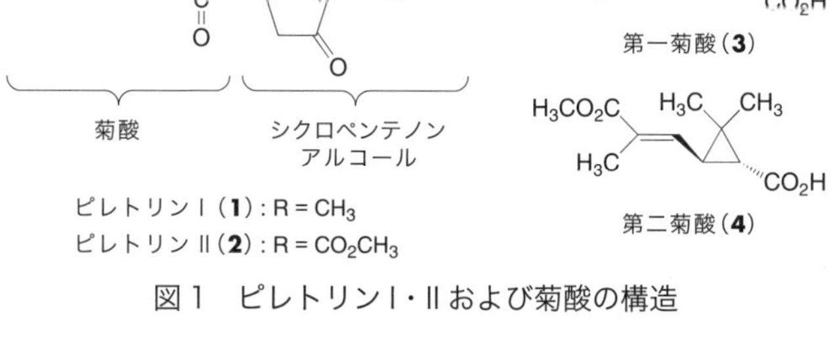

菊酸　　シクロペンテノン
　　　　アルコール

ピレトリンI(**1**): R = CH$_3$
ピレトリンII(**2**): R = CO$_2$CH$_3$

第一菊酸(**3**)

第二菊酸(**4**)

図1　ピレトリンI・IIおよび菊酸の構造

1. ピレトリンおよびピレスロイドの構造

ピレトリンは3種のシクロペンテノンアルコールと2種のシクロプロパンカルボン酸 (**3/4**, 図1) で構成される6種のエステルの混合物であるが，そのなかでピレトリン I (**1**) とピレトリン II (**2**) が最も強い殺虫活性を示す．ここで**1**と**2**を構成する酸成分は，それぞれ第一菊酸 (**3**)，第二菊酸 (**4**) とよばれているが，以下では**3**のことを菊酸と記すことにする．

ピレトリンの構造を簡略化もしくは改変して天然物にはない光安定性を付与し，優れた安全性は維持したまま殺虫活性を高め，除虫菊のように天候に左右されずに工場で安定生産できる化合物，ピレスロイドを創る試みが多くの研究者によって行われてきた．最初に商品化されたピレスロイドは，1949年にSchechterらが発明したアレスリン (**5**) である (図2)．**5**の殺虫効力は**1**にほぼ匹敵するが，アルコール成分の側鎖が**1**よりも簡略化され，大量製造が可能となった．そしてその後も，アルコール成分を改変したピレスロイド (**6**, **7**, **8**など) が数多く発明された．また酸成分については，その光安定性を向上させるために側鎖メチル基をClやBr原子で置換した菊酸誘導体 (**9**, **10**, **11**, **12**など) が発明された．

以下では，図2に示したピレスロイドを構成する酸成分，アルコール成分の順に，それぞれの実用的合成プロセスについて紹介する．

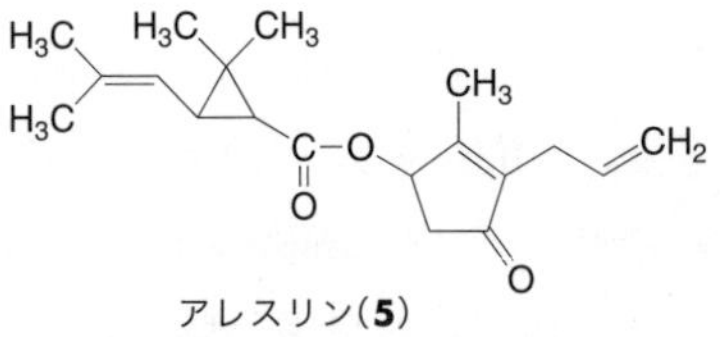

アレスリン (**5**)

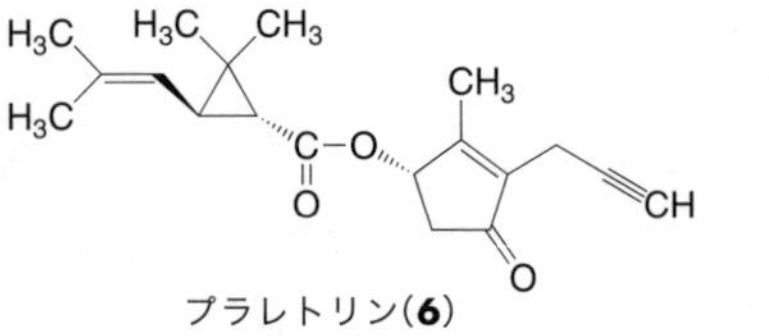

プラレトリン (**6**)

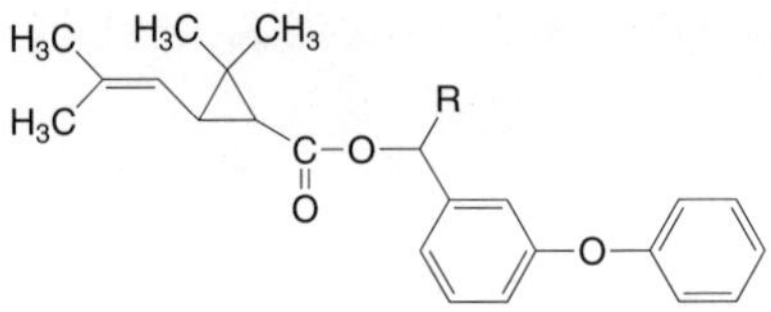

フェノトリン (R = H, **7**)
シフェノトリン (R = CN, **8**)

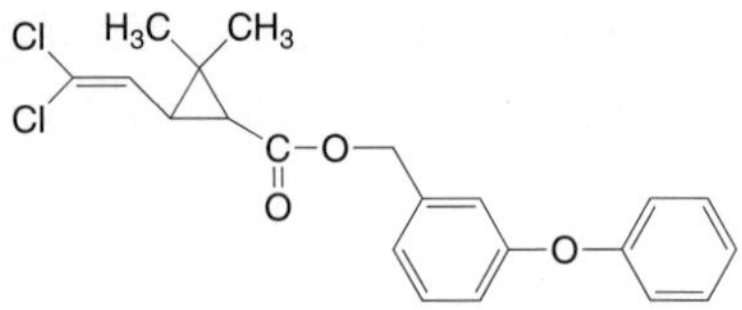

ペルメトリン (**9**)

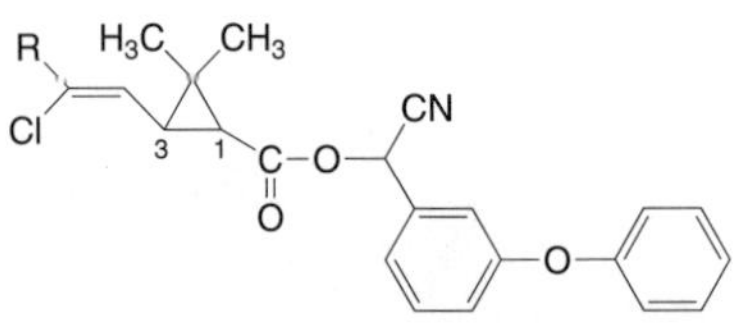

シペルメトリン (R = Cl, **10**)
シハロトリン (R = CF$_3$; 1,3-シス, **11**)

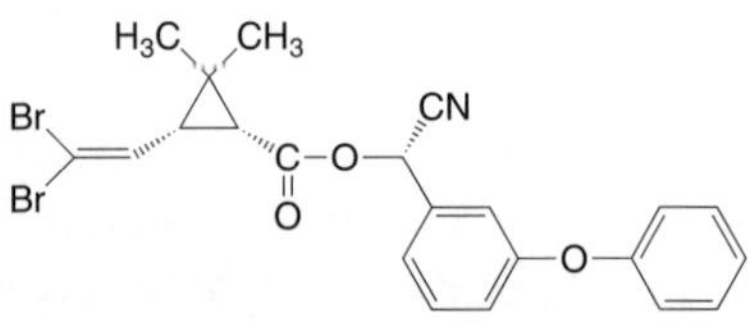

デルタメトリン (**12**)

図2　ピレスロイドの構造

2. 酸成分の製造法

2.1 菊酸の製造法
2.2.1 ラセミ体の合成

　家庭防疫用ピレスロイドの酸成分として重要なのは **3** である．1924 年 Staudinger らが最初に報告した菊酸の合成法は，銅触媒の存在下ジアゾ酢酸エチル(**15**)から発生させたカルベンをジエン(**14**)に付加させる反応を用いるものであったが，これは今日でも有力な実用製法の一つとして存続している〔ジアゾ法／図3a〕．このようにして得られた菊酸エチル(**16**)は，トランス体とシス体の約7:3の混合物であったが，塩基の作用でシス体を熱力学的に安定なトランス体に異性化させ（トランス体95％以上），後述する家庭防疫用ピレスロイドの酸成分として使用されている．他方，取り扱いにノウハウを要する **15** を用いない菊酸の合成法も数多く報告されているが，そのなかで工業的に用いられているのは，スルホン化合物(**19**)を利用するものである(スルホン法／図3b)．具体的には，プレニルクロリド(**17**)から調製した **19** に塩基の存在下，セネシオン酸メチル(**20**)を反応させると，Michael 付加に続いてシクロプロパン化が起こり，トランス体を95％以上含む菊酸メチル(**21**)が得られる．

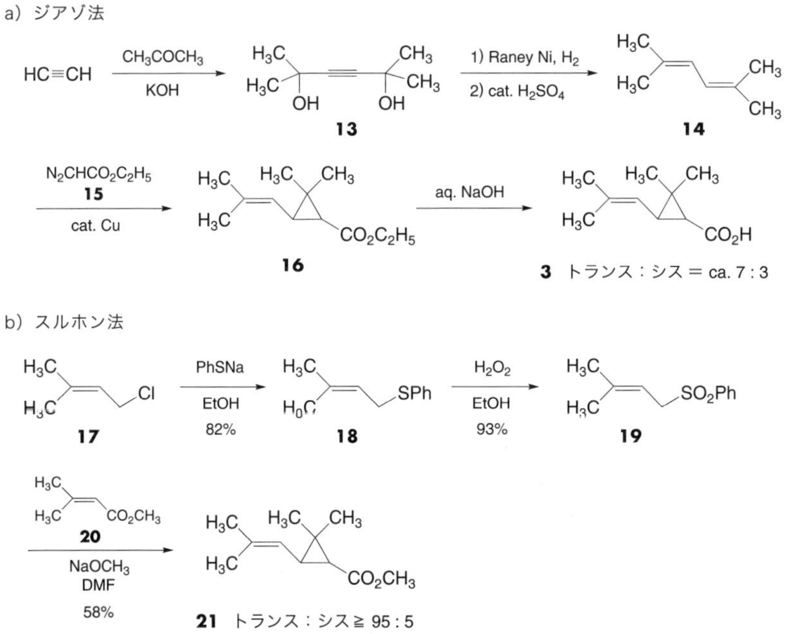

図3　菊酸の合成法

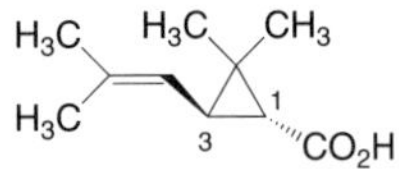

(1*R*)-トランス菊酸
3

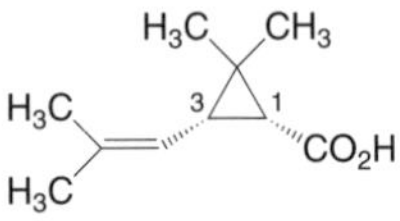

(1*R*)-シス菊酸

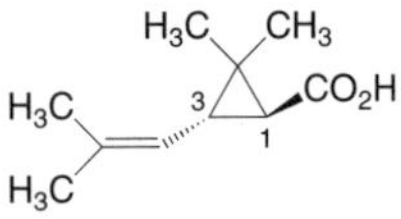

(1*S*)-トランス菊酸

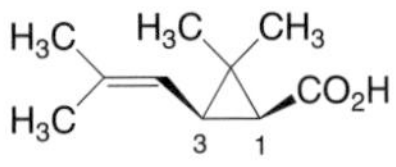

(1*S*)-シス菊酸

菊酸の光学異性体

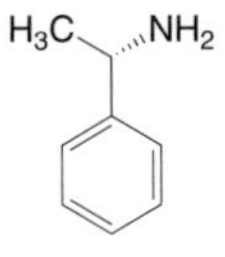

(−)-(*S*)-α-フェニルエチルアミン

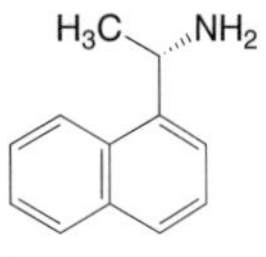

(−)-(*S*)-1-α-ナフチルエチルアミン

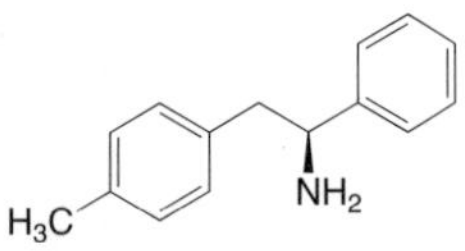

(+)-(*S*)-1-α-フェニル-β-トリルエチルアミン

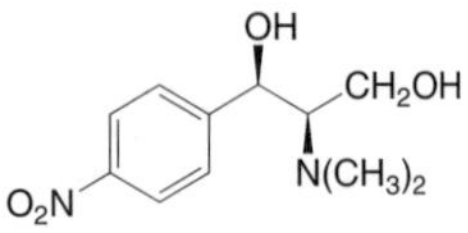

(−)-D-スレオ-*p*-ニトロフェニル-2-ジメチルアミノ-1,3-プロパンジオール

菊酸の光学分割剤の例

2.1.2 光学活性菊酸の合成

菊酸には二つの不斉炭素があり，合計4種の光学異性体が存在するが，各異性体をピレスロイドに誘導すると，(1*R*)−トランス体と (1*R*)−シス体のエステルが最も高い殺虫活性を示した．また，除虫菊に含まれるピレトリンの酸成分は(1*R*)−トランス体であるが(図1)，家庭防疫用に開発されたピレスロイドの酸部のほとんどは当初，ラセミのトランス，シス混合物として開発された．しかし近年では，天然ピレトリンと立体配置が同じ (1*R*)−トランスエステルにラセミスイッチされている．したがって，いかに効率的に (1*R*)−トランス菊酸を合成するかが重要な技術課題であり，① 光学分割，② 不斉合成，③ 光学活性原料からの誘導という3種類の方法が検討されてきた[2]．このうち光学分割は，理論収率が50%を超えることはないが，3方法のなかでは(1*R*)−トランス菊酸を最も純粋なかたちで得ることができるため早くから工業化された．なお欄外には，菊酸の光学分割に用いられた代表的な光学活性アミンを示した．

ところで光学分割法の場合，50%副生する殺虫活性の低い (1*S*)−トランス菊酸が再利用できれば，生産効率を高めることができる．鈴鴨らは，光学分割で副生した(1*S*)−トランス菊酸を対応する酸クロリド(**22**)に変換後，$AlCl_3$，$FeCl_3$，あるいはBF_3といったLewis酸で処理すると，(1*RS*)−トランス，シス菊酸クロリドに変換できることを見いだし，この問題点を解決した(図4)[3]．得られた(1*RS*)−トランス，シス菊酸クロリドはエチルエステルに変換後，Na(アルミナ)を作用させるとC-1がエピメリ化して安定な(1*RS*)−トランス菊酸エチル（トランス体≧95%の光学分割基質）に変換することができた．

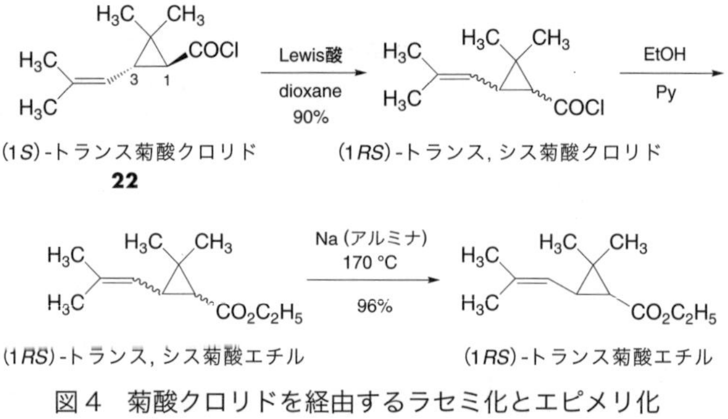

図4 菊酸クロリドを経由するラセミ化とエピメリ化

さらに不斉合成法として顕谷らは，不斉配位子をもつ銅触媒(**23**)の存在下，**15**から発生させたカルベノイドをジエンに付加させると，シクロプロパン化が立体選択的に進行し，高い不斉収率で(1*R*)−菊酸エチル(**24**)が得

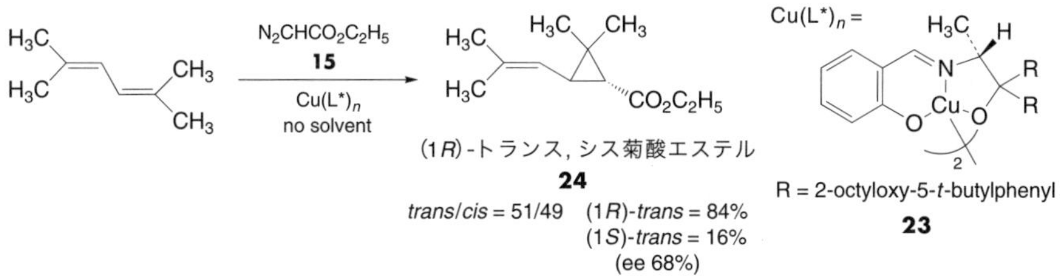

図5　菊酸の不斉合成

られることを見いだした(図5)．なお光学活性原料を利用した **3** の立体選択的合成法については，多くの研究があるものの，ここでは松井らの方法の概要を図示するにとどめる(図6)[4)]．

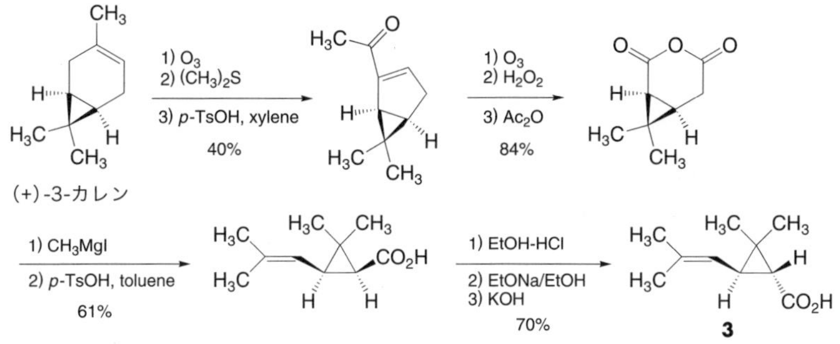

図6　松井らの(+)-3-カレンを原料とする(1R)-トランス菊酸の合成

2.2　ジクロロビニル菊酸の合成

ジクロロビニル菊酸(**27**)(図7)は，**3** のジメチルビニル側鎖がジクロロビニル基に置き換わった酸で，1958年にFarkasらによって **3** の場合と同様，

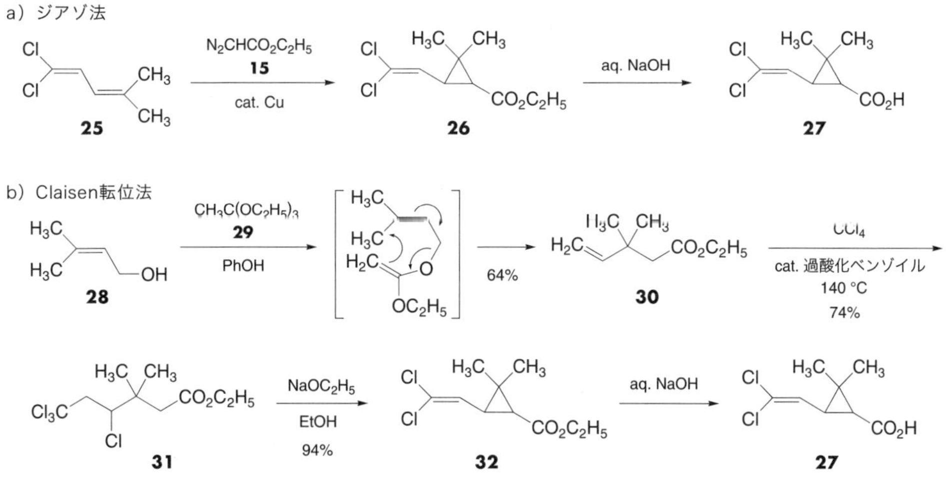

a) ジアゾ法

b) Claisen転位法

図7　ジクロロビニル菊酸合成法

15とジエン(**25**)との反応によってはじめて合成された〔ジアゾ法/図7a〕．しかしこの酸が注目されるようになったのは，1972年にElliottらがペルメトリン(**9**)およびシペルメトリン(**10**)を発明してからである(図2)．これらのジクロロビニル菊酸エステルは，菊酸エステルと比べて光安定性と殺虫効力が向上し，合成ピレスロイドの農業用分野での適用がはじめて可能となった点でエポックメーキングであった．

　27はその後，オルト酢酸エチル(**29**)を用いるJohnson–Claisen転位反応を鍵段階とする製法が相模中央化学研究所で開発され[5]，現在ではこの方法によって世界の**27**のほとんどが供給されている〔Johnson–Claisen転位法/図7b〕．酸触媒存在下，プレノール(**28**)を**29**と反応させて得られたJohnson–Claisen転位生成物(**30**)のオレフィンに対してCCl$_4$をラジカル付加させると，付加体(**31**)が収率よく得られた．次いでNaOCH$_3$を作用させると，分子内アルキル化(シクロプロパン化)とHClの脱離が連続して起こり，ジクロロビニル菊酸エチル(**32**)が収率よく得られる．このようにして得られた**32**はシス体とトランス体の混合物であったが，分別蒸留によってそれぞれの異性体を純粋に得ることができる．そして，家庭防疫用ピレスロイドにはトランス体，農業害虫防除用にはトランス体とシス体の混合物もしくはシス体が，それぞれの用途に応じて供給されている．

　27の別途合成法として，Ciba-Geigy社(現Syngenta社)で開発されたシクロブタノン(**38**)を経由するものがある(図8)．先の相模中研法(図7b)と比較すると，コスト的に劣っていたため工業化には至らなかったが，シク

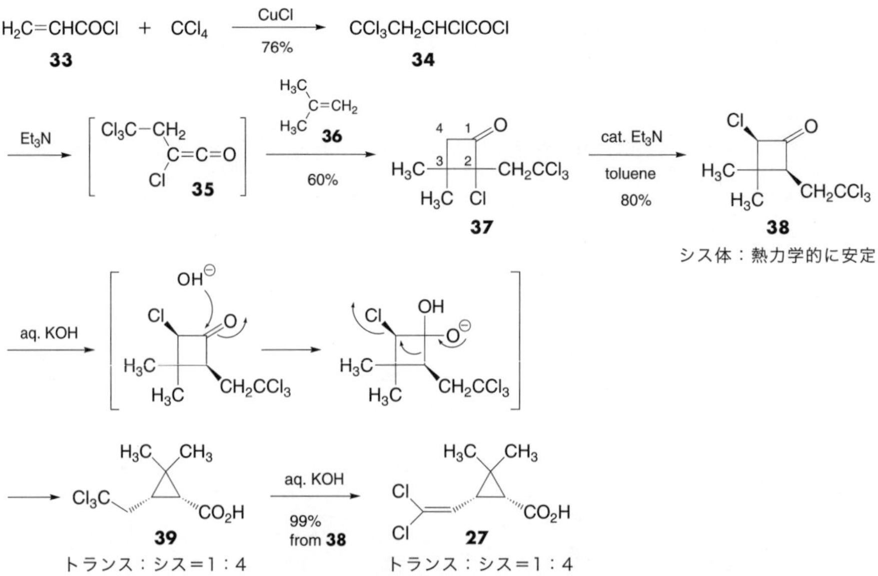

図8　Ciba-Geigy社(現Syngenta社)のジクロロビニル菊酸合成法

ロブタノン上のCl原子の転位を利用するなどプロセス化学としては非常に興味深いので簡単に紹介する．

アクリル酸クロリド(**33**)から調製した2,4,4,4-テトラクロロブタノイルクロリド(**34**)にEt$_3$Nを作用させて発生させたケテン誘導体(**35**)をイソブテン(**36**)と反応させると，[2＋2]付加体(**37**)が得られる．Et$_3$N触媒の存在下**37**を加熱すると，C-2位のCl原子がC-4位に転位し，熱力学的に安定なシス-4-クロロブタノン誘導体(**38**)が生成する．次いで**38**をKOH水溶液と加熱するとFavorskii型の転位反応が起こり，HClの脱離を経て**27**がトランス体とシス体の(1：4)混合物として得られた．

2.3 クロロトリフルオロメチルビニル菊酸の合成

27の側鎖二重結合でシクロプロピル基のトランス位にあるCl原子をCF$_3$基で置換した化合物〔(Z)-クロロトリフルオロメチルビニル菊酸(**42**)，図9〕は，ピレスロイドに誘導すると**27**から誘導されたものより殺虫効力が高まり，害虫によっては約2倍に増強した．たとえば農業用分野，とくに棉害虫防除用に広く使われているシハロトリン(**11**)(図2)には，シクロプロパン環の1位と3位の置換基が互いにシスで，3位側鎖のオレフィンが(Z)-配置の**42**が使用されている．その製造方法は，**27**の場合(図7b)と基本的には同じであるが，**30**に対するラジカル付加反応でCCl$_4$の代わりにCF$_3$CCl$_3$が用いられた(図9)．付加体(**40**)をピリジン中，t-BuOKで処理すると，シス体を主生成物とするシクロプロパン環が形成される．次いで含水エタノール中NaOHを作用させると，HClの脱離とエステルの加水分解が起こり，シス-(1'Z)-**42**が優先的に得られた．

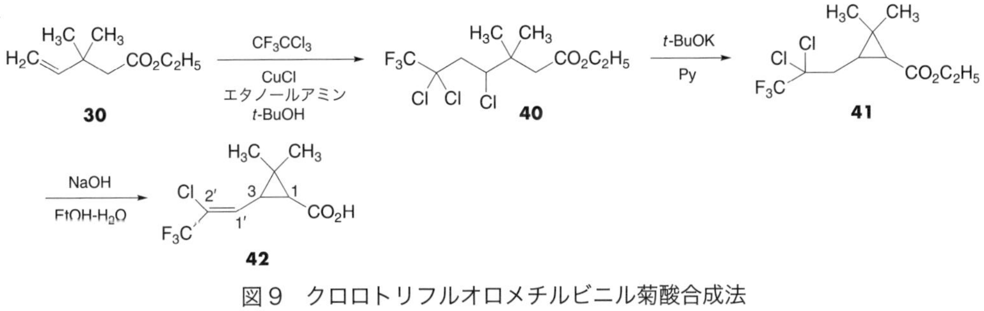

図9 クロロトリフルオロメチルビニル菊酸合成法

2.4 ジブロモビニル菊酸の合成

ルセルユクラフ社(現Bayer社)で実用化されたデルタメトリン(**12**)(図2)は，(1R)-シスジブロモビニル菊酸(**48**)の(S)-α-シアノ-3-フェノキシベンジルアルコールとのエステルであるが，光学活性な酸成分(**48**)に

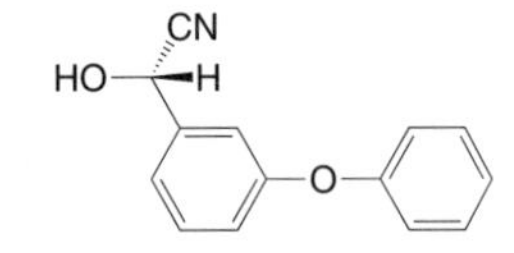

(S)-α-シアノ-3フェノキシ
ベンジルアルコール

ついてラクトール(**46**)を経由する製法が報告されている(図10).なお筆者は,入社1年目でα-シアノ-3-フェノキシベンジルアルコール(シアノヒドリン)を世界ではじめて合成した.当時は,分解すれば青酸(HCN)が発生するような変わったものを合成したと,まわりは冷ややかであったが,その後3.3.1項でも触れるように,ピレスロイドのアルコール成分として広く利用される重要な発見となった.

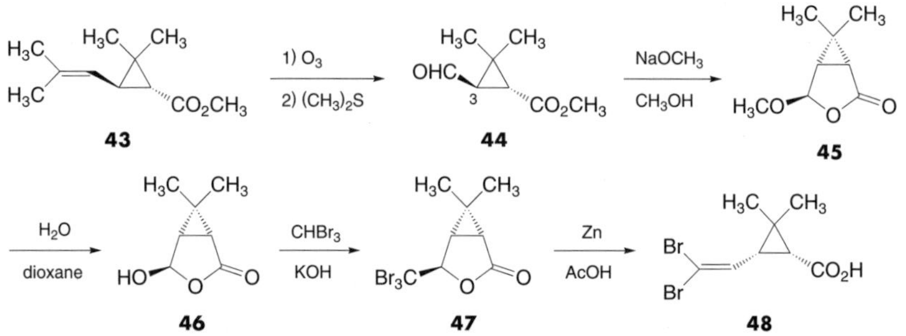

図10 デルタメトリン酸成分の合成

(1R)-トランス菊酸メチル(**43**)のオゾン酸化で得られるトランスアルデヒド(**44**)にメタノール中 $NaOCH_3$ を作用させると,C-3位のホルミル基の立体配置が反転すると同時にC-1位のメトキシカルボニル基と反応し,ラクトールエーテル(**45**)が生成した.次いでこれを加水分解してラクトール(**46**)としたのち,塩基性条件下に $CHBr_3$ と反応させる.最後に,生成したトリブロモメチル付加体(**47**)に酢酸中 Zn を作用させると,ラクトンが還元的に開環して **48** が得られた.

3. アルコール部分の製造法

3.1 アレスロロンの製造法

1(図1)の五員環アルコール部分の2-シス-2,4-ペンタジエニル側鎖をアリル基に簡略化した **5** が,世界最初の合成ピレスロイドとして知られるアレスリンである(図2).そのアルコール部分はアレスロロン(**54**)(図11)とよばれ,プロスタグランジンやジャスモン酸類との構造的類似性から合成化学者の興味を引き,数多くの合成法が報告された[6].しかし,そのなかで工業化されたものは,Schechter らによるアセト酢酸エチル法と Piancatelli らによるフラン法の二法のみである(図11).

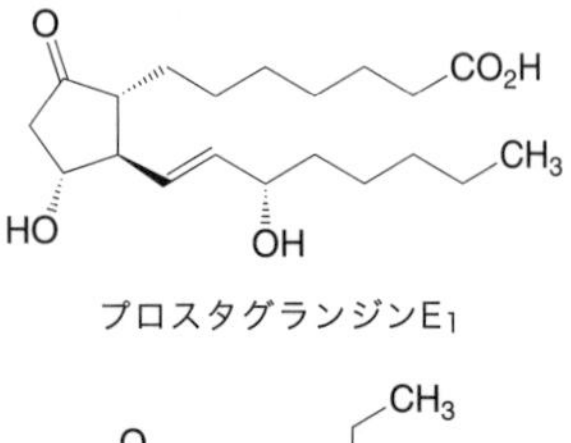

プロスタグランジン E_1

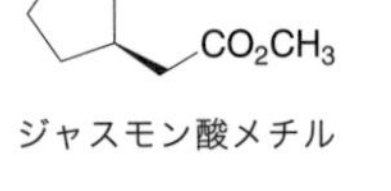

ジャスモン酸メチル

アセト酢酸エチル法は,**54** の最初の合成に Schechter らが用いた合成法である(図11a).まずアセト酢酸エチル(**49**)の活性メチレン基をアリル化して **50** とする.次いで,アルカリ加水分解と脱炭酸によってケトン(**51**)としたのち,メチルケトン部位をエトキシカルボニル化した.得られたβ-

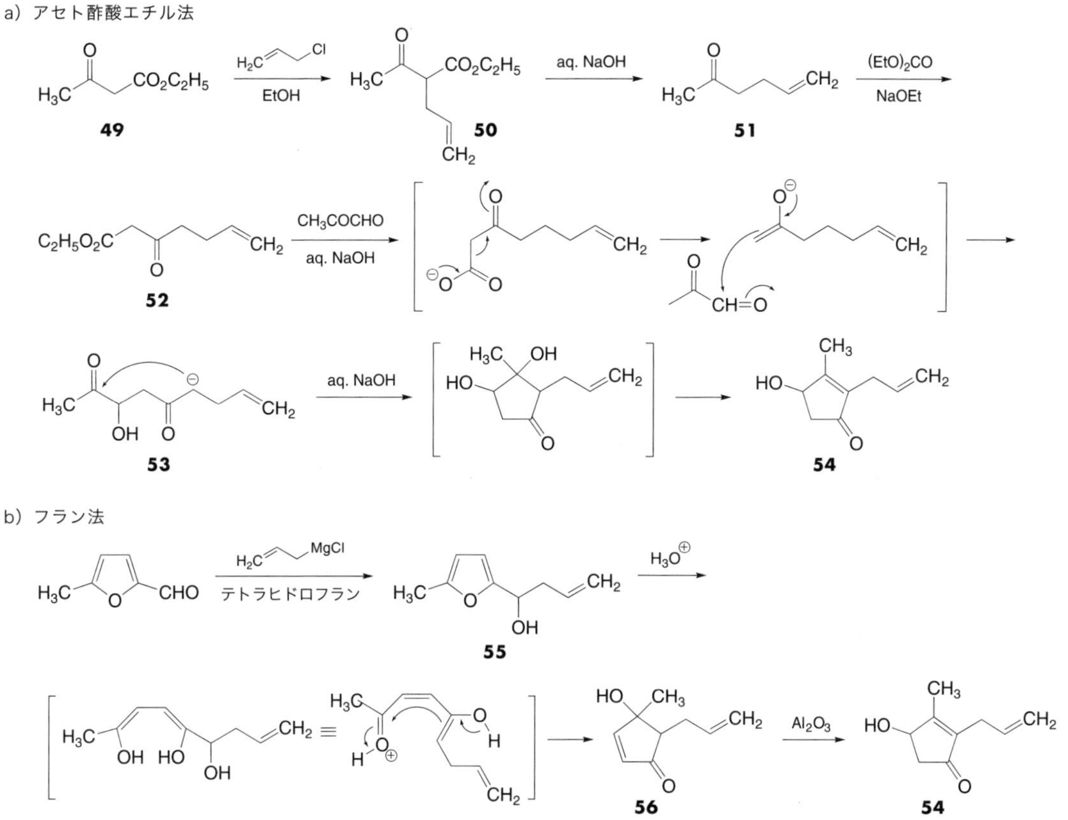

a) アセト酢酸エチル法

図11 アレスロロンの合成

ケトエステル (**52**) をアルカリ性条件下に加水分解し,脱炭酸で生成したアニオンを $CH_3C(O)CHO$ にアルドール付加させると,α−ヒドロキシ−γ−ジケトン (**53**) が得られた.最後にこれを塩基で処理すると,分子内でアルドール縮合が進行してアレスロロン (**54**) が得られる.なお本合成法は,複数の企業で工業的製造プロセスとして採用された.

一方,フラン法では,フリルアルコール誘導体 (**55**) を酸で処理すると,フラン環の巻き変え (1,4-ジケトンへの開環と分子内アルドール付加) が起こってシクロペンテノン誘導体 (**56**) が生成し,続いてアルミナで処理すると,ヒドロキシ基と二重結合が転位して **54** が得られる.なお住友化学株式会社では,フラン環の巻き変えおよび転位反応の条件を詳細に検討し,**55** から **54** への直接変換を水系溶媒中で pH 調整を行いながら連続的に行う方法を見いだした[7].

3.2 アレスロロンのプロパルギル類縁体(PGロン)の製造法
3.2.1 ラセミ体の合成

54のアリル基がプロパルギル基に代わったラセミのPGロン(**61**, 図12)の菊酸エステル〔プラレトリン(**6**)(図2)のラセミ体〕は，1964年にUSDA(アメリカ合衆国農商務省)のGersdorffによって先述のアセト酢酸エチル法(最初のアルキル化で塩化アリルの代わりに塩化プロパルギルを使用)を用いてはじめて合成されたが，その殺虫効力は**5**よりも劣ると報告されていた．しかし1970年代後半に筆者らは，**61**の菊酸エステルは**5**よりもはるかに強い殺虫効果をもつに違いないと信じ，注意深く**61**の合成を行った．なぜならば筆者らは，1970年代にα-エチニルアリルアルコールの菊酸エステル**A**と**B**を合成し，殺虫効力を調べていたが，側鎖が三重結合の化合物**A**は二重結合の化合物**B**より2倍以上の殺虫活性をもつことを見いだしていた．そのため，アレスロロンエステルの場合でも三重結合を導入したラセミの**6**が**5**の2倍以上の活性をもつに違いないと予想したわけである．事実，ラセミの**6**を生物試験に付したところ，**5**を大きく上回る速効性(ノックダウン効力)と殺虫効力が確認された．

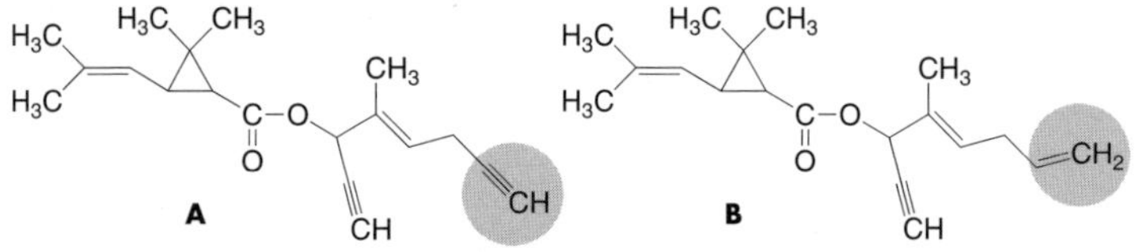

ところで，アセト酢酸エチルの活性メチレンをプロパルギル化して**61**を合成しようとすると，ジプロパルギル化体が主生成物となり，目的とするモ

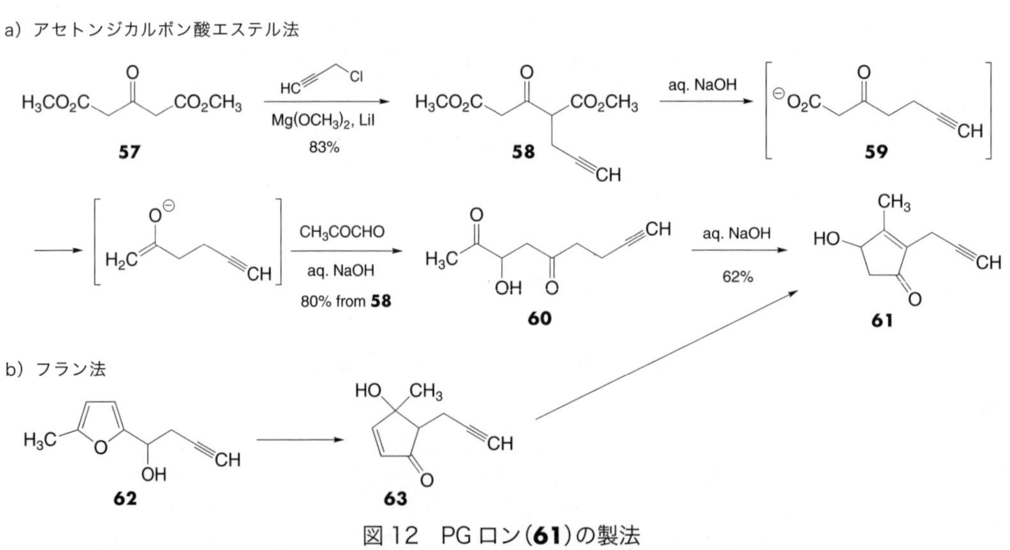

図12 PGロン(**61**)の製法

ノプロパルギル化体の収率が極端に低かった．そこで筆者らは，アセト酢酸エチル法に代わる **61** の合成法をいろいろ検討し，アセトンジカルボン酸エステル法を見いだした(図12)．

アセトンジカルボン酸エステル (**57**) のモノプロパルギル化は，アセト酢酸エステルの場合とは対照的に良好な収率と選択性で進行したが，LiI を添加すると，80％以上の高収率でモノプロパルギル体 (**58**) が得られた．エステルのアルカリ加水分解と位置選択的脱炭酸で得られた **59** を塩基性条件下 $CH_3C(O)CHO$ と反応させると，交差アルドール付加を起こした1,4-ジカルボニル化合物 (**60**) が生成した．さらに塩基で処理すると，分子内アルドール反応が進行して目的とする **61** が得られた．なお **54** の場合と同様，フラン誘導体 (**62**) から出発し，第三級アリルアルコール (**63**) を経由して **61** を得る方法も報告されている(図12)[7]．

モノプロパルギル化体

ジプロパルギル化体

アセトンジカルボン酸エステル法発見の経緯
置換基が変われば収率も変わる

アリル化されたアセトンジカルボン酸エステル (**C**) を用いたアレスロロンの合成は，当時すでに報告されていたが，メチルグリオキサールとの交差アルドール付加体の収率はわずかに26％であった．低収率にもかかわらず **61** の合成で本法をなぜ検討したのかとよく問われるが，ほかにいい方法が見当たらずとりあえず検討してみたら，プロパルギル化合物の場合よい結果が得られたのである．アリル化合物の場合，脱炭酸の位置選択性が低く **D** が多く副生したことが低収率の原因と考えられた．このように，文献の収率が低いからといってあきらめるのはよくない．置換基が変われば，まったく違う結果が得られる場合が多いのである．まずは実験をしてみよう．

アセトンジカルボン酸エステル法によるアレスロロンの合成

3.2.2 光学活性 PG ロンの合成

その後，住友化学株式会社のグループでは，**61** を光学分割して **1** のアルコール成分と同様，その (S)-体が殺虫効力の本体であることをはじめて明らかにした．さらにリパーゼを用いる不斉加水分解を用い，(S)-PG ロン (**68**) の立体選択的合成法を確立した（図13）[8]．本法の特徴は，アセタート (**64**) のリパーゼによる加水分解で生成した (R)-アルコール (**66**) (不要な鏡像体) と (S)-アセタート (**65**) (リパーゼで加水分解されなかった立体異性体)を分離することなく，アルキルスルホニルクロリドで処理した点にある．そして，スルホナート (**67**) と **65** の混合物に弱いアルカリを作用させると，**65** の加水分解(立体保持)と **67** に対する水酸化物イオンによる置換反応(立体反転) が同時に進行し，**68** が立体収斂的に生成した．通常，リパーゼによる不斉加水分解で速度論的分割を行うと，ほしい立体異性体を50%を超える収率で得ることはできないが，上記の方法はそのような問題を解決した数少ない成功例の一つである．

図13 リパーゼを用いる(S)-PG ロンの不斉合成

3.3 3-フェノキシベンジルアルコールおよび3-フェノキシベンズアルデヒドの合成

3.3.1 3-フェノキシトルエンのハロゲン化あるいは酸化による合成

フェノトリン (**7**) (図2) を構成する3-フェノキシベンジルアルコールおよびシフェノトリン (**8**) (図2) を構成する α-シアノ-3-フェノキシベンジルアルコールは住友化学株式会社のグループによってそれぞれ発明され，現在でも **7** と **8** は家庭・防疫用の重要な殺虫剤として使用されている．しかし，これら二つのアルコールが大きな注目を集めたのは，**9**, **10**, **12** (図2) が農業用にも使用できることが明らかになってからである．このうち α-シアノ-3-フェノキシベンジルアルコールは，アルデヒドのシアノヒドリン化で得

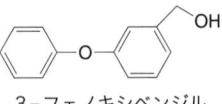

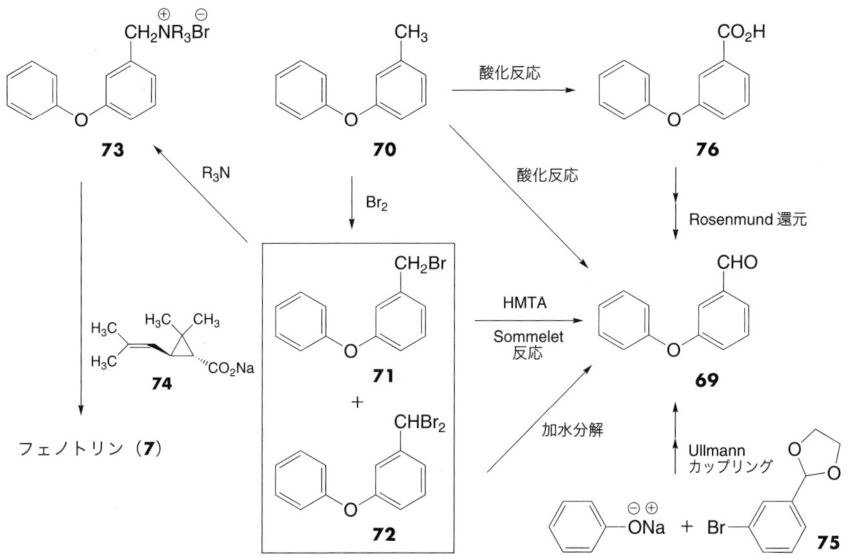

図14 3-フェノキシベンズアルデヒドおよびフェノトリンの製造プロセス

られることから，3-フェノキシベンズアルデヒド(**69**)をいかに安価かつ効率的に製造できるかが，両アルコールに共通したプロセス研究の中心的課題となった(図14)．**69**は，3-フェノキシトルエン(**70**)のハロゲン化，あるいは酸化によって合成するのが実用的であると考えられ，それをまとめると図14のようになるが，ここでは**70**のブロモ化を経由する方法について紹介する．

70をブロモ化するとモノブロモ体(**71**)とジブロモ体(**72**)の混合物が得られる．これをそのまま第三級アミン(R_3N)と反応させると**71**のみが反応して第四級アンモニウム塩(**73**)が生成する．水溶性の**73**は水層に移行するが，**72**は有機層に残るので，比較的極性の低い有機溶媒を選べば**73**(**71**の合成等価体)は，水との分配による簡単な分液操作によって容易に**72**から分離することができた．最後に水層を直接濃縮して得られる**73**を無水条件下，菊酸のナトリウム塩(**74**)と反応させると，カルボキシラートに対するOアルキル化が進行して**7**を高収率で得ることができた．

他方，**71**と**72**を混合物のままSommelet反応(図15)に付すと，**71**はイミニウムを経由して**69**に変換された．また**72**は，水を用いた後処理の過程で加水分解されて同じ**69**に変換された．なお**69**は，フェノールのNa塩と3-ブロモベンズアルデヒドのアセタール(**75**)とのUllmann反応(図14)によっても工業的に製造されているが，Ullmann反応は，**69**と**73**の共通の原料となる**70**の工業的製造にも使用される重要な反応であるので，次項で詳述する．

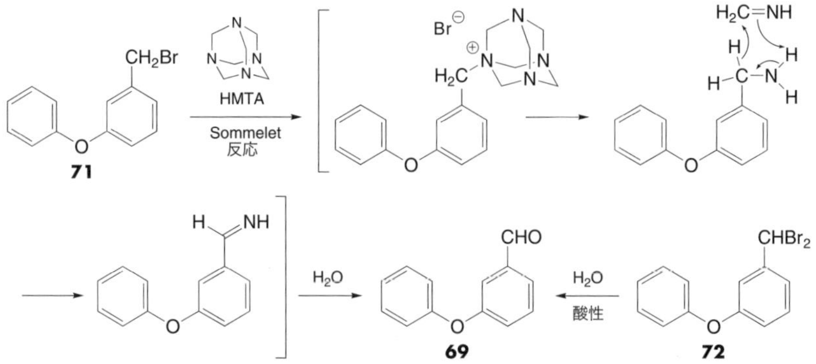

図15 Sommelet反応

3.3.2 3-フェノキシトルエンの合成

銅触媒の存在下，フェノール類とハロベンゼンを反応させてジフェニルエーテルを合成する反応は，Ullmann反応とよばれるが，ハロベンゼンには反応性の高いブロモベンゼン，ヨードベンゼンを使用するのが一般的である．事実，Ullmannの最初の報告にも，反応性が格段に劣るクロロベンゼンを用いると，180〜200℃の高温に加熱してもジフェニルエーテル（**76**）は，収率25％でしか得られないと記載されていた(図16).

筆者らが**70**の製法開発に取りかかった1970年代はじめの状況は，上記のUllmann反応が報告された1906年当時とほとんど大差なく，クロロベンゼンと m-クレゾールから**70**を収率よく得るプロセスは，きわめてハードルの高いものであった．しかし住友化学株式会社では，当時すでに二つのジフェニルエーテル系ピレスロイドである**7**と**9**の開発を進めていたので，何としても安価なクロロベンゼン*を原料とする**70**の製造プロセスを完成させる必要があった．

銅触媒種，系内水分量，反応温度など反応条件を細部まで徹底的に検討した結果，銅触媒として最もよいのはCuClで，しかも新品（白色）でないと収

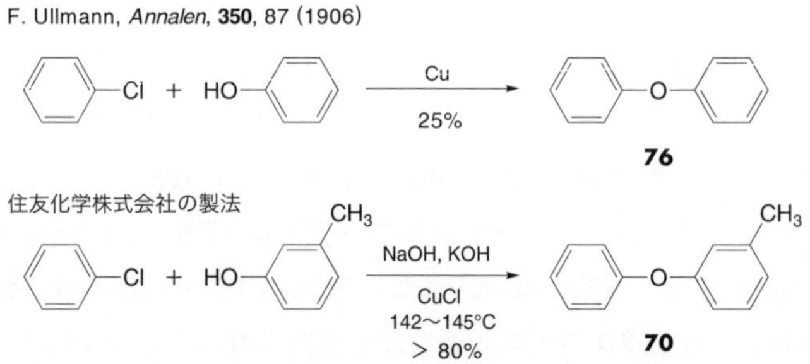

＊クロロベンゼンは，ブロモベンゼン原料より10倍以上安価である．

図16 3-フェノキシトルエンの製造プロセス

率が大きく低下することを見いだした．さらに，140℃以上に加熱しないと反応が進行しないことも明らかになった．したがって，沸点132℃のクロロベンゼンと何十時間加熱還流しても，反応が起こらないのは至極当然のことであった．なお，DMF (bp 153℃) やキノリン (bp 237℃) といった高沸点極性溶媒を添加すると，反応の進行は加速されたが，未反応のクロロベンゼンの回収が難しくなる溶媒を使用することは，工業的に許されるものではなかった．そこでさらに検討を重ね，この反応の鍵は脱水と反応温度にあることを突き止め，最終的には次のような反応条件を確立することができた（図16）．まず，m-クレゾールとクロロベンゼンの均一混合物にNaOHとKOH（約1：1）を加えて加熱還流し，中和によって生成した水をクロロベンゼンと共沸留去する．水の生成が終了した時点で，還流するクロロベンゼンをCaCl$_2$管に通し，反応系内を完全に無水にした．次いで，CuCl触媒を加えて加熱を再開すると，クロロベンゼンの留去につれて内温が徐々に上昇したが，内温が142℃に達した時点で加熱を止め，クロロベンゼンの留去を停止させた．最後に内温を142〜145℃に保ちつつ，それまでに留去したクロロベンゼンをゆっくり滴下すると，**70**が収率80%以上で生成した．

余談ながら，住友化学株式会社では当時，海外の大手農薬企業と共同研究を進めていたが，彼らも**70**の工業的製法開発には手を焼いていた．彼らのプロセスは，ブロモベンゼンとm-クレゾールを加圧下200℃で反応させるというものだったので，情報交換の際，クロロベンゼンを用いた常圧での筆者らのプロセスを見たときの彼らの驚いた顔は，今でも鮮明に記憶している．

4. エステルの製造法

2節および3節で説明した酸成分とアルコール成分の縮合反応によってさまざまなピレスロイドが製造されている．酸ハライドとアルコールを塩基の存在下に縮合する方法が一般的であるが，カルボン酸（**74**）と第四級アンモニウム塩（**73**）との縮合や，カルボン酸の低級アルキルエステルとアルコール成分とのエステル交換法もピレスロイドの種類によっては採用されている．

5. おわりに

天然物をリードとして発展した農薬・医薬は数多く知られているが，ピレスロイドほど古くから多くの合成化学者により研究された化合物は他に例を見ない．したがって，一つのピレスロイド化合物について報告された複数の製法を比較することは，あらゆる分野のプロセス研究者にとっておおいに役立つと思われる．この小文がプロセス研究を行う読者にとって，そのようなきっかけとなれば幸いである．

参考文献

1) (a) 松尾憲忠,「ピレスロイドの構造と展開」,《続医薬品の開発 18》『農薬の開発 III』, 廣川書店, p.493. (b) K. Naumann, "Synthetic Pyrethroid Insecticides: Structures and Properties, in Chemistry of Plant Protection, Vol. 4," Springer-Verlag, Berlin-Heidelberg (1990). (c) 松尾憲忠,「日本が先導したピレスロイド系殺虫剤」, 化学と工業, **56** (4), 450 (2003).
2) A. Krief, *Pestic. Sci.*, **41**, 237 (1994).
3) US Pat. 3,989,750 (1976)(住友化学株式会社).
4) M. Matsui, H. Yoshioka, Y. Yamada, H. Sakamoto, T. Kitahara, *Agr. Biol. Chem.*, **29**, 784 (1965).
5) K. Kondo, K. Matsui, A. Negishi, ACS Symposium Series No.42, "Synthetic Pyrethroids," (1977), p.128.
6) R. A. Ellison, *Synthesis*, **1973**, 397.
7) 銅金 巌, 山近 洋, 南井正好, 有合化誌, **41** (10), 896 (1983).
8) S. Mitsuda, T. Umemura, H. Hirohara, *Appl. Microbiol. Biotechnol.*, **29**, 310 (1988).

Part II
合成ルートの選択

Part II 第3章

安全・品質・コストの追求
果樹用殺菌剤(S)-MA20565の工業的製造法

■ 桂田　学 ■
〔株式会社エーピーアイコーポレーション 経営戦略室〕

1. メトキシアクリル酸系農園芸用殺菌剤

1980年から90年代にかけて一世を風靡した農薬の一大系統があった．それは Strobilurus tenacellus の代謝産物 Strobilurins A（A～Hまで存在）(**1**) をリード化合物とする，メトキシアクリル酸系もしくはストロビルリン系と呼ばれる農園芸用殺菌剤である（図1）．この系統の化合物には，果樹や野菜に感染する病原菌に対し広い抗菌スペクトルを示すことが期待されたため，ほぼ世界中の大手農薬メーカー[*1]がこぞって探索研究にしのぎを削った[1]．なかでも先行していたのは，ゼネカ社（現 Syngenta 社）と BASF 社で，両社の戦略的特許網は後発の追随をきわめて困難にしていた．当時ゼネカ社は ICIA5504 (Azoxystrobin)(**2**)，BASF 社は BAS-490F (Kresoxim-methyl)(**3**) を開発中であったが，現在ではいずれも商品化されている（図1）．

三菱化学株式会社は後発ではあったが，上記2社の物質特許網をかいく

*1　農薬メーカーの再編
1990年代は世界の大手農薬メーカーのM&Aが行われた時期で，かつて十数社あった欧米大手は現在では Syngenta 社，BASF 社を含め6社ほどになった．日本でも少し遅れて2002年，住友化学株式会社は武田薬品工業株式会社の農薬事業を，日本農薬株式会社は三菱化学株式会社の農薬事業を買収するなどの再編が行われた．

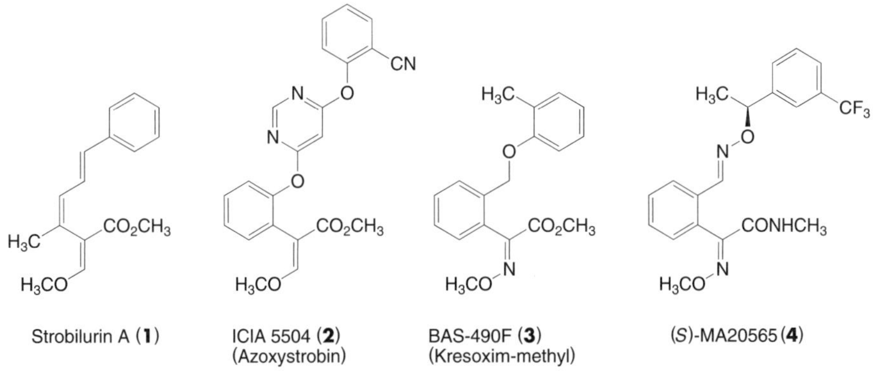

Strobilurin A (**1**)　　ICIA 5504 (**2**) (Azoxystrobin)　　BAS-490F (**3**) (Kresoxim-methyl)　　(S)-MA20565 (**4**)

図1　Strobilurins A (**1**)とそれをリードとする殺菌剤(**2**, **3**, **4**)の構造

ぐり，ラセミ体である MA20565 (**4**) に優れた殺菌活性を見いだした (図 1)．さらに，その両鏡像体を合成して (*S*)-**4** が活性本体であることを突き止め，ラセミ体とのコストパフォーマンスの比較から (*S*)-**4** が開発候補剤として選定された (図 1)．なおメトキシアクリル酸系殺菌剤の活性の発現には，(*E*)-メトキシアクリル酸もしくは (*E*)-メトキシイミノ酢酸の構造が必須であり，その (*Z*)-体にはまったく殺菌活性がない．(*S*)-**4** は，残念ながら上市には至らなかったが，本章ではその開発の過程で確立した工業的製法について，立体選択性 (光学純度，*E*/*Z* 比)，中間体・最終原体の品質管理，製造上の安全性に焦点を当てて紹介する[2]．

(*E*)-メトキシアクリル酸メチル

(*E*)-メトキシイミノ酢酸メチル

2．初期合成ルートとその問題点

農薬の探索研究では，構造活性相関を効率よく広範囲に展開するために，共通の鍵中間体から多様な構造のスクリーニングサンプルが多数合成できれば好都合である．(*S*)-**4** の発明に至る探索研究の初期では，ブロモメチル体 (**9**) がそのような鍵中間体であったが，その後期においてはアルデヒド (**10**) が関連の誘導体を多数合成するために利用された[2] (図 2)．したがって，**4** のラセミ体と両鏡像体の最初の合成も，**9** と **10** を経由して達成された．このうち **9** は，2-ブロモトルエン (**5**) から調製した Grignard 反応剤のシュウ酸ジエチルへの付加で得られた α-ケトエステル (**6**) とメトキシアミンとの縮合，(*E*)-ケトキシム (**7**) に対するラジカル臭素化の 3 工程によって合成した．その際各中間体は，シリカゲルカラムクロマトグラフィーによって精製した．そして (±)-**4** は，酢酸中 **9** に HMTA を作用させる Duff 反応で合成したアルデヒド (**10**) に，3-ブロモベンゾトリフルオリド (**11**) から別途合成したオキシアミン 〔(±)-**14**〕を縮合させ，生成したオキシムエステル 〔(±)-**15**〕にメチルアミンを作用させて合成した．

(±)-**14** は，**11** から調製した Grignard 反応剤をアセトアルデヒドへ付加させ，生成した第二級アルコール 〔(±)-**12**〕と *N*-ヒドロキシフタルイミド (PhtNOH) との光延反応で得られた (±)-**13** のフタロイル基の加ヒドラジン分解によって合成した．その際 (±)-**12** と (±)-**14** は蒸留で精製できたが，(±)-**13** はカラムクロマトグラフィーで精製した．

4 の両鏡像体を合成するにあたっては，リパーゼによる速度論的分割を利用した．リパーゼ (TOYOZYME LIP) の存在下 (±)-**12** にラウリン酸ビニルを作用させると，(*R*)-**12** だけが選択的にアシル化されてエステル (*R*)-**17** に変換された．未反応のまま残った (*S*)-**12** は，上と同様に合成を進め，(*R*)-**14** を経由して (*R*)-**4** に導いた．他方 (*R*)-**17** は，加水分解して (*R*)-**12** としたのち，同様にして (*S*)-**4** に変換した (図 2)．

HMTA
(hexamethylenetetramine)
HMTA を利用した Duff 反応のメカニズム．

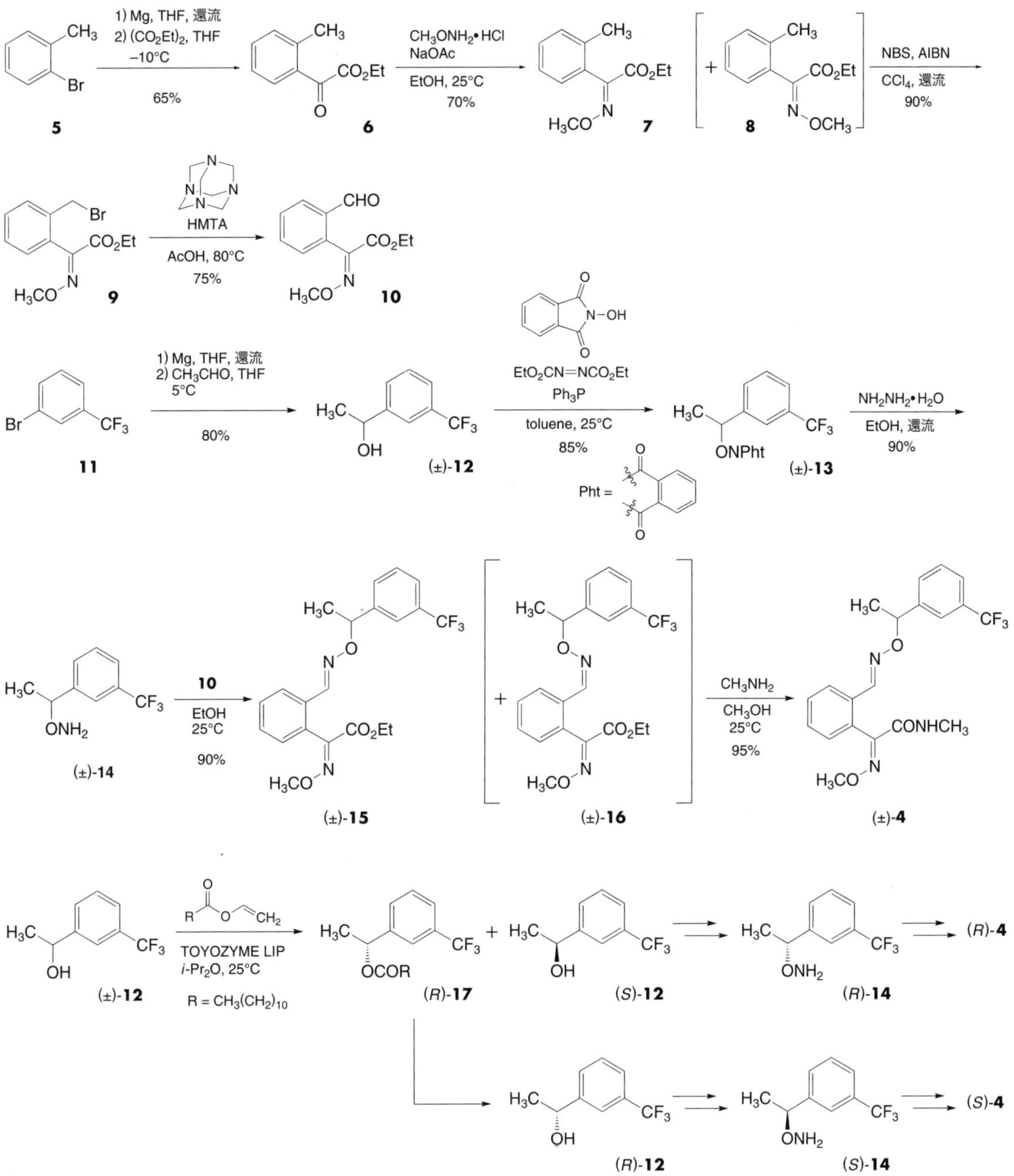

図2 (±)-および(S)-MA20565(**4**)の合成法(探索研究ルート)

上述の(±)-**4**と(S)-**4**〔そして(R)-**4**〕の合成は,あくまでもラボで実施されたものであり,そのままスケールアップすると次のような問題点があった.① オキシム化(**6**→**7**)で20%程度副生する(Z)-**8**のカラムクロマトグラフィーによる除去.② 一気に進行するラジカル臭素化反応(**7**→**9**)の制

*2
 Ph$_3$P=O
 EtO$_2$CHN–NHCO$_2$Et

御が困難．③ 光延反応〔(±)-**12** → (±)-**13**〕に使用した反応剤に由来する副生物*2 のカラムクロマトグラフィーによる除去．④ **10** と (±)-**14** の縮合で 5％程度副生する (Z)-(±)-**16** のカラムクロマトグラフィーによる除去．さらに，⑤ (S)-**4** を合成するための (R)-**12** を分割により得ていることも，製造コストを高める要因になっていた．これらの課題を解決し，工業的に実施可能で経済的かつ安全な (S)-**4** の製法を確立するには，**10** もしくはその合成等価体の効率的製法および (S)-**14** の立体選択的製法を開発しなくてはならなかった．

3．工業化のための製法開発

3.1　効率・安全性・収斂性を高めた合成法

前節で抽出した課題を解決するため，新たに計画した逆合成スキームを図3に，そして実施した合成反応を図4，図5および図6に示したが，ここでは最初に図3に沿って合成計画の全体と主要な変更点について説明する．

初期合成法〔**10** + (S)-**14** → (S)-**15** → (S)-**4** (図2)〕はすでにコンバージェント（収斂的）であったが，新しい工業化ルートでは，全体の収斂性をさらに高めるために，**10** に代えてその等価体であるアセタール (**20**) と (S)-**14** のオキシム形成反応を最終工程で実施することにした（図3）．**20** の合成では，制御の困難なラジカル臭素化を避けるため，出発原料には最初からホルミル基を備えた 2-ブロモベンズアルデヒド (**23**) を選んだ．また初期合成法では，オキシム形成後の最終工程〔(S)-**15** → (S)-**4**〕で行っていた，エステルからアミドへの変換をオキシム形成前に実施することにした．その結果，アミド基が導入された **20** の結晶性が高まり，晶析による精製が可能になったため，**20** よりも前の段階での精製が省略できるようになった．

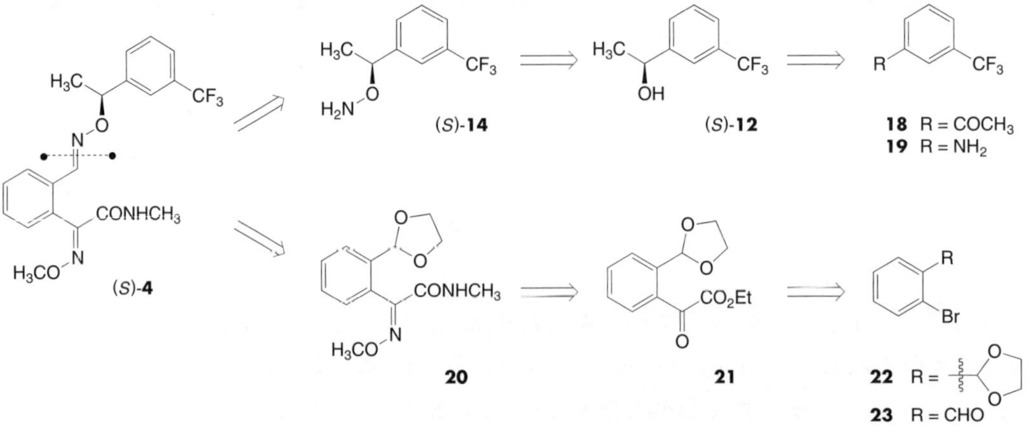

図3　(S)-MA20565(**4**) の工業化ルートの逆合成解析

(S)-**14**の合成では，製造時の安全性の観点（後述）からGrignard反応〔**11** → (±)-**12**（図2）〕を回避すると同時に，より安価な原料から出発するために，3-(トリフルオロメチル)アニリン(**19**)を出発物質として選んだ．そして(S)-**12**は，**19**から得られる3-トリフルオロメチルアセトフェノン(**18**)を野依らの不斉水素移動反応[3]で立体選択的に還元して得ることにした．その後，S_N2型の官能基変換反応を2回行えば，光延反応（反応剤由来の反応副生物の分離が困難）に頼ることなく，(S)-**12**の立体配置を保持した(S)-**14**が得られることになる．

上記の変更によって，カラムクロマトグラフィーによる精製が不要になるのはもちろんのこと，鍵中間体である**20**と(S)-**14**をそれぞれ晶析と蒸留で精製することが可能になり，プロセス全体の品質管理が容易になった．さらに最終工程における縮合反応では，アミド基の存在によって結晶性の向上した(S)-**4**が反応系中から高純度の結晶として析出するようになり，単離・精製の操作も簡略化することができた．

以下では，上記のような特色を備えた(S)-**4**の工業化ルートの実際について詳述する．

3.2 **20**の合成

鍵中間体の一つである**20**は，**23**を出発原料として4工程で合成した(図4)．触媒量のp-トルエンスルホン酸の存在下，トルエン中**23**をエチレングリコールと反応させ，副生した水をトルエンと共沸させて系外に除くことによって，収率97％でアセタール(**22**)を得た．THF中**22**から調製したGrignard反応剤をシュウ酸ジエチルのトルエン溶液中に-2℃以下で添加し，粗製のケトエステル(**21**)を収率83％で得た．メタノール中N,N-ジエチルアニリンの存在下，**21**をメトキシアミン塩酸塩と反応させたのち，生成し

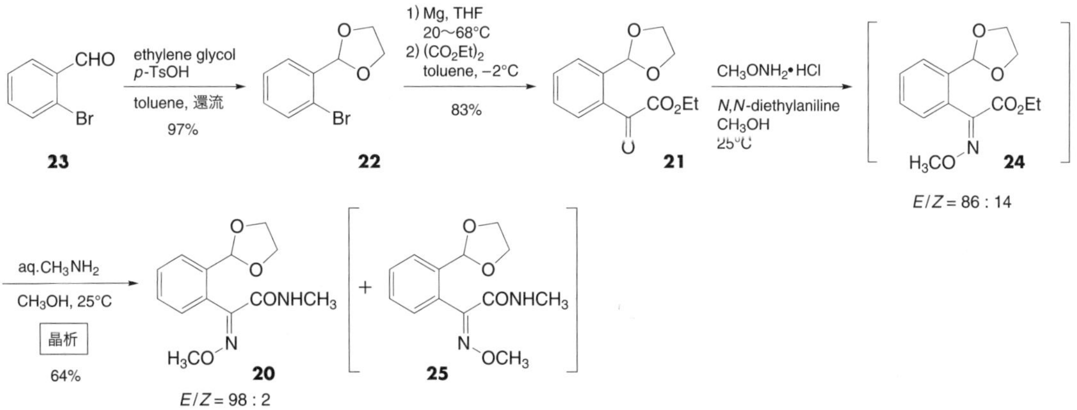

図4 アセタール(**20**)の合成ルート

たオキシムエステル (**24**)〔E/Z (86：14)〕は精製も分離もせず，そのまま40%メチルアミン水溶液と反応させた．メタノールを留去したのち，残渣に n−ヘプタンと水を加えて冷却し，析出した結晶をろ取すると，E/Z (98：2) の **20** が収率64%で得られた (4工程の通算収率は51%)．なお **20** の晶析では，オキシム化反応 (**21** → **24**) で塩基として使用してそのまま残った N,N−ジエチルアニリンが，副生物である (Z)−ケトキシム (**25**) の母液への溶解を助け，その除去に有利な効果を及ぼした．

3.3 (*S*)−14 の合成

もう一つの鍵中間体である (*S*)−**14** は，**19** を出発原料として4工程で合成した(図5)．

3.3.1 安全性と出発原料の選択

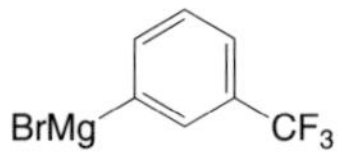

3−(トリフルオロメチル)フェニルマグネシウムブロミド(**31**)

不斉還元の原料となる3−(トリフルオロメチル)アセトフェノン(**18**)の合成法を調べる過程で，(±)−**12** の合成に使っていた3−(トリフルオロメチル)フェニルマグネシウムブロミド(**31**)に爆発性があるという事実を知り[4]，それまでよく事故を起こさなかったと肝を冷やした．この事実から，ほしい **18** は **19** から調製することにした[5]．**19** から調製したジアゾニウム塩(**32**)を硫酸銅存在下，アセトアルデヒドのオキシム ($CH_3CH=NOH$) と反応させたのち，生成した **33** を酸で加水分解した (図6)．最後に蒸留をして得られた **18** の収率は62%と中程度であったが，原料の **19** が安価であることから，この方法を採用した．

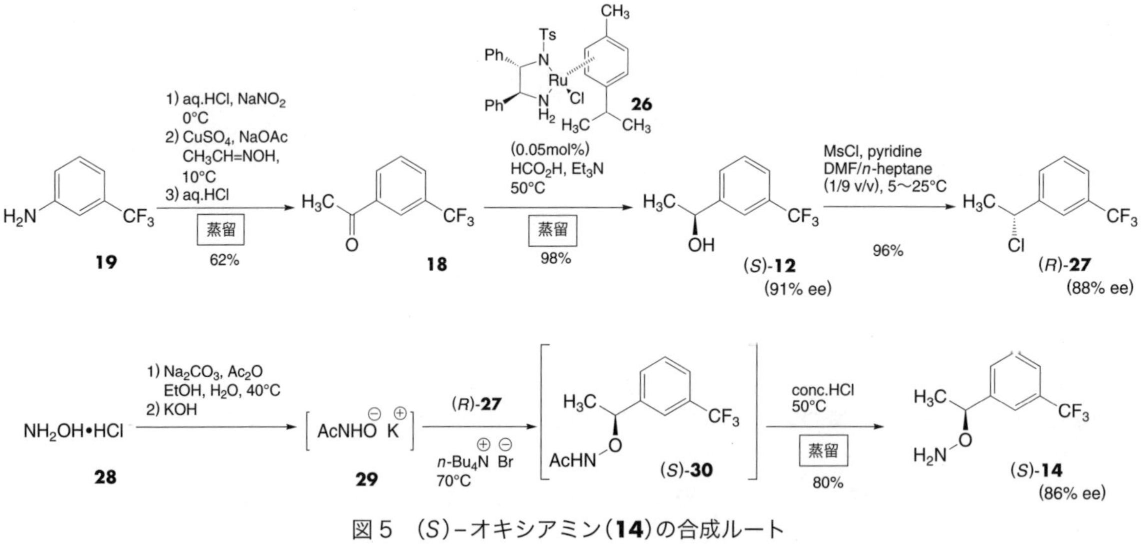

図5 (*S*)−オキシアミン(**14**)の合成ルート

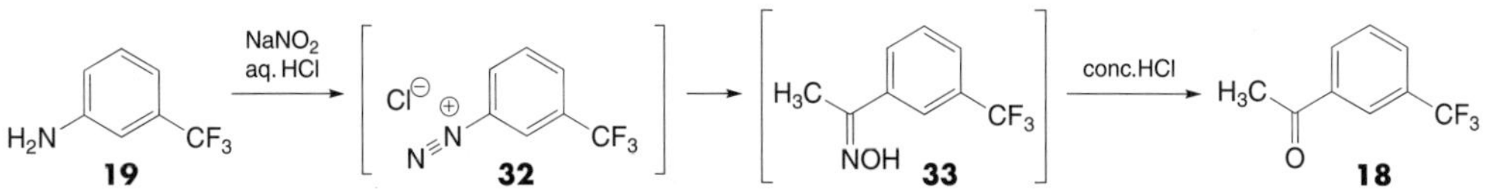

図6 アセトフェノン(**18**)の合成法

3.3.2 18の不斉還元

18から(S)-**12**への還元的変換には，次の理由から不斉ルテニウム(II)錯体触媒による立体選択的水素移動反応を適用することにした(図5)．その理由は，オートクレーブが不要で操作性がよい，触媒が比較的安価，立体選択性がベンゼン環上の置換基によってあまり左右されず，生成した第二級アルコールにつねに高い光学純度が期待できるからである[3])．

ルテニウム(II)錯体触媒(**26**)の存在下[3f)]，水素源となる2-プロパノールと加熱したところ[3a)]，**18**の濃度を上げるにつれて収率と光学純度が低下する傾向が観察された．なお，副生したアセトンを減圧下(45～55 mmHg)に除去しながら反応を行うと，収率は若干向上したものの，(S)-**12**の光学純度は88%ee程度に留まった．

他方，水素源と溶媒を兼ねるギ酸・トリエチルアミン共沸混合物(5:2)を過剰量用いて反応を行うと[3f)]，(S)-**12**の光学純度は94%eeに向上したものの，触媒(**26**)量を0.5 mol%まで増やしても反応は遅かった(表1，entry 1と2)．しかし，ギ酸とトリエチルアミンの使用量をともに**18**に対して1.05当量まで削減すると，反応速度が向上し，触媒の使用量も減ら

表1 ギ酸・トリエチルアミンを水素源として不斉ルテニウム(II)錯体(**26**)が触媒する**18**の立体選択的還元

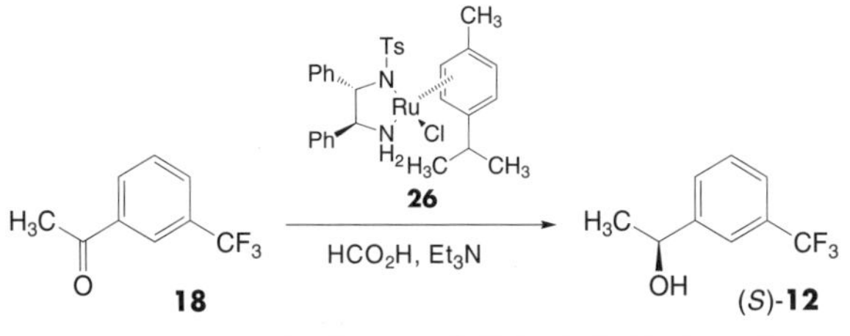

entry	**26** (mol%)	HCO$_2$H (eq)	Et$_3$N (eq)	温度 (℃)	時間 (hr)	収率[a)] (%)	光学純度[b)] (%ee)
1	0.5	11.5	4.6	25	24	66	94
2	0.2	11.5	4.6	25	77	95	95
3	0.1	1.05	1.05	25	24	99	93
4	0.05	1.05	1.05	50	27	98	91
5	0.02	1.05	1.05	50	30	96	91

a) 収率はGCから算出(column：DB-1)．
b) 光学純度はGCで測定(column：CHROMPACK Cyclodextrin-β-236M-19)．

すことができた．さらに検討の結果，0.05 mol%の **26** を使えば光学純度 91% ee の (*S*)-**12** が収率 98% で得られるようになった．触媒量はさらに 0.02 mol% まで削減できたが，反応時間と収率を考慮して実際の還元は 0.05 mol% の **26** を用いて行うことにした（表 1, entry 4, 5）．このとき，**18** の濃度は全反応液量に対して 50%（w/v）程度であり，反応終了後はそのまま減圧蒸留して (*S*)-**12** を純度よく単離できたので，簡便な操作で高い生産性が達成されることになった．

3.3.3 アミノオキシ基（–ONH₂）の導入——2 回の立体反転による立体と光学純度の保持

(*S*)-アルコール（**12**）に NH₂Cl，NH₂OSO₃H などを作用させ直接的 *O*-アミノ化反応を試みてみたが*，目的とする (*S*)-**14** を得ることはできなかった．そこで，(*S*)-**12** を立体が反転した (*R*)-クロリド（**27**）に変換したのち，もう一度，立体反転を伴う置換反応を行って (*S*)-**14** を得ることにした（図 5）．

最初に，リパーゼによる速度論的分割で得られた光学純度ほぼ 100% ee の (*S*)-**12** を使い，(*R*)-**27** に変換する反応条件を検討した（表 2）．それは，この反応の検討を上記不斉還元と並行して実施していたためであった．

DMF/*t*-BuOCH₃（2：5, v/v）中ピリジンの存在下，(*S*)-**12** を塩化チオニルと反応させると，74% ee の (*R*)-クロリド（**27**）が収率 87% で得られた

* 直接的アミノ化

表 2 (*S*)-アルコール（**12**）の (*R*)-クロリド（**27**）への変換（立体反転）

entry	塩素化剤	溶　媒	時間 (hr)	収率[d] (%)	光学純度[e] (% ee)
1	SOCl₂	DMF, *t*-BuOCH₃ (2/5)	8	87	74
2	MsCl	Py[b]	24	99	96
3	MsCl	DMF	24	99	86
4	MsCl	NMP[c]	24	8	86
5	MsCl	DMF/*i*-Pr₂O(2/5)	15	96	96
6	MsCl	DMF/*i*-Pr₂O(1/50)	8	7	96
7	MsCl	DMF/*n*-Heptane(2/5)	3	96	96
8	MsCl	DMF/*n*-Heptane(1/9)	9	96	96

a) リパーゼによる速度論的分割で得た光学純度 100% e.e. の (*S*)-**12** を使用．
b) (*S*)-**12** に対して 5 倍量（v/w）使用．
c) NMP：1-methyl-2-pyrrolidone．
d) 収率は GC から算出（column：DB-1）．
e) 光学純度は GC で決定（column：CHROMPACK Cyclodextrin-β-236M-19）．

(entry 1). 他方, ピリジン溶媒中メタンスルホニルクロリドと反応させると, 96％ee の (R)-**27** が収率99％で得られた (entry 2). しかし, 後処理のことを考えてピリジンの使用量を1当量に減らし, DMF, NMPといった極性溶媒中で反応を行うと, 光学純度は大きく低下した (entry 3, 4). このラセミ化は, 極性溶媒に溶解したピリジンの塩酸塩と, いったん生成した (R)-**27** の間で塩素の交換反応が起こって引き起こされたと考えられる(図7). そこで, ラセミ化を抑えるには非極性溶媒を添加し, ピリジンの塩酸塩を強制的に析出させて (R)-**27** に作用できないようにすればよいと考えた. 検討の結果, DMF-n-ヘプタン (1:9) の混合溶媒系を用いると, 96％ee の (R)-**27** が収率96％で得られるようになった(entry 8). この程度の光学純度低下であれば, 農薬としての登録上も問題ないと判断し, この条件を用いて(S)-**12** を (R)-**27** に変換することにした.

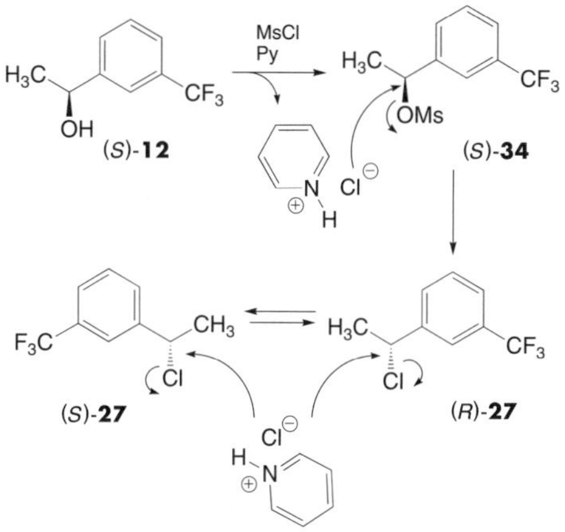

図7 (R)-クロリド(**27**)のラセミ化

次に, これ以上光学純度を低下させることなく, (R)-**27** を立体配置の反転した (S)-**14** に変換することを試みた. まず含水エタノール中, 炭酸ナトリウムの存在下, ヒドロキシアミン塩酸塩 (**28**) に無水酢酸を作用させたのち, 水酸化カリウムを添加し, AcNHOK (**29**) を調製した (図5). ここへ臭化テトラ-n-ブチルアンモニウム(0.8 mol％)と (R)-**27** を添加して加熱すると, 置換反応が進行した. 生成した (S)-**30** は単離することなく, N-アセチル基を塩酸で加水分解すると, 光学純度を低下させることなく, 目的とする(S)-**14** を得ることができた.

以上の検討成果をまとめると, 次のようになる. 0.05 mol％のルテニウム(Ⅱ)錯体触媒(**26**)の存在下, **18** をギ酸・トリエチルアミン(各1.05当量)と加熱(50℃/27時間)したのち, そのまま減圧蒸留して91％ee の (S)-**12** を収率98％で得た. これにDMF/n-ヘプタン〔1:9(v/v)〕中, ピリジン(1.1

当量) の存在下，メタンスルホニルクロリド (1.1 当量) を作用させた．粗製の (R)-**27**（光学純度 88％ ee / 収率 96％）を別途調製した (**29**) と反応させたのち，そのまま加水分解して減圧蒸留すると，(S)-**14**（化学純度 > 98％，光学純度 86％ ee）が収率 80％で得られた（**18** から 3 工程の通算収率は 75％，**19** から 4 工程の通算収率は 46％）．

3.4 最終工程と鍵中間体の品質管理

工業化ルートにおける最終工程では，酸性条件下 **20** の加水分解および **10** と (S)-**14** の縮合をワンポットで連続して行い，(S)-MA20565 (**4**) の合成を完成させた（図 8）．ここで酸触媒として塩酸や硫酸などの強酸を使用すると，反応は進行したものの，生成した (S)-**4** が分解した．しかし，この反応を酢酸中で行うと，完結するまでに時間はかかったが (S)-**4** の分解はほとんど認められなかった．さらに興味深いことに，脱水反応であるにもかかわらず，酢酸に水を添加すると反応が加速された．そして水をさらに添加すると，反応液中から高純度の (S)-**4** が晶析した．

最終的には **20** と (S)-**14**（86％ ee）を反応させた酢酸/水 (1：2) 懸濁液を 1〜2 時間加温 (30〜35℃) 攪拌したのち，析出した結晶をそのまま濾取し，温水で洗浄した．このようにして得られた (S)-**4**（収率 94％，化学純度 > 98％，光学純度 86％ ee）には，**20** に約 2％含まれていた (Z)-**25** に由来する不純物〔(S)-**35**〕は存在していなかった．しかし，縮合反応時に副生した (Z)-アルドキシム〔(S)-**36**〕は，わずかながら検出された〔E/Z (99.5：0.5)〕.

20 と (S)-**14** から (S)-**4** が形成される上記の反応を注意深く追跡すると，反応混合物中 (S)-**4**（E 体）は (S)-**36**（Z 体）との平衡混合物として存在し，その比率は E/Z (95：5) であった．したがって，E/Z (99.5：0.5) の (S)-**4** が収率 94％で得られたのは，(S)-**4**（E 体）が優先して晶析した結果，

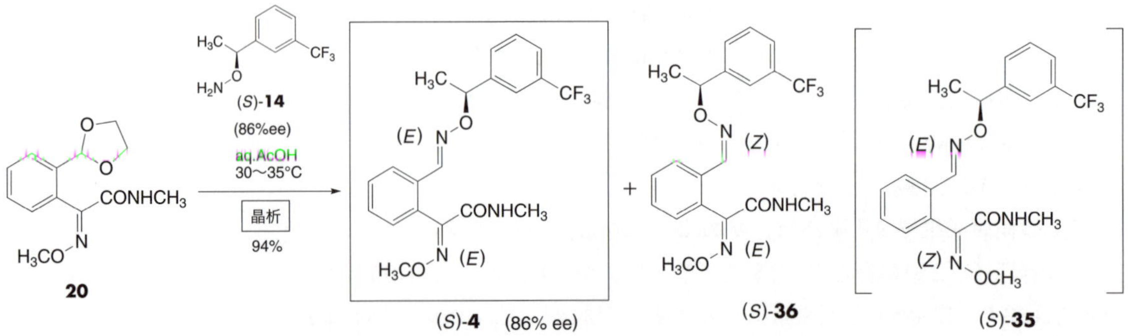

図 8 (S)-MA20565 (**4**) の工業化ルートにおける最終工程

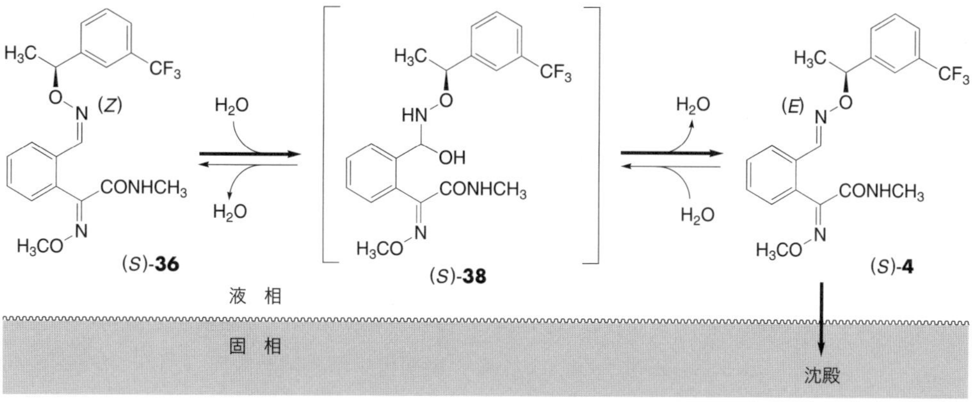

図9 (S)-**4**(E体)と(S)-**36**(Z体)の間の平衡

上記の平衡がE体の側にシフトしたためであると考えられる．最終工程の収率は製造コストに大きく影響するため，(S)-**4**への動的平衡を伴う晶析は，工業化の観点からも大きなメリットをもたらした(図9)．

最終工程で使用する二つの鍵中間体，**20**と(S)-**14**は，それぞれ晶析と蒸留によって，品質をコントロールできた．さらに最終工程では，(S)-**4**の高い結晶性によって，その純度を再現性よく確保できた．その結果，ここに確立された(S)-MA20565 (**4**) の工業的製法は，最終製品の品質管理の容易さという観点からも，優れたプロセスとなった．

4. おわりに

農薬と医薬の製品価格に占める製造コストの割合は，それぞれおおよそ1/3〜1/5，1/10〜1/20である．そのため農薬の利益性を高めるには，農薬原体の製造コストを削減することがきわめて有効である．その結果，農薬は医薬に比べ，使える原料や反応の範囲が狭くなる．それでは農薬のプロ

光学純度の向上プロセス

(S)-**4**は光学純度の規格として86%eeを設定したが，(S)-**14**（86%ee）にL-酒石酸（1当量）を作用させると，結晶性のジアステレオマー塩（**37**）が析出し，これをそのまま図6と同じ条件下**20**と反応させると，光学純度>99%eeの(S)-**4**を得ることができた．

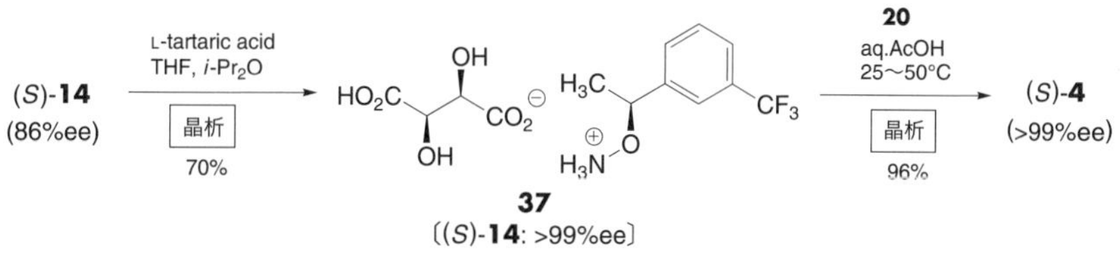

(S)-**14** (86%ee) →[L-tartaric acid, THF, i-Pr₂O, 晶析 70%]→ **37** ((S)-**14**: >99%ee) →[**20**, aq.AcOH, 25〜50°C, 晶析 96%]→ (S)-**4** (>99%ee)

セス化学はつまらないかというと，けっしてそのようなことはない．なぜならば，反応の本質を深く見つめて化学する心がなければ，選択性や収率を向上させ，ワンポット化して工程数を減らすことも，品質管理が容易で堅牢な工業的製造ルートを開発することもできないからである．すなわち，製造コストというプレッシャーこそ，優れたプロセス化学を生みだす知的源泉であるといえる．

　MA20565（**4**）は三菱化学株式会社で開発されたが，現在は日本農薬株式会社に事業譲渡された．そのため日本農薬には，今回執筆を許可いただいたことに深く感謝する．なお**4**の創薬化学は織田雅次氏（現 日本農薬株式会社），プロセス化学は田中 健氏（現 東京農工大学）と岡野一哉氏（現 株式会社エーピーアイコーポレーション）がそれぞれ主担当として展開されたものであるが，筆者はその両方にかかわる機会に恵まれたことから，本稿を執筆させていただいた．

参考文献

1) 総説：(a) J. M. Clough, C. R. A. Godfrey, in "The Strobilurin Fungicides," D. H. Hutson, J. Miyamoto, Ed., Wiley, Chichester (1998); (b) H. Sauter, W. Steglich, T. Anke, *Angew. Chem., Int. Ed. Engl.*, **38**, 1328 (1999).
2) (a) K. Tanaka, M. Katsurada, F. Ohno, Y. Shiga, M. Oda, M. Miyagi, J. Takehara, K. Okano, *J. Org. Chem.*, 65, 432 (2000); (b) M. Oda, M. Katsurada, Y. Shiga, F. Ohno, K. Tanaka, Y. Tomita, K. Okano, M. Shirasaki, J. Takehara, H. Iwane, WO9823582; (c) M. Katsurada, Y. Shiga, M. Oda, JP10215889; (d) K. Tanaka, M. Katsurada, JP11322692; (e) M. Katsurada, K. Tanaka, JP11322693.
3) (a) S. Hashiguchi, A. Fujii, J. Takehara, T. Ikariya, R. Noyori, *J. Am. Chem. Soc.*, **117**, 7562 (1995); (b) J. Takehara, S. Hashiguchi, A. Fujii, S. Inoue, T. Ikariya, R. Noyori, *J. Chem. Soc., Chem. Commun.*, **1996**, 233; (c) J. X. Gao, T. Ikariya, R. Noyori, *Organometallics*, **15**, 1087 (1996); (d) A. Fujii, S. Hashiguchi, N. Uematsu, T. Ikariya, R. Noyori, *J. Am. Chem. Soc.*, **118**, 2521 (1996); (e) N. Uematsu, A. Fujii, S. Hashiguchi, T. Ikariya, R. Noyori, *J. Am. Chem. Soc.*, **118**, 4916 (1996); (f) K. J. Haack, S. Hashiguchi, A. Fujii, T. Ikariya, R. Noyori, *Angew. Chem., Int. Ed. Engl.*, **36**, 285 (1997); (g) S. Hashiguchi, A. Fujii, K. J. Haack, K. Matsumura, T. Ikariya, R. Noyori, *Angew. Chem., Int. Ed. Engl.*, **36**, 288 (1997); (h) K. Matsumura, S. Hashiguchi, T. Ikariya, R. Noyori, *J. Am. Chem. Soc.*, **119**, 8738 (1997); (i) R. Noyori, S. Hashiguchi, *Acc. Chem. Res.*, **30**, 97 (1997).
4) (a) M. W. Renoll, *J. Am. Chem. Soc.*, **68**, 1159 (1946); (b) F. S. Prout, J. Cason, A. W. Ingersoll, *J. Am. Chem. Soc.*, **70**, 298 (1948); (c) F. A. Vingiello, G. J. Buese, P. E. Newallis, *J. Org. Chem.*, **23**, 1139 (1958).
5) W. F. Beech, *J. Chem. Soc.*, **1954**, 1297.

Part II 第4章

逆合成によるプロセスイノベーション
PDE5阻害薬KF31327のプロセス開発

■ 藤野　賢二・衣川　雅彦 ■
〔協和発酵キリン株式会社 生産本部〕

1. はじめに

　PDE5（ホスホジエステラーゼ5型）に対する選択的阻害活性のあるKF31327（**1**）は[1]，協和発酵工業株式会社（現 協和発酵キリン株式会社）において狭心症治療薬の開発候補として選ばれた（図1）．しかし創薬段階で開発された**1**の合成法は，クロマトグラフィー精製や危険性の高い反応剤の使用などが大量合成の実施を困難にしていた．そこで，臨床試験に必要な開発用原薬を大量に確保するため，探索段階の合成研究とは異なる発想により，**1**の工業的製造に適した効率的な合成プロセスの開発が必要となった．ここでは，このような背景のもとに取り組んだ**1**のプロセス開発[2]について紹介する．

2. 合成戦略

　創薬段階での**1**の合成ルートを図2に示すが，**1**を臨床試験用原薬として大量に製造するには，次の課題を克服しなければならなかった．① 中間体（**4**）のエステル基とシアノ基の還元に危険性の高い水素化アルミニウムリチウムを使用．② 4-クロロアントラニル酸（**6**）のキナゾロン（**7**）への環化に175℃もの高温が必要．③ **7**のニトロ化の位置選択性が低く〔6位ニトロ体/8位ニトロ体（4:1）〕，副生した8位ニトロ体の除去が困難．④ **9**のクロロ化に大過剰（22当量）のオキシ塩化リンを使用するため後処理が煩雑なうえ，リンを含む大量の廃棄物が発生．⑤ **1**の前駆体となる**12**にイミダゾチオン環を構築する際，引火性の高い二硫化炭素を使用．

　そこで，上記の課題を解決するために，あらためて**1**の逆合成解析を実

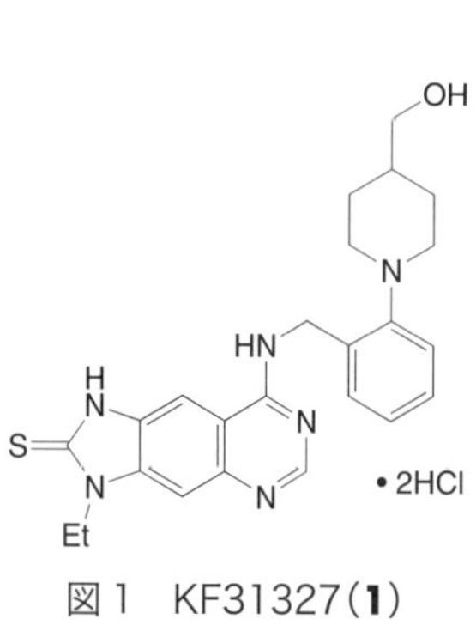

図1　KF31327（**1**）

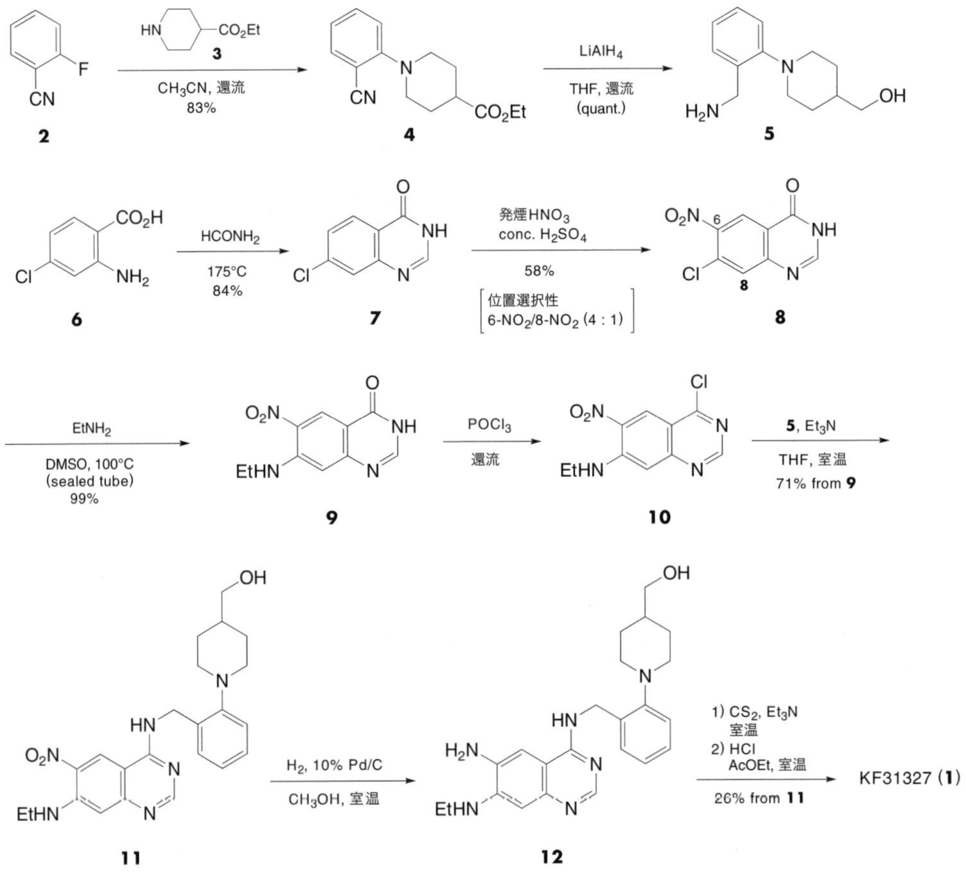

図2 創薬段階での**1**の合成法

施したところ，2,4-キナゾリンジオン(**16**)ではニトロ化が6位選択的に進行することが既知であることを見いだした(図3)．さらに，**15**のような2,4-キナゾリンジオンは，塩基の存在下オキシ塩化リンによって2,4-ジクロロキナゾリン(**14**)に変換されること，さらにこのようにして得られた**14**では4位クロロ基のほうが2位よりも反応性が高いことが確認された．このことから**15**の2位と4位のカルボニル基をクロロ化した**14**にベンジルアミン(**5**)を反応させれば，4位のクロロ基が位置選択的に置換された**13**が得られ，2位に残ったクロロ基の除去と6位ニトロ基のアミノ基への還元が同時に達成できれば，図2における**1**の前駆体(**12**)を得ることができると考えた．

3. ベンジルアミン化合物(5)の合成

2-ピペリジノベンゾニトリル(**4**)は当初，市販の2-フルオロベンゾニトリル(**2**)とイソニペコチン酸エチル(**3**)をアセトニトリル中で加熱還流して

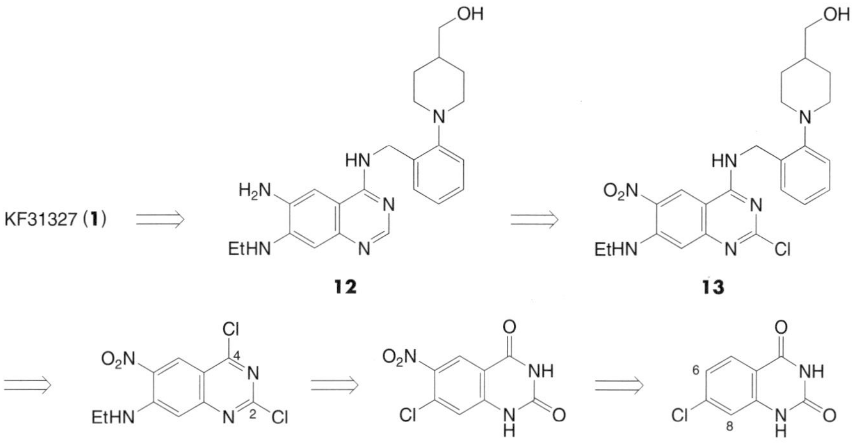

図3 **1** の逆合成解析

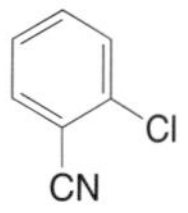

合成していた（図2）．そこで **2** をより安価な2-クロロベンゾニトリルに代替しようとしたが，**4** を与える反応条件は見いだせなかった．しかし **2** と **3** の反応条件を見直し，ジメチルスルホキシド（DMSO）中120℃に加熱すれば，それまではアセトニトリル中で加熱還流することによって24時間以上も必要であった反応時間が8時間まで大幅に短縮できた（図4）．また副生する腐食性のフッ化水素を完全に捕捉するために，フッ化物アニオンと親和性の高いカルシウム塩を共存させて反応を行った．水酸化カルシウムを使用した場合には生成した **4** のエチルエステルが加水分解を受けたが，炭酸カルシウムを使用した場合には，加水分解は認められなかった．そこで炭酸カルシウムの存在下，上記の条件で **2** と **3** を反応させ，反応終了後は反応混合物をろ過して不溶性のフッ化カルシウムと炭酸カルシウムを除き，ろ液に酢酸エチルと水を加えて分液した．そして，有機層を減圧濃縮して得られた残渣を含水メタノールから再結晶し，目的とする **4** を収率83％で単離した．

続くエステル基とシアノ基の同時還元（**4** → **5**）では，安全性を向上させるために，水素化アルミニウムリチウム（図2）の代替を検討した（図4）．水素化ホウ素リチウムを使用すると，エステル基はアルコールに容易に還元されたものの，シアノ基は還元されなかった．他方，塩化亜鉛の存在下に水素化ホウ素ナトリウムを用いると[3]，エステル基とシアノ基の還元が同時に進行し，**4** は目的とする **5** に円滑に変換された．なお本反応では，還元終了後アミノボラン（**17**）が形成していたが，これは希塩酸で処理すると容易に **5** に加水分解された．最後にトルエンから再結晶することによって，目的とする **5** が収率78％で得られた．

2-クロロベンゾニトリル

図4 ベンジルアミン化合物(**5**)の改良合成法

4. 7-クロロ-キナゾリンジオン(**16**)を利用した**12**の新製法

文献[4]に従い, 濃硫酸中 7-クロロ-2,4-キナゾリンジオン(**16**)を氷冷下, 発煙硝酸で処理したところ(図5), 目的とする 6 位ニトロ体(**15**)と 8 位異性体が約 20:1 の比で生成したが, その位置選択性はキナゾロン化合物(**7**)のニトロ化(図2)における 6 位 / 8 位比(4:1)をはるかに上回るものであった. さらに, ① 発煙硝酸の代わりに 60%硝酸を使用する, ② **16** と濃硫酸の混合物に硝酸を滴下することによって反応温度を 0℃付近に制御する, ③ 発熱量の測定と各種安全性評価をもとに反応条件を設定するなどの改良を重ね, **15** がパイロットスケールでも収率 90%で得られるようになった. なお, このようにして得られた **15** には, 8 位異性体が 3.0%含まれていたが, この段階ではこれ以上精製せずに, あとの工程で除去することにした.

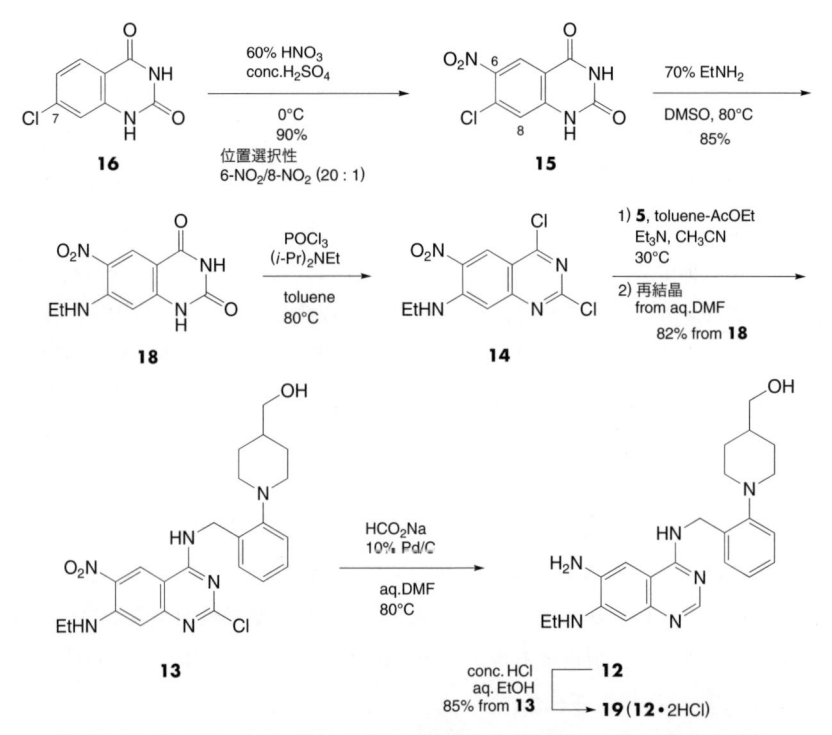

図5 7-クロロ-キナゾリンジオン(**16**)から出発する**12**の改良合成法

4. 7-クロロ-キナゾリンジオン(16)を利用した12の新製法

　7位クロロ基に対するエチルアミンによる置換反応（**15 → 18**）も，発熱反応であったが，**15** の DMSO 溶液を 80℃に加熱し，これに 70％エチルアミン水溶液を滴下することで蓄熱による反応の暴走を制御した．反応終了後メタノールを加え，析出した結晶をろ取したのち，メタノールで懸濁洗浄したところ，ジメチルスルホキシドが除去されるとともに，8位ニトロ体の混入量が 0.12％にまで減少した 2,4-キナゾリンジオン（**18**）が収率 85％で得られた．

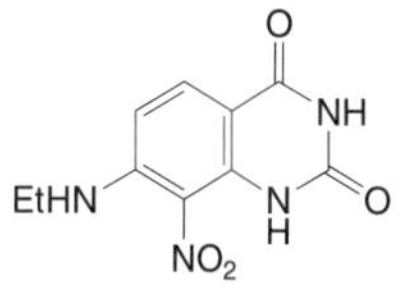

　18 のジクロロ化反応では，三塩化リンや五塩化リンのような安価なクロロ化剤を試したものの，目的のジクロロ体である **14** を与えたのは，結局はオキシ塩化リンのみであった．しかし 1.0 当量の *N,N*-ジイソプロピルエチルアミンを共存させると，8.0 当量のオキシ塩化リンを使用しても **18** に対するジクロロ化は 25℃で進行し，収率 53％で **14** を与えた．そこで本結果をもとに，オキシ塩化リンの使用量のいっそうの削減と収率の改善に取り組むことにした．

8位ニトロ体

　まずオキシ塩化リンと *N,N*-ジイソプロピルエチルアミンの使用量が収率に及ぼす影響について，ジクロロエタンを反応溶媒として調べた．反応を 60℃で行ったところ，オキシ塩化リンの使用量を 4.0 当量に減らしても，80％以上の収率で **14** が得られた．一方，*N,N*-ジイソプロピルエチルアミンの使用量は，反応生成物の収率に大きな影響を与えた．すなわち，*N,N*-ジイソプロピルエチルアミンの使用量が 2 当量より少ないと，原料の **18** が残存して収率が低下した．しかし反対に，使用量が 3 当量より多いと，2 種の副生成物の増加が認められた．このうち一つは容易に単離でき，機器分析によって **20** と同定した（図 6）．なお **20** の副生量は，オキシ塩化リンの使用量を減らしても増加した．もう一つの副生成物は不安定で，単離して構造を決定することはできなかったが，反応混合物に濃塩酸や塩化リチウムのような塩化物イオンを加えると消失すると同時に **14** の生成量が増加したことから，これはリン酸エステル化合物（**21**）であると推定した．

　次に反応温度の影響を調べたところ，温度の上昇とともに反応は加速され，

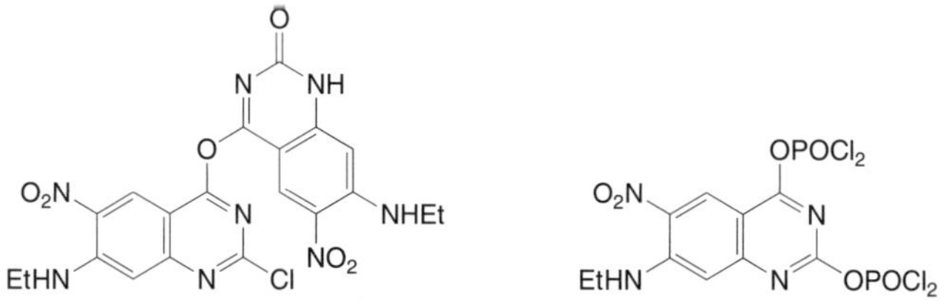

20

21

図 6　**18** のクロロ化における副生物

18は**21**を経由して**14**に速やかに変換された．反応温度25℃では，**21**から**14**への変換が不十分で，**14**の収率はわずかに53％であったが，60℃にすると80％に向上した．

以上の検討結果をもとに**18**に対するクロロ化の反応条件を最適化した（図5）．ことに環境に配慮したプロセス設計の観点から，オキシ塩化リンの使用量の削減とジクロロエタンの非ハロゲン系溶媒への代替を目標とした．その結果，2.2当量の N,N-ジイソプロピルエチルアミンの存在下，トルエン中**18**に5.0当量のオキシ塩化リンを80℃で作用させると，目的の**14**が変換率97％（HPLC分析による定量値）で得られた．反応液を氷水中に加えたところ，有機相中の**14**が経時的に**18**に分解したので，**14**の安定性を考慮して次のような後処理を行った．すなわち，未反応のオキシ塩化リンをトルエンとともに減圧留去したのち，残渣を酢酸エチルに溶解する．次いで，pHを**14**が分解しない7（中性）付近に維持できる2Mのリン酸水素二カリウム水溶液で洗浄した．そして，**14**は単離することなく，酢酸エチル/トルエン溶液のまま次の**5**との反応に使用した．

トリエチルアミンの存在下，**14**と**5**の反応を試みたが，酢酸エチル/トルエン溶液に対する**5**の溶解性が低く，**14**のクロロ基との置換反応は円滑に進行しなかった．しかし，この反応混合物にアセトニトリルを加えて**5**を溶解させたところ，反応は速やかに進行した．置換反応は期待どおり4位で選択的に進行し，2位での置換体は副生しなかった．さらに目的物（**13**）は，反応の進行とともに反応混合物から析出した．ろ取した結晶には，トリエチルアミンの塩酸塩が含まれていたので，含水 N,N-ジメチルホルムアミド（DMS）から再結晶した．このようにして精製した**13**は，DMSを1分子含む溶媒和晶であったが，**18**からの2工程通算収率は82％であった．

13の2位に残ったクロロ基の除去と6位ニトロ基のアミノ基への変換は，接触還元条件下に同時に行うことにしたが，水素ガスの使用を避けるため，ギ酸ナトリウムを水素源として使用する条件を検討した．その結果，触媒量のPd/Cの存在下，**13**の含水DMS溶液にギ酸ナトリウムの水溶液を80℃で添加すると，**12**が収率よく得られることを見いだした．含水エタノール中これに希塩酸を加えると，結晶性のよい2塩酸塩（**19**）が収率83％で単離された．以上のようにして，**16**から出発して**1**のイミダゾチオン閉環前駆体（**19**）に至る新たなルートが確立された．

5. キナゾリン環に対するイミダゾチオン環の縮環と**1**の工業的製法の完成

12のようなフェニレンジアミンのベンズイミダゾール-2-チオンへの変

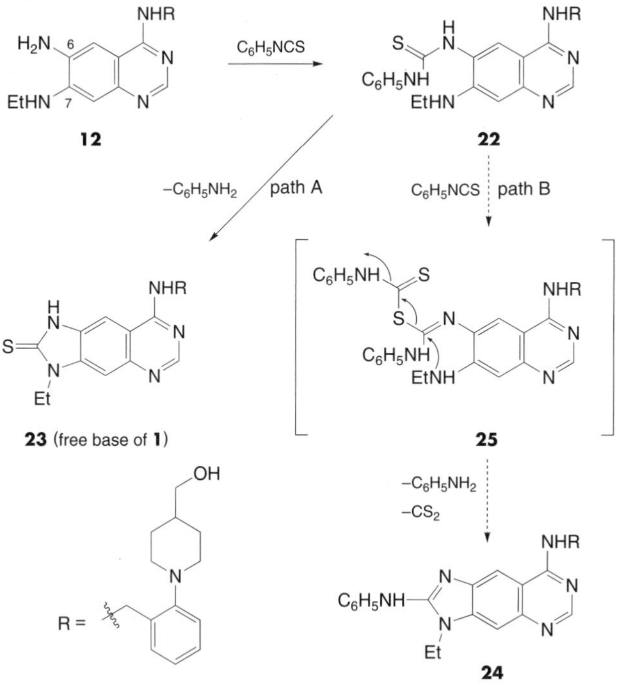

5. キナゾリン環に対するイミダゾチオン環の縮環と **1** の工業的製法の完成

図7 イミダゾチオン(**23**)とイミダゾール(**24**)の生成機構

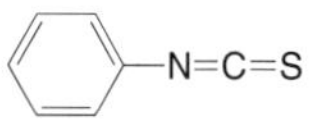

換では，引火性の高い二硫化炭素の代わりに，イソチオシアン酸フェニルを利用できると報告されている[5]．しかし **12** にイソチオシアン酸フェニルを作用させたところ，目的とする閉環生成物 (**23**) は得られたものの，イミダゾール (**24**) も副生していた (図7)．この反応では，まず **12** の6位アミノ基がイソチオシアン酸フェニルと反応し，不安定なチオ尿素誘導体 (**22**) が生成する．次いでチオ尿素の末端に結合したアニリンが7位エチルアミノ基と交換すると，イミダゾチオン (**23**)(**1** の遊離塩基) が生成する (path A／図7)．一方，**22** がもう1分子のイソチオシアン酸フェニルと反応すると，**25** を経由して **24** が生成することになる (path B／図7)．そこで **22** から **23** への分子内反応を促進する溶媒をスクリーニングし，アルコール系溶媒を使用すると **24** の副生が抑制されることを見いだした (表1, entry 3〜9)．とくに，1-プロパノール中で加熱還流すると，**23** の選択性は96％に達した (entry 8)．また **24** の副生をさらに抑制するには，反応系内に存在するイソチオシアン酸フェニルの量を制限して **22** と反応させないようにすればよいはずである．そこで，1-プロパノールの加熱還流下，イソチオシアン酸フェニル(2当量)を1時間ごとに0.4当量ずつ5回に分けて添加したところ，**24** の副生率が1％にまで低下するとともに，**23** の生成率は97％に改善された (entry 9)．

イソチアン酸フェニル

表1 フェニルイソシアナートを用いた **12** に対するイミダゾチオン環化反応

entry	反応条件				生成比率(%)		
	溶媒	温度(℃)	時間(h)	方法*	**23**	**24**	**12**
1	DMF	70	2	A	80	16	4
2	CH_3CN	70	6	A	63	23	14
3	EtOH	70	10	A	89	4	7
4	EtOH	還流	10	A	92	3	5
5	CH_3OH	還流	10	B	91	4	5
6	EtOH	還流	10	B	94	3	3
7	2-PrOH	還流	8	B	6	65	29
8	1-PrOH	還流	4	B	96	2	2
9	1-PrOH	還流	9	C	97	1	2

＊A：酢酸(1当量)存在下，C_6H_5NCS（2当量）を室温で加えた．B：C_6H_5NCS（2当量）を室温で加えた．C：C_6H_5NCS を1時間ごとに0.4当量ずつ5回に分けて加えた．

以上の検討結果をもとに，遊離アミン(**12**)の代わりに2塩酸塩(**19**)を用いるイミダゾチオン環の形成を試みた（図8）．*N,N*-ジイソプロピルエチルアミン(3.5当量)を添加する以外は前述と同じ条件で反応を行ったのち，反応混合物を冷却して析出した結晶をろ取すると，**23** が収率92％で得られた．これには，少量の **12**，**24**，さらにはフェニルイソチオシアナートとアニリンが反応して生成した1,3-ジフェニルチオウレアが含まれていたが，含水DMSから再結晶すると，高純度の **23** がDMSとの溶媒和晶として得られた（再結晶収率97％）．医薬品原薬では，残留する溶媒に関してもその毒性によって量的規制が加えられており，とくに最終工程で使用する溶媒は影響が大きいことから慎重に選択する必要がある．そこで本化合物では，含水エタノール中 **23** を塩酸で処理して，二塩酸塩である **1** に変換した（収率91％）．単離した **1** は，残留溶媒として数百ppmのエタノールを含有するのみであった．

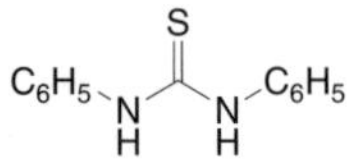

以上のようにして，類縁物質の混入量，残留溶媒などすべての項目におい

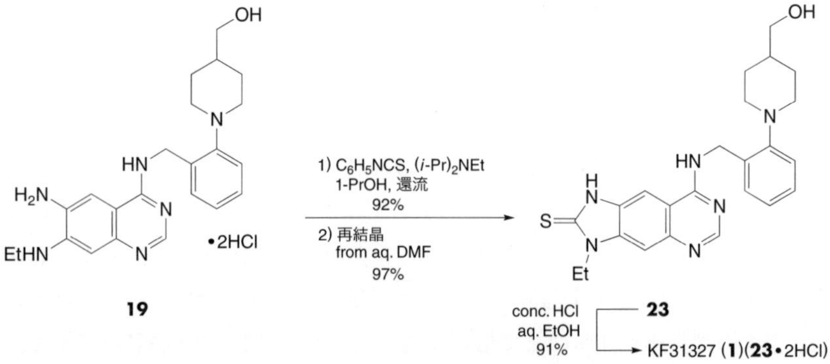

1,3-ジフェニルチオウレア

図8 **19** を利用したイミダゾチオン環の形成と **1** の単離

て臨床試験用原薬としての規準を満足する高純度の **1** を大量に供給できる製造プロセスが完成した．

6. おわりに

1 の大量合成を実現するために，逆合成解析（図3）をもとに新規合成ルート（図5）を開拓し，位置選択的なニトロ化（**16 → 15**）ならびに位置選択的置換反応（**14 → 13**）を達成した．その結果，すべての工程でクロマトグラフィーによる精製を回避することができた．またクロロ化反応（**18 → 14**）や，イミダゾチオン環の形成反応（**12 → 23**）では，副生成物の構造から生成機構を推定し，これをもとに目的の生成物を高収率で与える反応条件を確立した．さらに反応の熱量分析など，さまざまな安全性評価を行い，全工程において安全な反応条件を設定した．これらの結果，図2の合成法では原料である **6** からの通算収率がわずか9%であったが，新しく開発した合成法（図4，5，8）では **16** から出発して42%と飛躍的に向上した．

この新製造プロセスはパイロット設備の200 Lの反応器で実施され，約3 kgの **1** を産みだして原薬のタイムリーな供給に貢献している．なお図4，5，8に記載の収率は，すべてパイロット設備での製造実績に基づくものである．

参考文献

1) R. Hirose, H. Okumura, A. Yoshimatsu, J. Irie, Y. Onoda, Y. Nomoto, H. Takai, T. Ohno, M. Ichimura, *European Journal of Pharmacology*, **431**, 17 (2001).
2) (a) K. Fujino, H. Takami, T. Atsumi, T. Ogasa, S. Mohri, M. Kasai, *Org. Process Res. Dev.*, **5**, 426 (2001). (b) S. C. Stinson, "Process Chemists Play Key Role In Drug Launches," *Chem. Eng. News*, **78** (May 1), 58 (2000).
3) T. Yamakawa, M. Masaki, H. Nohira, *Bull. Chem. Soc. Jpn.*, **64**, 2730 (1991).
4) S. W. Schneller, W. J. Christ, *J. Org. Chem.*, **46**, 1699 (1981).
5) M. S. Khajavi, M. Hajihadi, F. Nikpour, *J. Chem. Res. (S)*, **2**, 94, (1996).

Column
プロセスの危険性評価——だれでも安全に操作できるプロセス設計を

　容器の伝熱面積は体積の 2/3 乗でしか増えないため，スケールが大きくなると冷却効率が低下する．そのため，実験室では容易に冷却できていた反応も，パイロットプラント，さらに大きな商業生産プラントでは，温度制御が困難になることがある．ことに発熱を伴う反応では最悪の場合，温度制御できずに暴走し，火災や爆発などの大事故につながることもありうる．

　そこで発熱反応については，カロリーメーターで反応熱量を測定し，プラントの冷却設備で制御できる発熱量かどうかを評価して安全なプロセスに組み立てることになる．さらに，設定した反応温度条件だけでなく，それよりも 10℃あるいは 20℃高い温度での発熱量を測定しておく．その結果，急激に発熱量が大きくなる反応温度が見つかれば，その温度に絶対に到達しないようにする対策を事前に講じることができる．そのような対策として，反応剤が滴下と同時に反応する温度をあらかじめ設定しておき，反応剤が未反応のまま系内に蓄積することのないようにする，といった一例があげられる．

　溶媒と反応剤との混合危険性も，使用量の多い溶媒がかかわるだけに，重篤な事故につながることがある．そのため反応をスケールアップする際は，あらかじめ溶媒との混合危険性について入念な文献調査をしておく必要がある．事実，THF と酸の混合危険性は，その発熱が THF の開環重合反応の引き金となり，場合によっては暴走に至ることもある．さらにアルコールに硝酸を加える際には，第 5 類危険物である硝酸エステル類が容易に生成することに注意を払うのは，当然なことであろう．

　このように実験室では何気なく行われている冷却，温度制御，滴下，混合といった操作も，大規模で安全に実施するには科学的，工学的手法を駆使して事前にあらゆるリスクを評価することが肝要である．プロセス化学者には，実験室やパイロットプラントだけでなく，最終的には商業プラントでも安心して操作できる，安全なプロセスを設計する義務がある．

〈衣川　雅彦〉

Part II 第5章

ルートの収斂化が高める効率と品質
新規三環性ヘテロ環化合物のプロセス研究

■ 池本　朋己 ■
〔武田薬品工業株式会社 製薬研究所〕

1. 高脂血症治療薬 1

　オルプリノン塩酸塩水和物(急性心不全治療薬,エーザイ株式会社),酒石酸ゾルピデム(催眠鎮静剤,サノフィ・サンテラボ社,現サノフィ・アベンティス社)やイマゾスルフロン(水稲用除草剤,住友化学株式会社)に例示されるように,多くの医薬や農薬にイミダゾ[1,2-a]ピリジン骨格が用いられている.武田薬品工業株式会社でも,イミダゾ[1,2-a]ピリジンのさらなる薬理学的可能性を探求するため,イミダゾ[1,2-a]ピリジンの3位と5位を架橋したヘテロ環化合物を基本テンプレートとして,幅広く医薬品の開発研究を進めている[1～3].

　高谷らはそのような研究の一環として,窒素原子を介して三つの環が縮合した新規シクラジン(**7**)を創出した(図1)[2,3].この化合物は,X線結晶構造解析により平面構造をとることが確認された.また ^{1}H NMR 解析では,環に結合した五つのプロトンのケミカルシフトが5.99から7.15 ppmであった.これは周辺12π電子系の常磁性環電流による誘起効果の存在を示しており,**7**が芳香族性と反芳香族性の中間的性質をもつことを示唆するもので

オルプリノン塩酸塩水和物　　酒石酸ゾルピデム　　イマゾスルフロン

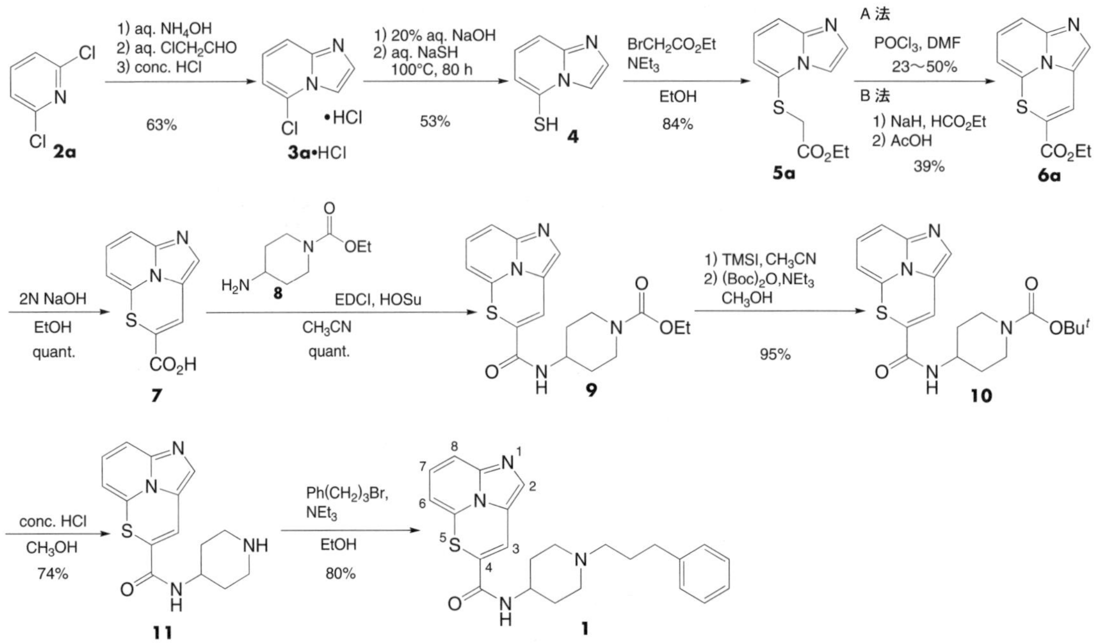

図1 化合物(**1**)の初期合成法

 ある．さらに **7** から誘導される一連の化合物について薬理活性を評価したところ，4位にアミド結合をもつ **1** (図1) が血漿中の LDL コレステロールおよびトリグリセリドを大きく低下させたことから，高脂血症治療薬としての可能性が期待された．

2. 製法検討の方針

　創薬研究時における **1** の合成法を図1に示した．**2a** より得た **3a** の塩酸塩を水酸化ナトリウム水溶液で処理したのち，硫化水素ナトリウム水溶液と反応させてチオール (**4**) を合成した．次いで，**4** のチオール基をブロモ酢酸エチルでアルキル化して **5a** を得た．新規シクラジン (**6a**) は，2種の合成法を用いて **5a** より導いた．一つは，**5a** を Vilsmeier 反応に供して閉環する方法であるが，ここでは推定される中間体 **13a** あるいは **13b** (図2) は観測されず，**6a** が直接得られた (A法)．もう一つは，**5a** のエステル基のα位をホルミル化したのち，酢酸中で加熱することで **6a** を得る方法である (B法)．**6a** を加水分解して得られるカルボン酸 (**7**) をアミノピペリジン (**8**) と縮合，次いでピペリジン窒素原子上の保護基を Boc 基に変換し，シリカゲルクロマトによる精製が容易な **10** を合成した．脱保護ののち，最後に **11** のピペリジン窒素原子を3-臭化プロピルベンゼンでアルキル化すると，目的とする **1** が得られた．

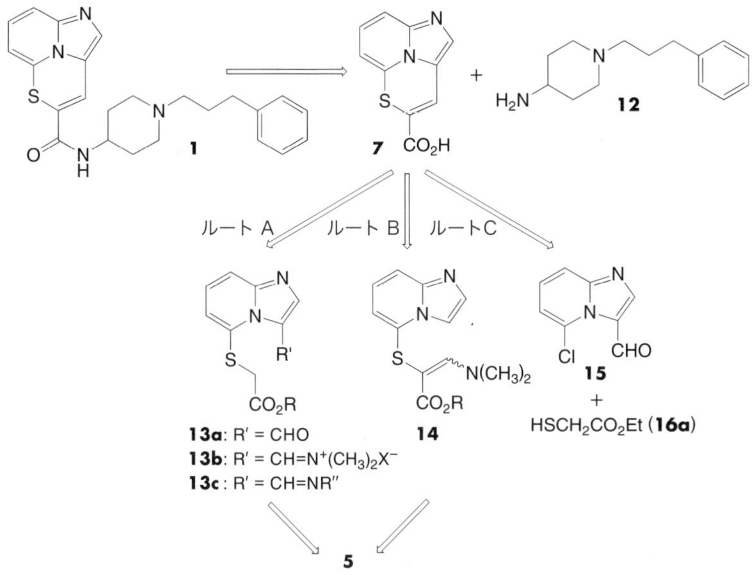

図2 研究方針

しかしながら上記の合成法をスケールアップしようとすると，改良を要する問題が数多く存在した．とくに早急な解決を迫られた課題は，① チオール化（**3a → 4**）において高温・長時間（100℃で80時間）を要するうえに多量の硫黄が副生すること，② **4** のアルキル化（**4 → 5a**）において催涙性のあるブロモ酢酸エチルを使用すること，③ 環化反応（**5a → 6a**）の収率が低く再現性に乏しいこと，④ 保護基の交換（**9 → 10**）が工程数の増加と廃棄物の増大をもたらしていること，⑤ 最終工程のアルキル化反応（**11 → 1**）で **1** に混入した不純物が効率よく除去できないこと，⑥ カラムクロマトグラフィーによる精製が全工程にわたり必要なこと，であった．

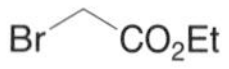

これらの課題を解決するため，図2に示した製法ルートの探索を計画した．初期合成法の最終工程で生成した不純物は，未同定ながら **1** のピペリジン（もしくはシクラジン環）の窒素原子がさらにアルキル化された化合物であると推定された．もしそうであれば，N-アルキル化という反応の性質上そのような不純物の副生は不可避である．さらに，不純物と **1** の物性が類似しているため，両者の分離は困難であると思われた．そこで別途アミノピペリジン（**12**）を合成しておき，比較的不純物が副生しないと予想される **7** と **12** のアミド化反応を最終工程で行えば，**1** の精製は容易になると期待した[4,5]．さらにこのような選択によって合成ルートがコンバージェント（収斂的）になれば，生産性が高まり，製造コストの低減も期待できた．そこで **7** の合成について，逆合成解析から3通りのルート（A, B, C）を考案し，実用性の観点から比較・検討した[5]．

ブロモ酢酸エチル

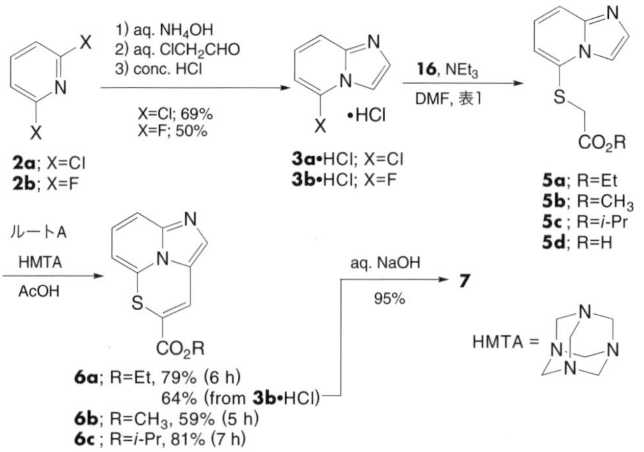

図3 化合物(**7**)の製造法(ルートA)

3. 新規合成法

3.1 新規シクラジン製造法

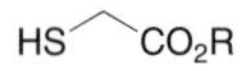

チオグリコール酸エステル

16a: R = Et
16b: R = CH_3
16c: R = *i*-Pr

最初に，ルートAとBにおける共通中間体(**5**)の合成を検討した(図3)．**5**は上記①と②の問題を回避するために，5-ハロゲノイミダゾ[1,2-*a*]ピリジン(**3**)にチオグリコール酸エステル(**16**)を作用させて得ることにした(表1)．まず**3a**を対応する塩酸塩から調製し，DMF中，1当量のトリエチルアミンの存在下，1当量の**16a**と70℃で反応させた(entry 1)．このとき，目的とする**5a**が収率62%で得られたものの，同時にチオール(**4**)の副生(HPLCの面積比で20%)が観察された．これは，酸捕捉剤として使用したトリエチルアミンの強い塩基性によって，生成した**5a**が加熱下に分解したためであろうと推定した．そこで，酸捕捉剤として弱塩基であるピリジンを用いた条件(entry 2)，または**3a**自体の塩基性を利用して酸捕捉剤を加えない条件(entry 3)で反応を行ったところ，いずれの場合も**5a**の収率は87%まで向上し，**4**はほとんど検出されなかった．反応に**3a**の塩酸塩を用いた場合も，含まれる塩酸の中和に必要なだけのトリエチルアミンを

表1 化合物**3**のチオグリコール化

entry	基質	塩基(当量)	反応条件	**5a**の収率(%)[a]
1	**3a**	トリエチルアミン(1.0)	70℃, 2h	62
2	**3a**	ピリジン(1.0)	70℃, 5h	87
3	**3a**	無添加	70℃, 7h	87
4	**3a**·HCl	トリエチルアミン(1.0)	70℃, 7h	81
5	**3a**·HCl	トリエチルアミン(2.5)	70℃, 4h	61
6[b]	**3b**·HCl	トリエチルアミン(2.5)	室温, 2h	95

a) HPLC分析に基づく収率．b) **16**を1.5当量用いた．

加えた場合は収率が高く（entry 4, 81%），過剰量のトリエチルアミンを添加した場合は収率が低かった（entry 5, 61%）．以上のようにして，簡便に **3a** を **5a** へ導く方法を見いだすことができたが，反応の後処理において不溶物による分液不良が発生したため，そのままではスケールアップすることは困難であった．反応温度を70℃よりも上げると，かえってタール状物質の生成が促進され，分液操作はいっそう困難になってしまった．そこで低温でも反応が完結する条件を探すことにした．

一般に芳香環上のハロゲン原子に対する求核置換反応では，フッ素原子のほうが塩素原子よりも反応性が高い．そこで **3a** (X = Cl) の代わりに **3b** (X = F) を用いたところ，期待どおり反応は室温でも進行し，収率95%（HPLC）で **5a** が得られた（entry 6）．しかも，反応が室温で進行したため，**3b** の塩酸塩に対して2.5当量のトリエチルアミンを使用しても，**5a** の分解は観察されなかった．さらに，分液不良の原因となる不溶物の発生も抑制され，分液時の操作性が大きく改善された．実際の後処理では，反応混合物に酢酸エチルと1 mol/L塩酸を加えて生成した **5a** を塩酸塩として水層に抽出し，次いで水層をアルカリ性にして遊離の **5a** を酢酸エチルで抽出したのち，抽出液を減圧濃縮して油状物の **5a** を得た．

シクラジン環の構築法として，まずルート A に基づく検討を行った．初期合成法で用いた Vilsmeier 反応条件下での環化反応を追試したところ，未反応の **5a** が多量に残存していた．これは，反応過程で生成した塩酸が **5a** と塩を形成した結果，イミダゾ[1,2-*a*]ピリジン環の電子密度が低下し，その求核性が低下したためと考えた．そこで，ホルミル化において穏和な酸触媒を用い，反応の過程でも強酸が生成しないようにすれば環化反応が完結すると考えた．検討の結果，**5a** に対するホルミル化に Duff 反応〔ヘキサメチレンテトラミン(HMTA，2当量) / 酢酸(8.5 v/w)〕を適用したところ，81% の単離収率で **6a** が直接得られた．推定される中間体（**13a**）あるいは **13c** は確認できなかったが，この反応を詳細に観察したところ，**5a** の加水分解で4〜6%副生したカルボン酸（**5d**）が，反応せずにそのまま残存していた．このことから，Duff 反応による閉環反応は，エステル基の安定性が収率を左右することが示唆された．そして，エステル（**5**）の安定性は，アルコール残基 R をかさ高くすれば増大すると考え，R の異なる **5** を HMTA（1.7 当量）/ 酢酸（5 v/w）で処理し，収率を比較した．結果は，予想どおり R がかさ高くなるにつれて **6** の収率は増加した〔CH_3(**6b**/59%) < Et(**6a**/79%) ≒ *i*-Pr(**6c**/81%)〕．なお，実際の製造に用いるチオ酢酸エステルには，入手の容易さを考慮して **16a**（R = Et）を選択し，これから得られる **5a** に対して Duff 反応条件下で環化反応を行い，**6a** を得ることにした[6,7]．

Duff 反応
Vilsmeier 法，ジクロロメチルエーテル法と並んで，芳香族化合物の求電子性を利用して芳香族アルデヒドを得る方法．具体的には，酢酸あるいはトリフルオロ酢酸中に基質の芳香族化合物と HMTA（図3）を加え，80〜90℃で加熱する．

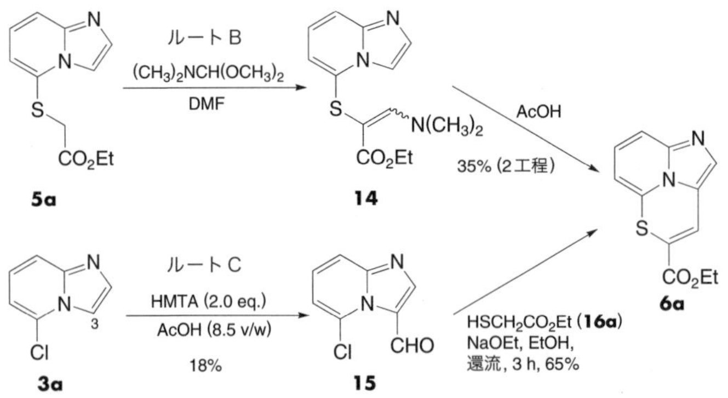

図4 **6a** の別途製造法 (ルート B, C)

　ここまでの検討では，カラムクロマトグラフィーで精製した油状の **5a** を用いてきたが，スケールアップを想定し，改良したシクラジン環形成反応を未精製の **5a** に適用することにした．そこで反応に使用する **5a** を調製するために，先に確立した条件（表1，entry 6）に従って **3b** の塩酸塩に **16a** を作用させたところ，反応は円滑に進行した．生成した **5a** は水溶性が思いのほか高く，有機溶媒中に効率よく抽出されなかったが（抽出液のアッセイ収率は77%），粗製の **5a** に対しても Duff 反応条件による環化反応は再現性よく進行し，**6a** が2工程通算収率64%で得られた．そして続く加水分解反応も円滑に進行し，95%の収率で **7** を得ることができた．

　次いで，ルート B と C の逆合成に基づく **6a** の合成を検討した（図4）．**5a** を $(CH_3)_2NCH(OCH_3)_2$ で処理すると，**14** がほぼ定量的に得られた．**14** を酢酸中で加熱すると，環化が起こって **6a** が生成したものの，タール状の不溶物が大量に副生し，2工程通算収率は35%にとどまった．このような重合副生物は，初期合成法における B 法の場合と同様，**14** のエナミン部位（ホルミル等価体）における高い反応性により，アルドール縮合やポリマー化が生じて形成されたと推定された．そこで **14** を経由してシクラジン環を形成することは断念し，ルート C の可能性について検討することにした．

　具体的には，**3a** の3位をホルミル化し，生成した **15** を塩基性条件下に **16** と反応させて **6a** を得る方法を試みた．そして **3a** に対するホルミル化を，Vilsmeier 反応，もしくは Lewis 酸の存在下ジクロロメチルメチルエーテルを作用させる方法で試みたが，**15** の生成は観察されても，反応は完結しなかった．また **3a** に n-BuLi を作用させて発生させた3位リチオ体にDMF を反応させることも試みたが，複雑な混合物しか得られなかった．他方，**3a** に対する Duff 反応では，**15** が収率56%で生成していることが HPLC 分析によって示唆されたが，実際の単離収率はわずかに18%であった．これは，3位にホルミル基が導入された結果，**15** の安定性が低下したためで

あると思われる．しかし，このようにして得られた **15** はエタノール中，ナトリウムエトキシドの存在下 **16a** と反応させると，閉環まで一気に進行して **6a** を収率 65% で与えた．

以上のように，**6a** を合成するために 3 種類のルート（図 2）を検討したが，大量製造には **5a** を Duff 反応条件下で **6a** に変換するルート A が最適であると結論された．

3.2 アミノピペリジン **12** の製造法

4-アミノ-1-アルキルピペリジン類の合成法は多数の報告があるが，**12** の合成には 4-アミノピリジン（**17**）から出発するルートが最短であると考えた（図 5）．2-プロパノール中，**17** を 3-臭化プロピルベンゼンと加熱すると，N-アルキル化は位置選択的に進行した．生成した **18** は，反応液を冷却するだけで結晶として析出し，簡単なろ過操作によって収率 96% で単離することができた．

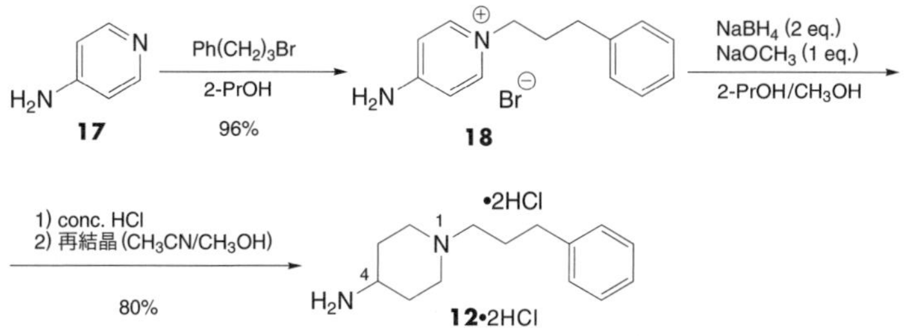

図 5　アミノピペリジン誘導体の製造法

ピリジニウム塩（**18**）から **12** への変換では，還元剤として水素化ホウ素ナトリウムを用いる方法を検討した（表 2）＊．まず文献に従って，含水メタノール中，74 当量の水素化ホウ素ナトリウムを作用させたが，**18** の還元は完結せず，**12** の収率も低かった（entry 1）．過剰な水素化ホウ素ナトリウムの使用は，製造コストを引き上げるだけでなく，後処理の際に大量の水素ガスが発生する原因ともなり，安全性の面からも問題であった．そこでその使用量を減らすために，水素化ホウ素ナトリウムの反応性を高めるためにメタノールを添加した有機溶媒中で **18** の還元を試みた．混合溶媒としてジグライム〔$(CH_3OCH_2CH_2)_2O$〕/ メタノール（entry 2）もしくは 1,2-ジメトキシエタン / メタノール（entry 3）を用いると，水素化ホウ素ナトリウムの使用量を 15.5 当量に削減しても，**12** の生成率は 80%（HPLC）に向上した．しかしながら，どちらの場合も反応液がゲル化して，途中から攪拌が困難になった．他方，2-プロパノール / メタノール（4/1）中で 7.75 当量の水素化ホウ素ナトリウムを使用して反応を行うと，**12** が収率 71%（HPLC）で生成し，

＊ ロジウム/カーボンを触媒に用いた **18** の水素添加を，1 当量のナトリウムメトキシドの存在下，0.8 MPa の水素圧のもと 64℃ で 6 時間行うと，目的とする **12** が収率 96%（HPLC）で得られた．しかしながら，この実験結果をもとに 20 L スケールの反応を行ったところ，ベンゼン環が還元されたシクロヘキサン体が 1% にも達したため，接触水素添加による **18** から **12** への変換は断念した．

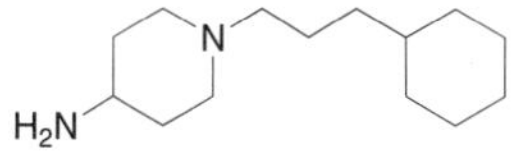

表2　水素化ホウ素ナトリウムを用いた**18**から**12**への還元

entry	溶媒 (20 v/w)	メタノール (v/w)	水素化ホウ素ナトリウム (当量)	添加物 (1 当量)	反応条件	生成比[a]		収率 (%)[b]
						12	**18**	
1	水(10 v/w)	10	74	無添加	65℃, 2 h	24.4	—[c]	—[c]
2	ジグライム	5	15.5	無添加	95〜98℃, 2 h	80.4	—[c]	—[c]
3	1,2-ジメトキシエタン	5	15.5	無添加	70〜82℃, 2 h	78.6	—[c]	—[c]
4	2-プロパノール	5	7.75	無添加	還流, 2 h	77.9	7.4	71[d]
5	2-プロパノール	5	7.75	KOH	還流, 2 h	91.3	1.3	—[c]
6[e]	2-プロパノール	5	7.75	NaOCH$_3$	還流, 2 h	97.6	0.7	80
7[f]	2-プロパノール	2.6	2.0	NaOCH$_3$	還流, 2 h	94.1	1.6	80

a) UV210 nm でのHPLC面積百分値. b) 二塩酸塩としての単離収率. c) 未測定. d) HPLC分析に基づく収率. e) **18**を32 kg用いた.
f) **18**を2 kg用いた.

反応液がゲル化することもなかった(entry 4).

しかし，このように水素化ホウ素ナトリウムの使用量を減らすことに成功したものの，二量体(**19**)が比較的多量に副生していた(図6).

19は，図6に示した機構で生成したと考えられる．すなわち**18**から**12**への還元は経路Aを経由して進行するが，**18**に**12**が付加した**20**を経由する経路Bでも還元が進行し，**19**が生成したと推定された．この反応機構は，ニトリル(RCN)の第一級アミン(RCH$_2$NH$_2$)への還元的変換で対称第二級アミン〔(RCH$_2$)$_2$NH〕が副生する機構[8]と同じであると考えられたので，後者の抑制に有効であると報告されている塩基の存在下に還元を試みたところ(経路C)，**19**の副生を抑制することができた(表2, entry 5, 6).

反応終了直後は，**12**にボランが付加した錯体が5〜10%形成されていたが，塩酸を加えて室温で1〜2時間攪拌すると，完全に分解された．このようにして得られた遊離の**12**は油状物であったため，結晶性の塩として精製することにした（図5）．検討の結果，**12**が二塩酸塩として結晶化する

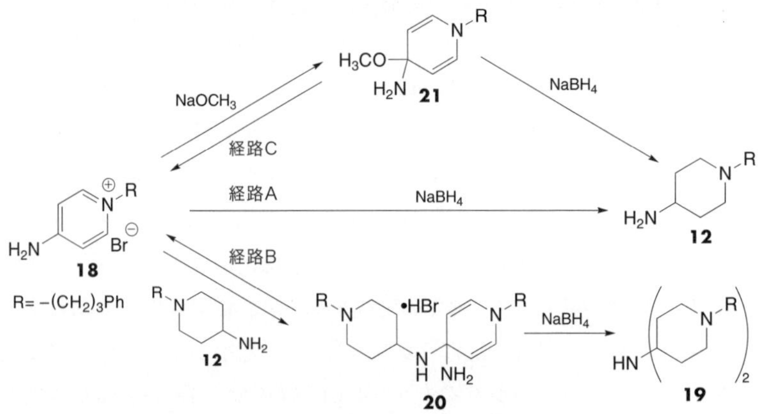

図6　二量体の推定反応機構

ことを見いだし，アセトニトリル/メタノールから再結晶すれば，さらに精製できることが明らかになった．以上の検討成果をもとに，水素化ホウ素ナトリウムを7.75当量用いて **18** の還元を32 kgスケールで実施したところ，**12** の二塩酸塩が収率80％で得られた (entry 6)．さらに検討を重ねた結果，収率を低下させることなく，水素化ホウ素ナトリウムの使用量を2当量まで削減することができた(entry 7)．

3.3 最終工程の製造法

最後に，カルボン酸(**7**)とアミノピペリジン(**12**)のアミド化反応を検討した (表3)．THF中，触媒量のDMF存在下，**7** に塩化オキサリルを作用させて酸クロリドとしたのち，これを **12** の二塩酸塩と3当量のDBUを含んだDMF溶液に滴下すると，**1** が収率77％で得られた (entry 1)．しかしながら，この酸クロリド法は酸クロリドの生成条件，縮合反応に使用する塩基や溶媒の種類を変更しても，収率をこれ以上改善することができなかった．この反応は収率の再現性にも乏しかったが，その原因は **7** および **12** の二塩酸塩がともに吸湿性であることに起因すると考えられた．他方，縮合剤としてEDClを用いる条件では，アミド化は円滑に進行した (entry 2)．本反応は，活性化エステルの形成に使用する添加剤の種類で収率が大きく左右され，HOSuよりHOBtのほうが良好な結果となった (entry 2, 3)．なお使用するHOBtは，触媒量でも十分な効果を示し，収率94％で **1** を与えた (entry 4)．反応終了後，反応液に炭酸水素ナトリウム水溶液を添加しただけで **1** の結晶が析出したので，ろ過操作だけで粗製の **1** を単離できた．ろ取した **1** は乾燥することなくメタノールを含む含水エタノールから再結晶し，2工程通算収率76％で高品質の **1** (HPLC面積百分値99.5％以上)を得ることができた．

表3 アミド化反応による **1** の合成

entry	試薬(当量)	反応条件	収率(%)
1	1) (COCl)$_2$(2.0), cat. DMF, THF 2) DBU(3.0)	50℃, 1 h	77
2	EDCl(1.05), HOSu(1.05), NEt$_3$(2.0)	50℃, 1 h	52
3	EDCl(1.05), HOBt(1.05), NEt$_3$(2.0)	50℃, 1 h	94
4	EDCl(1.05), HOBt(0.2), NEt$_3$(2.0)	50℃, 1 h	94

DBU
〔1,8-ジアザビシクロ[5.4.0]
ウンデカ-7-エン〕

EDCl
〔1-エチル-3-(3'-ジメチル
アミノプロピル)-カルボジイミド
ヒドロクロリド〕

HOSu
(N-ヒドロキシスクシンイミド)

HOBt
(1-ヒドロキシベンゾトリアゾール)

4. おわりに

　以上のようにして，高脂血症治療薬として期待される候補化合物（**1**）の大量製造法が確立された．**7**の製法開発では，逆合成解析をもとに3種の異なる製法を検討し，このなかから最も大量合成に適したルートA（図3）を選択した．また，**12**の合成では副反応の起こる機構を推定し，これをもとに副反応を抑制する条件を見いだし，高品質な目的物を得ることができた．さらに，最終工程における**7**と**12**の縮合反応では，カルボン酸を活性化するための添加剤を慎重に検討した結果，HOBtが触媒量でも有効であることを見いだした．その結果，不純物が混入するリスクがきわめて低く，堅牢性の高い**1**の製造法を確立できた．

　プロセス開発では最終工程をいかに構築するかが，工業化の成否を左右する．事実，最終工程が反応条件の多少の変動を吸収できる堅牢性を備えていなければ，原薬の品質を一定に保つことはできない．今回紹介した事例では，実際に実験を始める前に，不純物の制御が容易な反応を最終工程として位置づけ，そこから**7**と**12**を重要中間体とするコンバージェントなルートが生みだされた．コンバージェントな製造法は製造時間の短縮，通算収率の向上，廃棄物量の削減そして製造費用の低減に有用であることはよく知られている．加えて，原薬の品質管理にも有効であるが，今回のプロセス開発ではこれらがうまく実践できたものと考える．

参考文献

1) M. Takatani, K. Tomimatsu, M. Shibouta, T. Kawamoto, PCT Int. Appl. WO96/02542.
2) M. Takatani, Y. Shibouta, Y. Sugiyama, T. Kawamoto, PCT Int. Appl. Patent WO9740051.
3) T. Kawamoto, K. Tomimatsu, T. Ikemoto, H. Abe, K. Hamamura, M. Takatani, *Tetrahedron Lett.*, **41**, 3447 (2000).
4) T. Ito, T. Ikemoto, Y. Isogami, H. Wada, M. Sera, Y. Mizuno, M. Wakimasu, *Org. Process Res. & Dev.*, **6**, 238 (2002).
5) T. Ikemoto, T. Kawamoto, H. Wada, T. Ishida, T. Ito, Y. Isogami, Y. Miyano, Y. Mizuno, K. Tomimatsu, K. Hamamura, M. Takatani, M. Wakimasu, *Tetrahedron*, **58**, 489 (2002).
6) J. C. Duff, *J. Chem. Soc.*, **1941**, 547.
7) J. C. Duff, *J. Chem. Soc.*, **1945**, 276.
8) M. Freifelder, *J. Am. Chem. Soc.*, **82**, 2386 (1960).

流行語に見る新しいプロセス研究のあり方

　毎年，年末が近づくとその年に流行った流行語のなかから流行語大賞が選ばれる．さまざまな言葉が創出されるものだと感心するが，流行語はその年の世相を軽快に反映している．

　医薬品業界で流行った言葉を顧みると，その時々の製薬企業を取り巻く環境がよく反映されている．1980年代後半から1990年代前半に流行った言葉は「Best in the Class, First in the Class」であろう．医薬品企業では，新製品創出のラッシュを迎えており，どの会社も最も有用な医薬品(Best in the Class)をどこよりも先に(First in the Class)創出することを目指した．当時は，原価率の低さも手伝い，製造管理および品質管理から求められる要件も少なく，プロセス化学への注目度は低かった．

　1990年代後半に流行った言葉は「Unmet Needs」．この言葉は新しい医薬品が求められる領域が急激に狭くなったことを意味した．しかし，残されたのが新薬創出の困難な領域であったこともあり，製薬会社がいくら研究開発資金を投じても，アウトプット(新薬)は一向にでない状況が続いた．当時，プロセス化学では，GMP遵守のもと，創薬での少量スケールでの合成結果を参考に，タイムリーに20～100 kgスケールでの均質な原薬を供給することが求められた．

　2000年初頭から各製薬企業は「集中と選択」を重要戦略に掲げ，製品化の成功確率が高い化合物を開発初期の段階で的確に選びだすことを目指した．このような背景から唱えられはじめた流行語が「Translational Research」である．Translational Researchは分子生物学的手法による分子標的抗がん剤の開発で有名となったが，本来は基礎研究の領域と臨床応用の領域をつなぐ架け橋の基盤技術一般を指し，Bench-to-Bedsideとも表現される．

　このアプローチの特徴は，創薬段階で見いだされた化合物をすみやかに臨床現場に運び，探索的な臨床試験にて化合物のProfileを見極めることである．このような探索目的の臨床試験では，動物を用いた重厚な安全性試験(non-GLP/GLP)をクリアーした化合物をプロセス研究者が引き継ぎ，開発担当者と協力して新薬を育てていくバトンリレー方式での対応は不可能であり，プロセス研究者が創薬研究者，臨床試験担当者と強固なチームを形成し，二人三脚方式で対応しなければならない．いうまでもなく，この試験はヒトを用いた臨床試験であることから，被験者保護のためにプロセス研究者の果たすべき役割と責任は大きい．プロセス研究者がリード化合物のProfileを見極めることに貢献し，創薬研究者が臨床試験に参画するのが，新しい医薬品開発のあり方の一つになるかもしれない．

　　　　　　　　　（武田薬品工業株式会社　残華　淳彦）

Part II 第6章

リチオ化を経由する対称分子の立体選択的合成
神経ペプチドY拮抗薬のスピロラクトン中間体の製造

■ 間瀬 俊明 ■
〔万有製薬株式会社 創薬技術研究所〕

1. はじめに

 神経ペプチドY（NPY）は36個のアミノ酸からなる内因性中枢ペプチドであるが、強力な食欲亢進作用を示すことから[1]、万有製薬株式会社基礎研究所でもその拮抗薬を抗肥満薬として開発する探索研究が展開され、そのなかから臨床開発候補化合物（**1**）が創製された（図1）[2]。**1**はカルボン酸（**2**）とアミノピラゾール（**3**）がアミド結合した化合物であるため、両者を個別に合成して最後に結合させる収束的合成が可能である。そしてその製法開発のなかで最も困難であったのは、対称でアキラルな**2**のスピロ環構造の構築と、シクロヘキサン環上の1位と4位の相対立体配置の制御であった。そこで本稿では、この部分に焦点を当てた**2**の製法開発について紹介する（図1）。

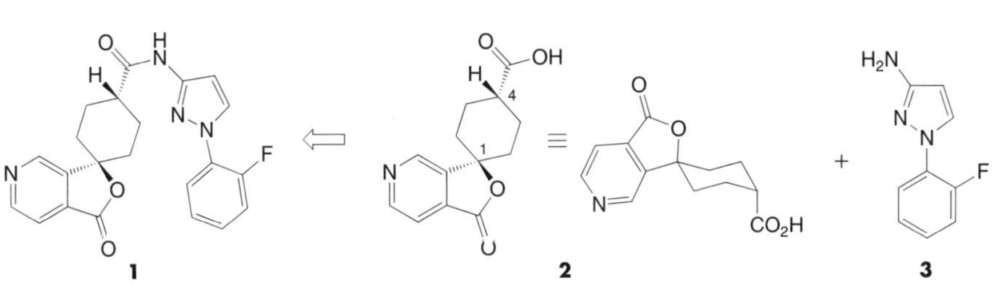

図1 NPY拮抗薬候補化合物（**1**）とその鍵中間体（**2**）と（**3**）の構造

2. 創薬段階での合成法

 創薬段階では、2-クロロイソニコチン酸（**4a**）を出発原料とし、まずこれにn-ブチルリチウム（BuLi, 1当量）を作用させて対応するカルボン酸のリチウム塩を調製した（図2）。次いで、リチウム1,1,6,6-テトラメチルピペ

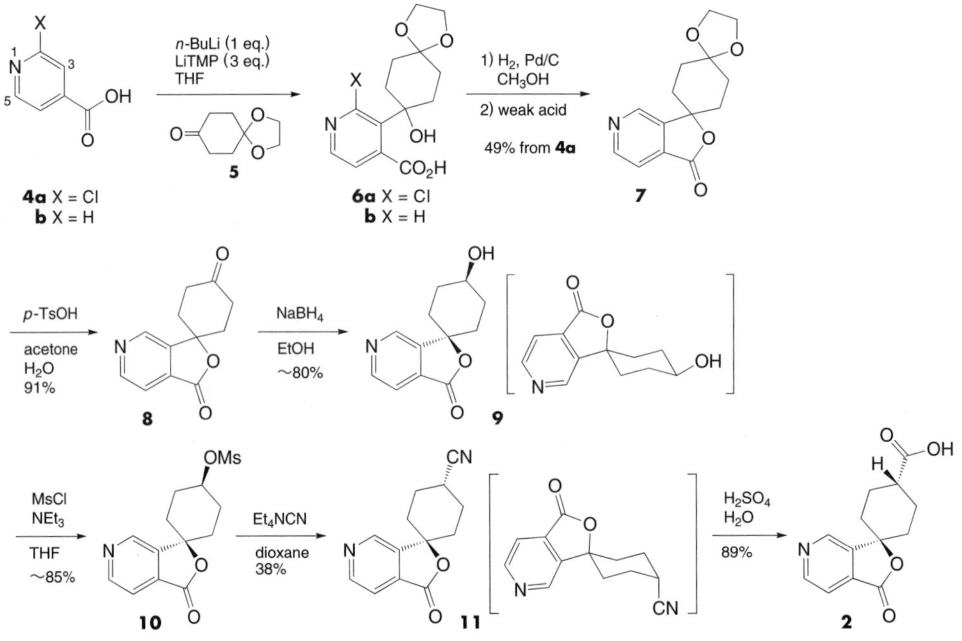

図2 カルボン酸中間体(**2**)の創薬合成法

2-クロロイソニコチン酸のリチオ化

2-クロロイソニコチン酸(**4a**)のリチウム塩に LiTMP を作用させると，リチオ化はほぼ選択的に 3 位で起こったが，5 位でケトン(**5**)に付加した生成物(下図参照)がわずかに副生していた．しかしながら，この位置異性体もクロロ基を還元的に除去すれば **7** に収斂するため，その副生が問題になることはなかった．

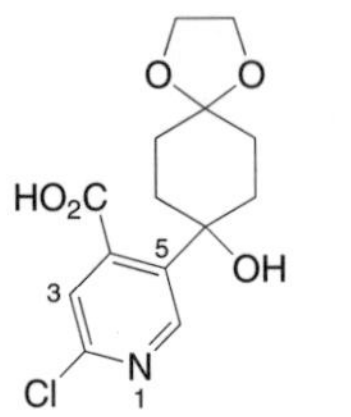

*1

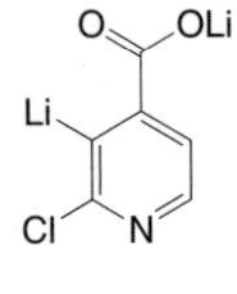

リジド(LiTMP/3 当量)を用いて 3 位(カルボキシ基のオルト位)をリチオ化し，生成したジリチオ体[*1] を 1,4-シクロヘキサンジオンモノアセタール(**5**)と反応させたところ，**6a** が中程度の収率で得られた．ここでリチオ化の基質としてイソニコチン酸(**4b**)ではなく **4a** を使用したのは，2 位クロロ基の電子求引効果により 3 位(カルボキシ基のオルト位)の酸性度が高まり，塩基による脱プロトン化が容易になると同時に，生成したジリチオ体が安定化されることを期待したためであった．

カップリング反応終了後，不要になったクロロ基は接触還元によって除去し，弱酸性条件下にスピロラクトン化させた(**6a** → **6b** → **7**)．このようにして得た **7** のアセタール保護基を酸加水分解したのち，ケトン(**8**)を $NaBH_4$ で還元すると，ヒドロキシ基がエクアトリアルに配向したアルコール(**9**)が選択的に得られた[3)]．次いで，**9** から調製したメシラート(**10**)にテトラエチルアンモニウムシアニド(Et_4NCN)を反応させ，立体配置の反転したニトリル(**11**)としたのち，濃硫酸で加水分解して目的とする **2** とした．なお，このようにして所望の立体配置を備えた **2** を得ることができたものの，上記の合成ルートでは，ほぼすべての中間体についてシリカゲルカラムクロマトグラフィーによる精製が必要であった．

3. 最初の GMP 原薬に使用する 2 の合成

初期の毒性試験や第一相臨床試験に用いる GMP 原薬の供給では，量よりもスピードが重視されるため，この段階では創薬合成法の改良で乗り切ることが多い．**1** の中間体である **2** の場合も例外ではなく，創薬合成法(図2)をベースに，次の2点に的を絞った製法改良を行った．① 出発物質を廉価で工業的入手が容易な **4b** に変更し，あわせて接触還元による脱クロロ化工程を省略する．② 有機溶媒への溶解性が高く，シアノ化工程(**10** → **11**)においてメシラートの脱離反応が比較的抑制されるという理由で CN^- 源として選択した Et_4NCN を，安価で大量に入手できる反応剤に変更する．

実際に検討したところ，**4a** の代わりに **4b** を使ってもスピロラクトン(**7**)が収率39%で得られることがわかり，原料コストの削減とクロロ基除去工程の省略をともに達成することができた(図3a)．他方，**10** に対するシアン化物イオンによる置換反応では，安価なシアン化ナトリウムが利用できる溶媒を探索した結果，DMF を使うと64%の収率で **11** が得られるとともに，毒性の高いジオキサンの使用も回避できた(図3b)．さらに中間体の精製については，すべての反応生成物が結晶として単離できるようになったので，工程ごとのクロマトグラフィーは不要になった．このような改良の結果，**1** の最初の GMP 製造用として数キログラムの **2** の製造を達成することができた．

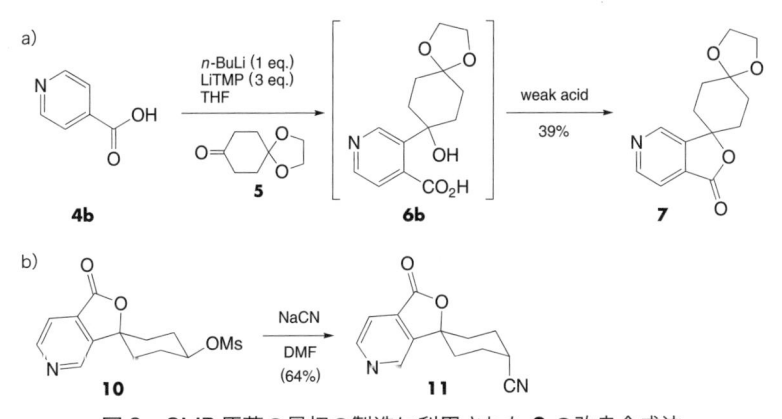

図3 GMP 原薬の最初の製造に利用された **2** の改良合成法

4. 第一世代プロセスの開発

1 の開発ステージが上がるにつれ，さらに大量の **2** が必要になったが，上述の創薬合成をベースにした方法では，**4b** から調製したジアニオンを **5** に付加させる反応の収率をこれ以上高めることができず，**2** はキログラムス

*2

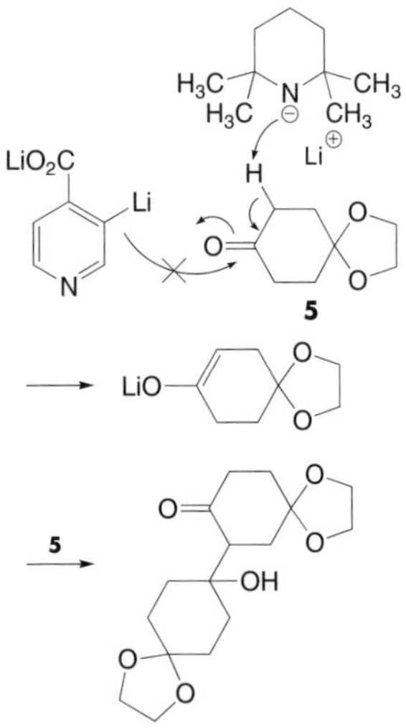

[構造式: LiTMPによる5のα-水素引き抜きでエノラート LiO-シクロヘキセンスピロジオキソラン 生成]

*3

[構造式: O-リチオ化されたアニリドのキレート構造]

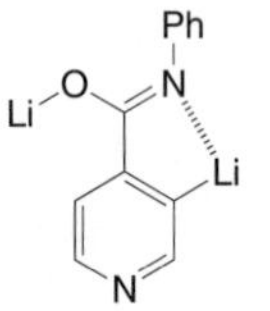

ケールでの製造が限界であった．その原因は，**4b** のジアニオン化が十分でなく，未反応の LiTMP が **5** の α-水素を引き抜いてエノラート[*2]を生成させることにある．このようにして副生したエノラートは，**4b** のジアニオンによる求核付加をもはや受けることができないうえ，自らも未反応の **5** に付加することによって，**5** の利用率を（したがって **4b** の利用率と **7** の収率も）低下させてしまう．そこで以下では，この工程を重点的に改良した．

オルト選択的メタル化反応（directed ortho metalation）では，メタル化の配向を支配する置換基の構造がメタル化の効率に大きく影響することが知られており[4)]，**11** の場合はアニリド（**12**）が最も適していることがすでに報告されていた[5,6)]．これは，第二級アミド（アニリド）のオルト位に発生した C–Li 結合が，O-リチオ化されたアニリドのキレート効果によって[*3]安定化されるためである．そこで，THF 中 −78°C で **12** に n-BuLi（2 当量）を作用させたのち，文献記載の方法に従って **5** を反応させたところ，求核付加生成物を **7** として収率 75% で単離することができた（図 4）．

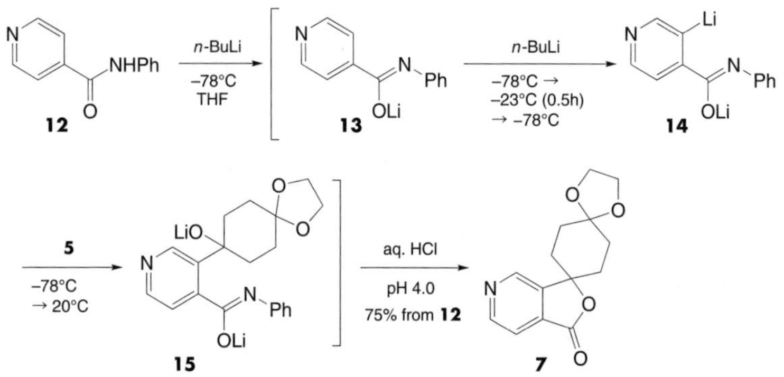

図 4　アニリド（**12**）を用いたスピロラクトン（**7**）の合成

React-IR™
反応系中に挿入した接触型中赤外分光プローブによって時間分解赤外吸収スペクトルを 5 秒間隔（最短）で測定し，反応にかかわる化学種の相対濃度変化を *in situ* で追跡できる装置．

RC1™
反応熱の発生をリアルタイムに計測できる反応熱量計（reaction calorimeter）で，化学プロセスの安全性予測や暴走反応の防止，晶析条件の検討などに用いられる．

ただし文献[6)]によると，本反応では反応温度の制御が重要であり，好結果を得るには −78°C で n-BuLi を加えたのち，−23°C にいったん昇温させて 0.5 時間保持し，再度 −78°C に冷却して親電子剤を添加して再び 20°C に昇温するというきわめて煩雑な操作が必要とされていた．そしてスケールアップを前に，こうした操作が本当に必要なのか，また大量スケールでは昇温・冷却に長時間を要するが，この間リチオ体は安定に存在できるかが問題となった．

こうした不安定な活性種を含む反応のモニタリングに有効な手法が React-IR™ である．この装置を使うと，反応器にプローブを挿入してそのまま反応を行うことで，リアルタイムに中間体の生成や消失を追跡できる．また，反応熱量計（RC1™）を使用すれば素反応ごとに熱収支を測定することが可能となり，反応の熱安全性評価やスケールアップ時の操作時間の設定

などが合理的に行える．

　一般に，工業的に用いられる大容量の低温反応装置で無理なく冷却して維持できる温度は −60°C 前後とされている．そこで，この温度でのリチオ化反応の進行と生成したジリチオ体の安定性をこれらの機器を用いて評価し，大量製造への適用性を検討した．React-IR™ を用いた反応の in situ 追跡では，n-BuLi の滴下とともにアニリド (**12**) の特性吸収 (アミド：1320 cm^{-1}, 1670 cm^{-1}) が消失し，モノアニオン (**13**) に由来する特性吸収 (1545 cm^{-1}, 1575 cm^{-1}) が出現した (図 5 a)．後者は 1 当量の n-BuLi を滴下した時点で強度が一定となったが，さらにもう 1 当量の n-BuLi を滴下するにつれて強度が次第に減少した．そしてこれと並行してジアニオン (**14**) に由来すると推定される特性吸収 (1375 cm^{-1}, 1555 cm^{-1}) が出現し，その強度は滴下終了と同時に一定になった．以上の観察から，工業的に維持可能な冷却温度 (−60°C) に保って **12** に n-BuLi を作用させた場合，その添加量に応じて **13** と **14** が逐次的に生成すること，いずれのアニオンも −60°C では比較的安定であることが確認された．

　反応熱量計 (RC1™) で測定した発熱パターン (図 5 b) も，赤外吸収パターンに対応した変化を示し，上記の考察を支持した．このリチオ化反応の場合，1 当量目の n-BuLi が **12** に作用して **13** を与える反応は，比較的大きな生成熱 ($\Delta H = 366$ kJ/mol, $\Delta T_{\mathrm{ad}} = 99.2$ K) を伴って進行するが，この

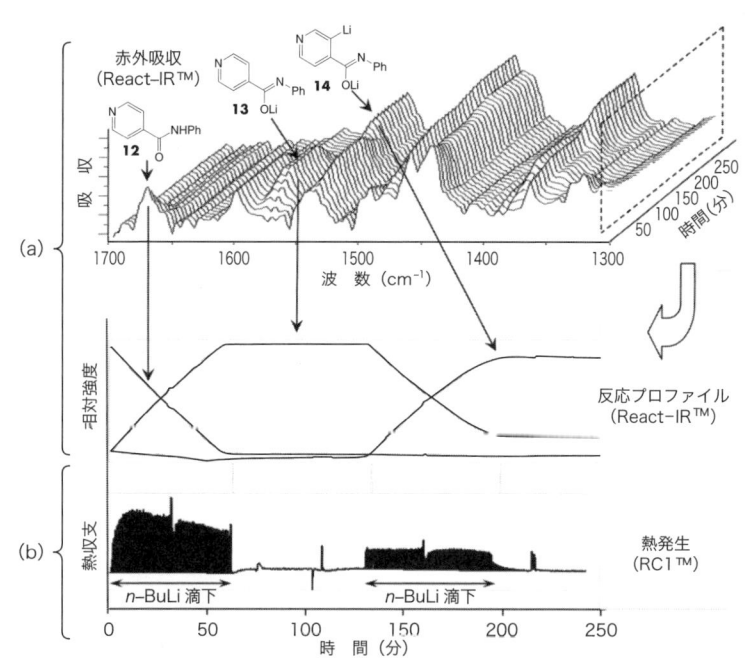

図 5　(a) リチオ化反応の React-IR™ によるモニタリングと，
　　　(b) RC1™ による発熱量測定

程度の発熱量であれば滴下速度を適切に制御している限り蓄熱のおそれはなく，暴走することもないと推測された．さらに，2当量目の n-BuLi で生じる **14** の生成熱($\Delta H = 155\,\mathrm{kJ/mol}$, $\Delta T_{\mathrm{ad}} = 19.5\,\mathrm{K}$)は小さく，制御も容易であると判断された．

−60℃に冷却した **12** の THF 溶液に n-BuLi を滴下する場合，その濃度を 0.1 mol/L 以下に設定しておかないと，生成したモノアニオン(**13**)が固体として析出して撹拌が困難となった．しかし，このような希薄条件で反応を行ったのでは，容積効率が低く現実的でない．検討の結果，−60℃に冷却した n-BuLi の THF 溶液(2 当量)に **12** の THF 溶液を逆滴下すれば，反応系内に **13** が蓄積して析出することなく，すみやかに **14** まで変換されることを見いだし，リチオ化反応を現実的な濃度で実施することができるようになった(図 6)．

以上のようにして調製法を確立した **14** の THF 溶液に，**5** の THF 溶液を−60℃で滴下した．付加反応の終了後，反応液を pH 1 に調整するとラクトン化と脱アセタール化が同時に進行し，ケトスピロラクトン(**8**)を収率 92%で一挙に得ることができた．最後に，反応温度の変動がこの付加反応に及ぼす影響について調べた．その結果，**12** から **14** の反応で温度が−20℃に上昇しても，**8** の収率と純度は大きく低下しなかったので，本反応が温度変化に対して優れた堅牢性を備えていることが確認できた．

この後は図 6 に示すように，第 3 節で議論した方法に従って 60 kg の **2** の製造に成功した．しかしながら，このようにして確立された第一世代プロセスは，合成の後半において増炭反応を行うため，それに必要な官能基変換(還元/メシル化)が避けられない．さらに増炭反応の炭素源としてシアン化物を用いることから，安全上の観点からも改善の余地が残されていた．

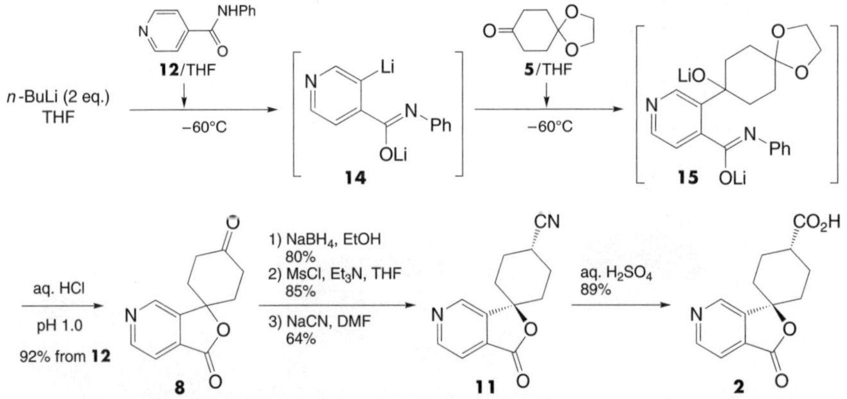

図 6　逆滴下法によるジアニオン(**14**)の調製と **2** の第一世代プロセス

5. 第二世代プロセスの開発

上記の課題を克服するには，必要な炭素原子があらかじめそろった 4-オキソシクロヘキサンカルボン酸エチル (**16**) に **14** を付加させればよい (図7)．しかしながら，ここで新たに問題となるのは，付加反応における立体選択性である．なぜなら，**16** の立体配座は，エトキシカルボニル基がエクアトリアルとなる **16-eq** が最安定で，求核剤の攻撃が 3,5-ジアキシアル水素を避けて起これば，望まないシス体の生成が優先すると考えられるからである[7]．

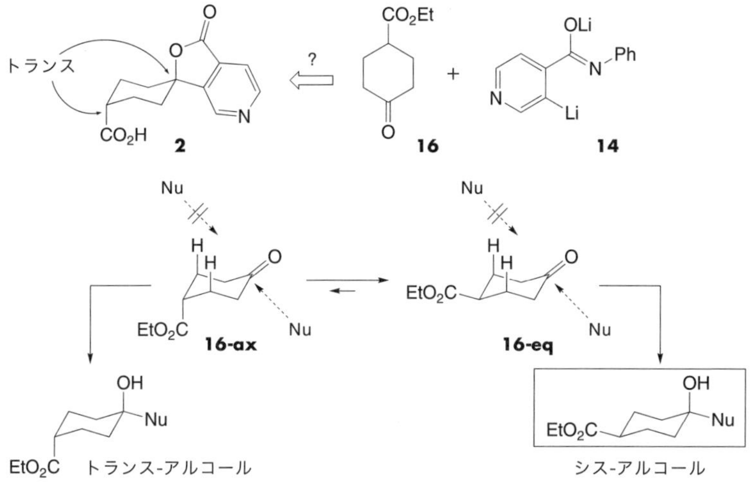

図7 **16** の付加反応における立体選択性

実際に **16** を用いて **14** とのカップリングを行ったところ，主生成物は予想通りシス体 (*cis*-**17**) であったが，トランス体とシス体の生成比 (37:63) にさほど大きな偏りはなかった (図8)．それは，エトキシカルボニル基の構造が平面的で，実際の立体的かさ高さがそれほどではないためと考えられる[8]．さらに **16** では，ケト基 (もしくはエトキシカルボニル基) に隣接する活性プロトンが **14** によって引き抜かれたためか，付加反応の収率は **5** の場合ほどよくなかった．

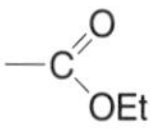

エトキシカルボニル基

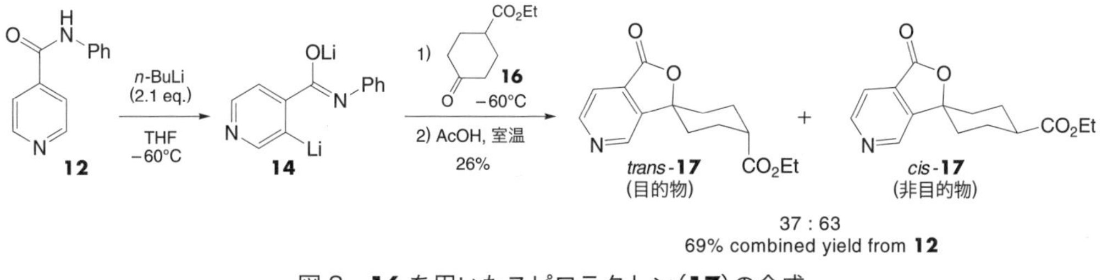

図8 **16** を用いたスピロラクトン (**17**) の合成

*4

*5

16に対する付加反応におけるトランス選択性を向上させるために，ケト基のエクアトリアル側をブロックすると同時に，ケトカルボニル基の活性化も期待できるLewis酸（LA）の添加効果を評価した[9]*4．その結果，トランス選択性が大きく改善されることはなかったものの，リチウム塩が共存すると反応の収率が向上することを見いだした．反応条件を最適化した結果，3当量のLiBrの存在下に付加反応を行ったのち，水でクエンチし，その塩基性（pH > 10）でエチルエステルを加水分解した*5．次いで，塩酸で酸性（pH 2〜4）にするとラクトン化が進行し，目的のスピロラクトンカルボン酸をトランス/シス混合物（45：55）として収率87%で得ることができた（図9）．さらにLiBrの添加によって，それまで不均一で粘性の高かった反応系がほぼ均一になり，操作性も改善されることになった．これは，LiBrが反応系に存在する分子種の会合状態を変化させたためと思われる．

その後もエステルのキレート能を利用したアプローチなど，コンセプトの異なる方法も検討したが，これ以上トランス選択性を向上させることはできなかった．しかしながら，12からわずか1工程で2がトランス-シス（45：55）混合物として得られるようになったので，ここから所望のトランス体（2）を分離・精製することを検討した．最初に検討したのは，酵素によるエチルエステル（17）の立体選択的加水分解であった．スクリーニングの結果，cis-17にだけ選択的に作用する加水分解酵素を見いだすことはできたが，酵素の使用量が多いうえ，変換効率も満足できるものではなかった．

次に，17（塩基性化合物）または2（両性化合物）のトランス/シス混合物から一方の異性体を優先晶析によって分離することを試みた．ハイスループット・スクリーニング法を用い，17と2から調製したさまざまな塩について，異性体間の物性（結晶性，溶解性など）の差異を評価した．その結果，2のトランス/シス混合物のTHF溶液に，塩酸（シス体と等モル）の酢酸エチル溶

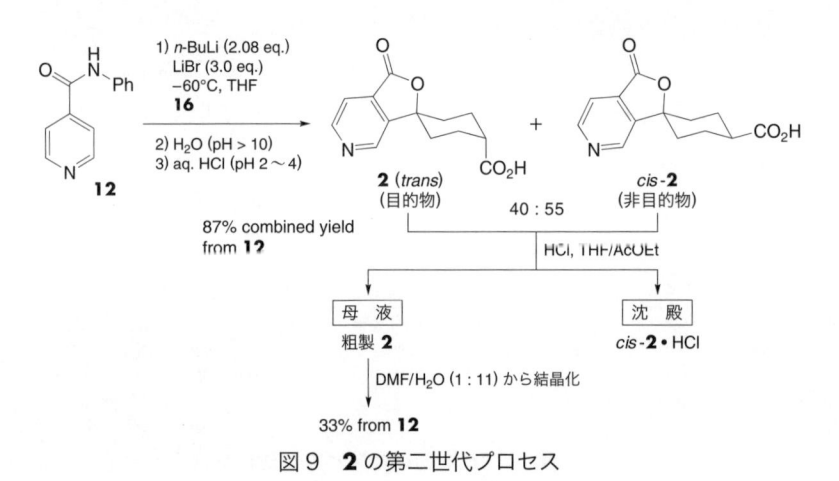

図9　2の第二世代プロセス

液を加えると，cis-**2**のみが結晶性の塩酸塩として析出し，所望のトランス体である**2**はそのまま母液にとどまることを見いだした(図9)．そして，母液から回収した粗製のトランス体は，DMF/H_2O (1:11)から再結晶してさらに精製することができた．その結果**12**から2工程，通算収率33%で所望の**2**を得ることができるようになった．

以上のようにして短工程で**2**が得られるようになったが，付加反応をスケールアップした際の温度制御について新たな問題がもち上がってきた．これまでは，-60°Cで調製した**14**の溶液を同温度に冷却した**16**の溶液へ滴下していたが，反応温度が-60°Cを超えると生成物のエステル基を**14**が攻撃した副生物[*6]が無視できなくなった．他方，反応温度を-60°Cに維持するために滴下をゆっくり行うと，滴下時間が1時間以下のとき87%だった収率が，3時間で71%，5時間では64%まで低下した．そこで，冷却効率を高めるために液面下に液体窒素を直接導入したところ，必要な温度制御が可能となり，**2**を工業的規模で製造できるようになった．

*6

以上のようにして完成させた第二世代プロセスは，収率の向上と工程数の大幅な短縮(第一世代プロセスの6工程に対しわずか2工程)が達成され，製造コストが大幅に削減された結果，経済的にも採算の合うものとなった．そして，第二世代プロセスによって，100 kg以上の**2**が問題なく製造された．しかしながら，目的とする**2**(トランス体)の量を上回って副生する cis-**2**を廃棄したのでは，真に効率的な製法とはいえない．そこで，**2**を優先的に与える立体選択的な製法を開発することにした．

6. 最終(第三世代)プロセスの開発

カルボキシ基がエクアトリアルに配向した cis-**2** は，カルボキシ基がアキシアルに配向した**2**よりも熱力学的に安定である．そのため，cis-**2** を**2**に熱力学的条件下に異性化させることは困難である．事実，**17**のシス/トランス(63:37)混合物(図8)をエタノール中ナトリウムエトキシドで処理したところ，観察されたのは熱力学的に安定なシス体の増加であった．他方，速度論的条件下であれば cis-**2** を**2**に異性化させることも可能であろうと考え，カルボキシ基の付け根に発生させた sp^2 炭素への速度論的プロトン化を検討した．そして最終的な決め手となったのが，cis-**2** から発生させたケテン(**21**)への速度論的アルコール付加反応であった(図10)．

THF中**2**から調製したトランス-酸クロリド(**18**)に，0°Cでトリエチルアミンを作用させると，**21**が容易に生成することが各種スペクトルの比較から確認された[10]．次いで**21**に立体的にかさ高い t-BuOH を作用させると，トランス/シス(13:1)という高い立体選択性で所望のトランスエステ

速度論的アプローチ
エチルエステル(**17**)から容易に調製できるエノラート(下図参照)に対する速度論的プロトン化も検討したが，トランス体の優先的生成を観察することはできなかった．

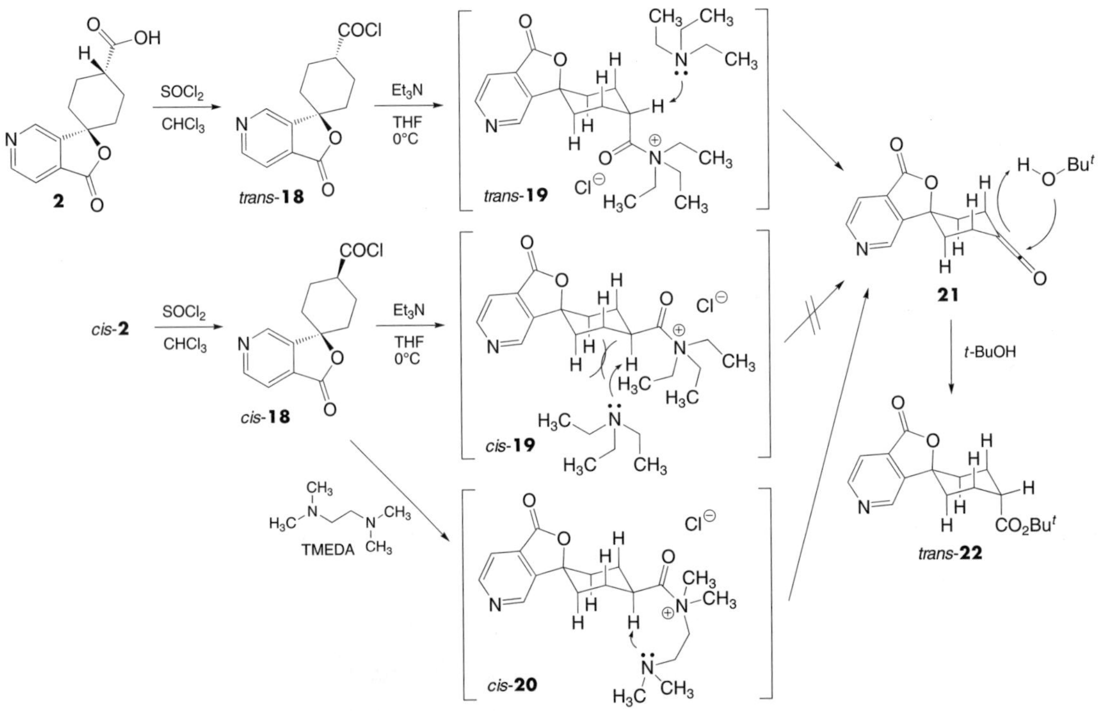

図10 ケテン(**21**)を経由したトランスエステル(**22**)の選択的生成

ル(**22**)が優先的に得られた．しかし同様の条件下，*cis*-**2**からケテン(**21**)を発生させることはできなかった．この違いは，*trans*-**19**〔トランス－酸クロリド(*trans*-**18**)へのトリエチルアミン付加体〕の活性水素（エクアトリアル）へは第三級アミンが容易に接近できるのに対し，*cis*-**19**〔シス－酸クロリド(*cis*-**18**)へのトリエチルアミン付加体〕では，活性水素（アキシアル）への第三級アミンの接近が，3位および5位の二つのジアキシアル水素との立体反発によって妨げられたためであると考えられた．そこでこの立体反発を避けるため，トリエチルアミンより立体的にコンパクトなジメチルエチルアミンを，*cis*-**18**に40℃以上で作用させると，**21**を経由して*trans*-**22**を生成するようになった．しかし40℃では，**21**の生成速度が依然として遅いうえ，生成した**21**が熱的に不安定であったため徐々に分解した．さらに**22**のトランス/シス比も，氷冷下に反応が行えた*trans*-**18**の場合と比べるとかなり低下した．

そこで，**18**を**21**を経由して**22**に変換する効率を高めるために，引き続きさまざまな塩基の探索を行った．そして興味深いことに，両末端が第三級ジアミンであるテトラメチルエチレンジアミン(TMEDA)を用いると，ケテンの生成が加速されることがわかった．この促進効果は，図10に示したように，一方の第三級アミノ基が**18**とアシルアンモニウム塩(*cis*-**20**)を

形成すると，もう一方の第三級アミノ基がアキシアルに配向した活性水素に分子内で無理なく接近できるようになったためと考えられる．さらに，反応系に塩化リチウムを添加したところ，反応の進行が加速された．以上の結果，40℃より低い温度で反応を実施することはできなかったが，TMEDAと塩化リチウムの相乗効果によって，cis-**18**からtrans-**22**への変換が円滑かつ高収率で進行するようになった．なお，立体選択性をさらに高めるために，さまざまなかさ高いアルコールの**21**への付加を検討したが，t-BuOHに優るものは見いだせなかった．

　以上の検討結果をもとに，**2**とcis-**2**の（45：55）混合物にTHF中オキシ塩化リンをDMFの存在下に作用させ，**18**を調製した（図11）．次いで，t-BuOHと塩化リチウムの存在下，40℃でTMEDAを作用させると，t-ブチルエステルの**22**がトランス／シス（83：17）混合物として，カルボン酸〔**2**/cis-**2**（45：55）〕から通算収率80％で得られた．最後に**22**を酸加水分解したのち，第二世代プロセスで確立した結晶分離法〔cis-**2**塩酸塩の選択的結晶化（図9）〕を用いて精製すると，高純度の**2**を得ることができた．このようにして**2**の最終（第三世代）プロセスが完成したが，アニリド（**12**）とケトン（**16**）から収率87％で得られた**2**とcis-**2**の（45：55）混合物からの通算収率は52％であった[11,12]．

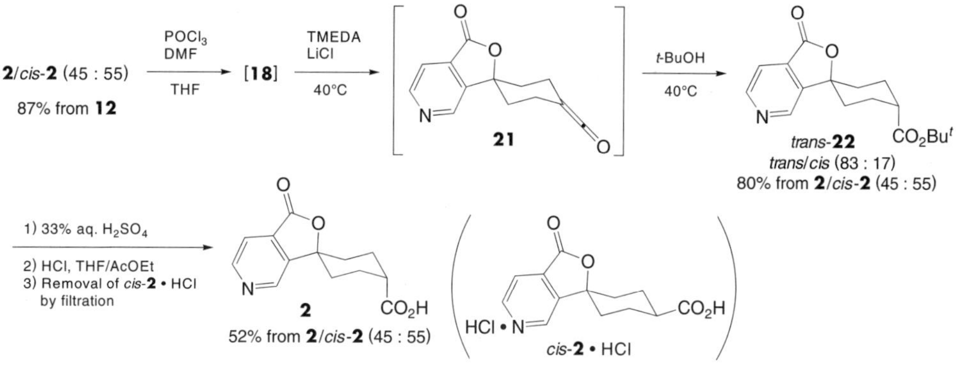

図11　ケテンを経由したトランス体（**2**）への変換

7．おわりに

　構造の複雑な化合物を高純度で大量かつ恒常的に製造することは容易ではなく，それには化学反応に対する科学的な理解と洞察が不可欠である．プロセス化学の醍醐味は，合理的で効率のよい合成法を立案して実現することにあるが，なかでも合成ルートの選定がプロセス全体の効率に最も大きな影響を及ぼす．ここで一つ間違うと「ボタンの掛け違い」となってしまい，その後

の努力が徒労になることもしばしばである．しかし適切な合成ルートが考案できたとしても，その実現には改良と効率化の積み重ねが必要である．効率の追求は骨の折れる仕事だが，そこには新たな発見の機会が必ずあり，知的好奇心を満たしてくれる．しかし最も大切なことは，最後まで「あきらめない」姿勢であろう．エステルエノラートに対する速度論的プロトン化は立体選択的に起こることはなかったが，ケテンに対するアルコールの付加は立体選択的に進行した．このようにあきらめずに考察と実験を積み重ねれば，必ず道は拓けるものである．

参考文献

1) (a) A. Kanatani, T. Kanno, A. Ishihara, M. Hata, A. Sakuraba, T. Tanaka, Y. Tsuchiya, T. Mase, T. Fukuroda, T. Fukami, M. Ihara, *Biochem. Biophys. Res. Commun.*, **266**, 88 (1999). (b) A. Kanatani, A. Ishihara, H. Iwaasa, K. Nakamura, O. Okamoto, M. Hidaka, J. Ito, T. Fukuroda, D. J. MacNeil, L. H. T. Van der Ploeg, Y. Ishii, T. Okabe, T. Fukami, M. Ihara, *Biochem. Biophys. Res. Commun.*, **272**, 169 (2000).
2) T. Fukami, A. Kanatani, A. Ishihara, Y. Ishii, T. Takahashi, Y. Haga, T. Sakamoto, T. Itoh, U. S. Patent US 2005032820 A1 20050210 (2005).
3) 野依良治，柴崎正勝，鈴木啓介，玉尾皓平，中筋一弘，奈良坂紘一，『大学院講義有機化学Ⅱ　有機合成化学・生物有機化学』，東京化学同人(1998), p.19.
4) (a) G. H. Gschwend, H. R. Rodoriguez, *Org. React.*, **26**, 1 (1979). (b) V. Snicckus, *Chem. Rev.*, **90**, 879 (1990).
5) J. Epsztajn, A. Jozwiak, A. Szczesniak, *Synth. Commun.*, **24**, 1789 (1994).
6) J. Epsztajn, A. Jozwiak, K. Czech, A. K. Szczesniak, *Monatsh. Chem.*, **121**, 909 (1990).
7) (a) E. L. Eliel, S. H. Wilen, L. N. Mander, "Stereochemistry of Organic Compounds, Wiley-Interscience, New York (1994), p.686. (b) M. B. Smith, "Organic Synthesis," McGraw-Hill, New York (1994), p.52.
8) (a) E. L. Eliel, S. H. Wilen, L. N. Mander, "Stereochemistry of Organic Compounds," Wiley-Interscience, New York (1994), p.686. (b) M. B. Smith, "Organic Synthesis," McGraw-Hill, New York (1994), p.52.
9) こうしたコンセプトに基づき，丸岡らは巨大な Lewis 酸 MAD を合成し，通常と逆の高い選択性を得ている．K. Maruoka, T. Itoh, M. Sakurai, K. Nonoshita, H. Yamamoto, *J. Am. Chem. Soc.*, **110**, 3588 (1988).
10) 2107 cm^{-1} にケテン特有のピークが観測できた．(a) T. T. Tidwell, "Ketenes," John Wiley & Sons, New York (1995). (b) H. R. Seikaly, T. T. Tidwell, *Tetrahedron*, **42**, 2587 (1986).
11) T. Iida, H. Satoh, K. Maeda, Y. Yamamoto, K. Asakawa, N. Sawada, T. Wada, C. Kadowaki, T. Itoh, T. Mase, S. A. Weissman, D. Tschaen, S. Krska, R. P. Volante, *J. Org. Chem.*, **70**, 9222 (2005).
12) 伊藤孝浩，間瀬俊明，有機合成化学協会誌，**165**, 563 (2007).

Part II 第7章

副生成物の有効利用による経済性の追求
(1S,2R)-1-アミノインダン-2-オールの工業的製造

■ 五十嵐　喜雄 ■
〔タマ化学工業株式会社〕

1. 抗HIV薬インジナビルと(1S,2R)-1-アミノインダン-2-オール

(1S,2R)-1-アミノインダン-2-オール(**1**)は，エイズウイルスのプロテアーゼ阻害薬であるインジナビル(**2**)[1)]の出発原料となるキラル化合物である(図1)[2)]．エイズの発症を阻止するために長期間，大量に投与される**2**が安定に供給されるには，**1**を効率よく製造できる工業的プロセスの開発が不可欠であった．さらに(1S,2R)-**1**は，図1の**2**で＊印を付した2個の立体化学を構築するための不斉源としても機能することから，その相対配置と絶対配置には高い立体化学的純度が求められた．そこで本稿では，(1S,2R)-**1**の製法開発のなかで，とくにラセミ体(**1**)のプロセスに焦点を当てて紹介する．

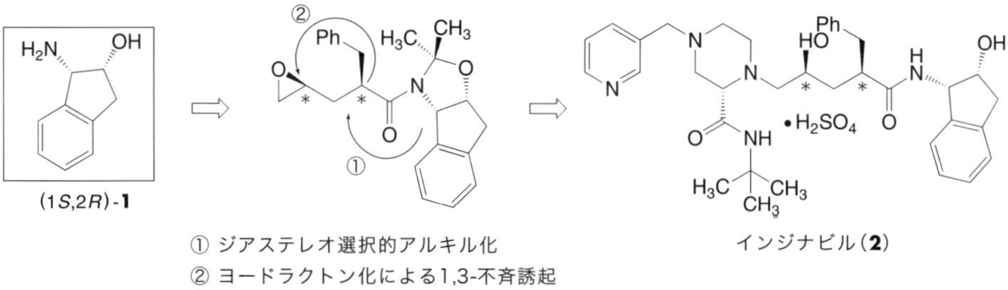

① ジアステレオ選択的アルキル化
② ヨードラクトン化による1,3-不斉誘起

インジナビル(**2**)

図1　(1S,2R)-1-アミノインダン-2-オール(**1**)とインジナビル(**2**)

2. 初期製造プロセスとその問題点

(1S,2R)-**1**の初期の製造は，トランス-2-ブロモインダン-1-オール(**4**)から出発するThompsonらの方法[3)]に従って実施した（図2）．まずSuter

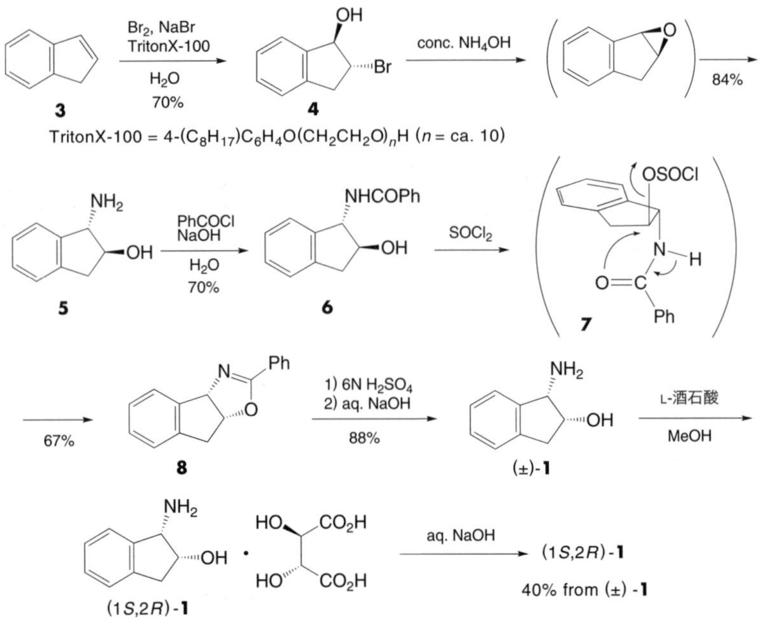

図2 (1S,2R)-1の初期の製造ルート

らの方法に従い[4]，臭化ナトリウムとトリトンX-100の存在下，インデン(**3**)に臭素を作用させたのち，生成した**4**をアンモニア水で処理すると，エポキシドを経由してトランス-1-アミノインダン-2-オール(**5**)が生成した．アミノ基をベンゾイル化して得た**6**に塩化チオニルを作用させると，**7**を経由する分子内求核置換反応が進行してオキサゾリン(**8**)が生成した．酸加水分解ののち，遊離アミン〔(±)-**1**〕をL-酒石酸で光学分割することにより[5]，約50 kgの(1S,2R)-**1**を2か月で製造した．しかしながら，年間数10トンの(1S,2R)-**1**の需要に対応するには，次の①〜⑤の問題を解決しなくてはならなかった．① **4**の製造において臭化水素と臭化ナトリウムを含む廃水が大量に発生．② **5**の製造においてアンモニア性廃水が大量に発生．③ すべての工程で中和反応のたびに無機塩が大量に発生．④ **5**と**6**の製造に不均一反応を用いることによる容積効率の低下．⑤ **5**，**6**および(±)-**1**の単離・精製に固液分離を用いることによる生産性の低下．

3. 新規製造プロセスの開発研究

3.1 合成戦略

上記の課題を解決するために(±)-**1**の合成ルートを根本から見直し，オキサゾリンの閉環反応における脱離基(図2の**7**におけるOSOClに対応)として**4**の臭素原子をそのまま利用することができれば，(±)-**1**を短工程で製造できると考え，図3に示すような合成計画を立案した．すなわち，**4**に

トリトンX-100

非イオン性界面活性剤の一種(商品名)でオクチルフェノールにエチレンオキシドを開環重合して得られる．中性の乳化剤で，酸，アルカリ，加水分解に対して非常に安定であり，洗浄剤，分散剤として広く用いられる．無色の粘ちょうな液体で水溶性．融点6℃．沸点>200℃．CAS No. 9002-93-1.

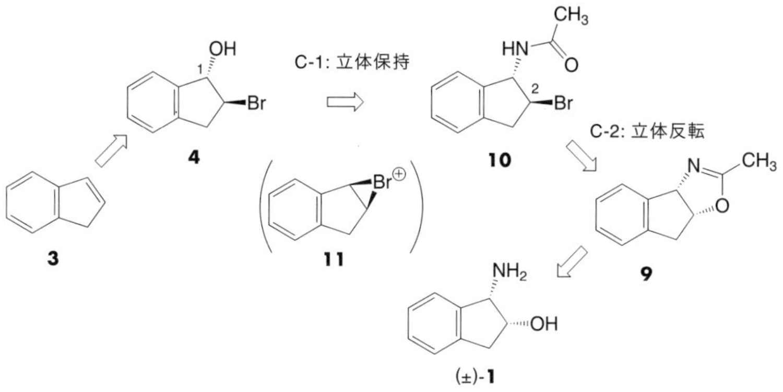

図３　(±)－**1** の合成計画

対する Ritter 反応がブロモニウムイオン（**11**）を経由して進行すれば，２度の立体反転の結果，１位ヒドロキシ基の立体を保持したアセトアミド（**10**）が生成すると期待した．そして **10** は，分子内求核置換反応で２位の立体が反転したオキサゾリン(**9**)を経由して(±)－**1** に誘導できると考えた．

Ritter 反応

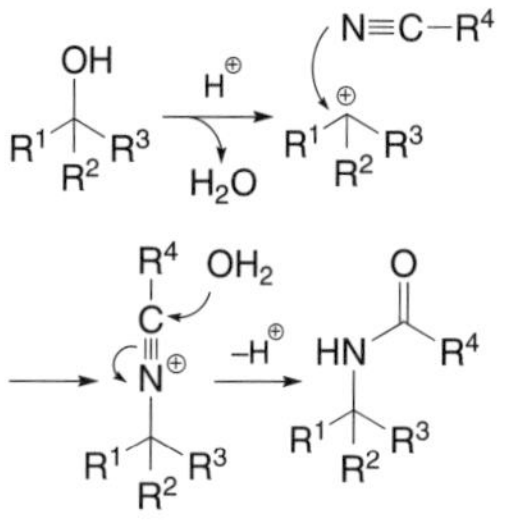

3.2　4 の効率的製造プロセスの開発[6]

上述の合成計画が工業的に競争力のあるプロセスとして実現するには，出発物質となる **4** が大量に確保できなくてはならない．しかし前節で論じたように，(±)－**1** の初期製造プロセスで採用した **4** の製法には臭化水素と臭化ナトリウムを含む廃水が大量に発生するという欠点があった．そこで(±)－**1** の新製法を開発する前に **4** が大量に製造できる工業的プロセスを確立することにした．

4 の製造では，トリトン X－100 の存在下，臭素（Br_2）と臭化ナトリウム(NaBr）の水溶液を **3** に作用させていた（図 2）．ここで実際に **3** をブロモヒドリン化するのは，水相で Br_2 が NaBr と反応して生成した次亜臭素酸(HOBr) であり，廃水中の臭化水素 (HBr) はこの反応の過程で副生したものである（図 4 a）．そこで，副生した HBr を使って **3** をブロモヒドリン化できないかと考え，文献を調査したところ，シアノアセトアミドを臭素でモノブロモ化したあとに過酸化水素（H_2O_2）を作用させてジブロモ化している例を見いだした[7]．この例は，HBr が H_2O_2 で酸化されて Br^+ 種（実際には HOBr もしくはその等価体）が生成することを示唆すると考え，HBr－H_2O_2 を用いた **3** のブロモヒドリン化を試みた．

3 のクロロベンゼン溶液に 48% HBr（1.1 当量）を加えたのち，攪拌下 −10℃で 28% H_2O_2 水溶液(1.1 当量)を滴下した．２時間後には **3** が消失し，**4** と 1,2－ジブロモインダン(**12**) の混合物が 57：43 の比率(HPLC 面積比)で生成した．これは，HBr が H_2O_2 で酸化されて発生した HOBr と Br_2 がそ

HBr によるシアノアセトアミドのジブロモ化

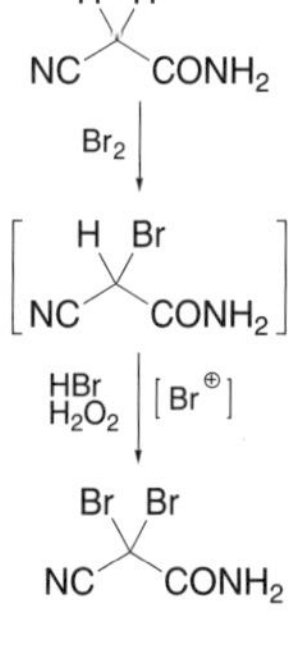

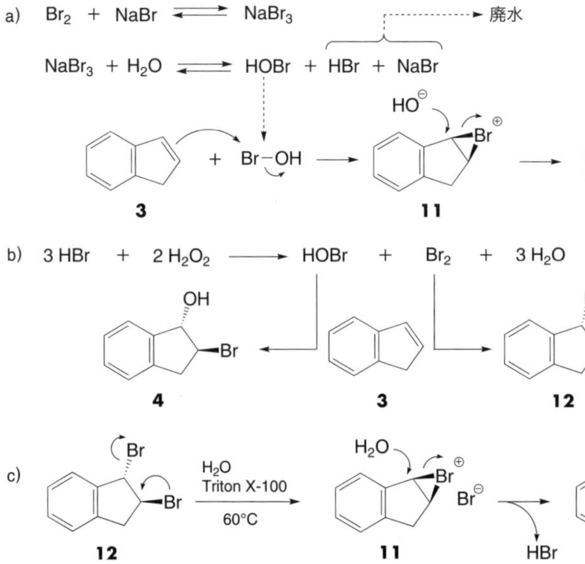

図4 インデン(**3**)のブロモヒドリン化反応

れぞれ**3**に付加したためであると考えられた(図4b).

　副生した**12**を**4**に変換できれば，原料の**3**が無駄なく使えることになるが，**12**が含水アセトン中で**4**に加水分解されることはすでに報告されていた[8]．事実，**12**を水に懸濁してトリトンX–100の存在下60℃で攪拌すると，**4**と等モル量のHBrが生成した(図4c)．なお**12**から**4**への加水分解は，ブロモニウム中間体(**11**)を経由して進行するため，反応の前後で1位の立体化学は保持される．

　ここまでの結果を整理すると図5に示すようになり，連続した工程が構築できる可能性が示唆された．さらに基質(反応式の左辺)と反応生成物(反応式の右辺)の収支をまとめると，Br^+源として使用したHBrはすべて**4**のなかに組み込まれるため，原理的には臭素原子を含む廃棄物は生成しないことになる．

　上記の仮説をもとに反応条件を検討した結果，**3**を原料とする**4**の工業的製法を確立した(図6)．まず，クロロベンゼン/水(1:2)の不均一2相系中，トリトンX–100(**3**に対して2 wt%)の存在下60℃で**3**とBr_2(0.5当量)を反応させ，**3**の半量を**12**に変換する．**12**はそのまま加水分解され，**4**とHBrになる．次にH_2O_2(**3**の半量に相当する当量)を60℃で加えると，生成したHBrがBr_2とHOBrに変換される．残り半分の**3**は，Br_2とHOBrと反応してそれぞれ**4**と**12**に変換されるが，後者は**4**に加水分解されるので，最終的にはすべて**4**に収束した．反応終了後，固相(目的とする**4**)/液相(クロロベンゼン)/液相(水)の3相からなる混合物をろ過(固

(1) 3 HBr + 2 H$_2$O$_2$ ⟶ HOBr + Br$_2$ + 3 H$_2$O

(2) **3** + HOBr ⟶ **4**

(3) **3** + Br$_2$ ⟶ **12**

(4) **12** + H$_2$O ⟶ **4** + HBr

(1) + (2) + (3) + (4) = **3** + HBr + H$_2$O$_2$ ⟶ **4** + H$_2$O

図5 インデン(**3**)のブロモヒドリン化反応

液分離)し,固体の **4** を単離した.目的とする **4** の収率は,有機溶媒として使用するクロロベンゼンの量を必要最小限に抑え,ろ過温度を5℃に設定す

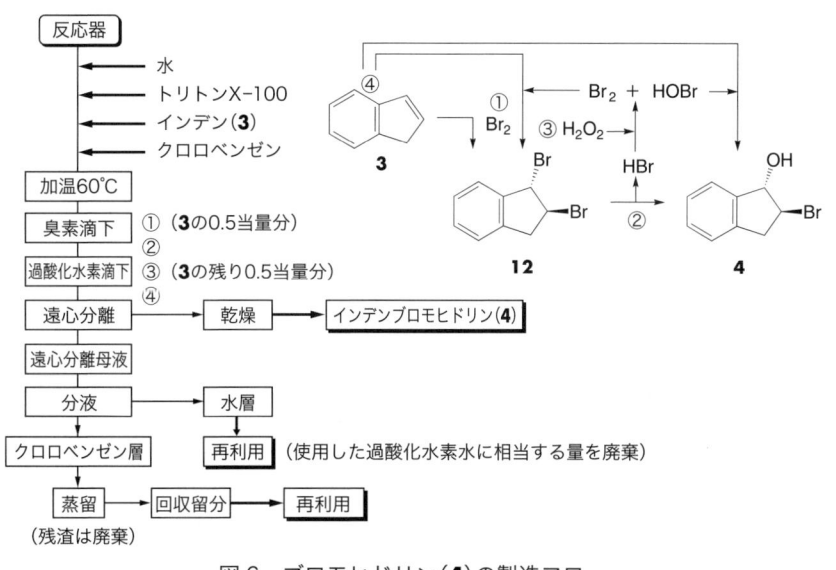

反応器 ← 水, トリトンX-100, インデン(**3**), クロロベンゼン
加温60℃
臭素滴下 ① (**3**の0.5当量分)
②
過酸化水素滴下 ③ (**3**の残り0.5当量分)
④
遠心分離 → 乾燥 → インデンブロモヒドリン(**4**)
遠心分離母液
分液 → 水層 → 再利用 (使用した過酸化水素水に相当する量を廃棄)
クロロベンゼン層
蒸留 → 回収留分 → 再利用
(残渣は廃棄)

図6 ブロモヒドリン(**4**)の製造フロー

ることによって，90％にまで向上した．ろ液を分液して回収したクロロベンゼンは蒸留して再使用した．また水相は，使用した過酸化水素水に相当する量を抜き取って廃液として処分したが，残りは次回の反応で再利用した．

　以上のようにして確立された **4** の製造プロセスから生じる廃棄物は，少量の廃水（1 回の反応で使用する過酸化水素水の量に相当）と回収クロロベンゼンを蒸留したあとの残渣のみとなり，HBr も NaBr も生成しないので，臭素系の廃液を大量に処分する必要がなくなった．その結果，従来の方法と比較して廃棄物の総量を 90％以上削減できた．

3.3　Ritter 反応を鍵反応とする(±)-**1** の新規製造方法の開発 [9)]

　4 が大量に確保できるようになったので，合成計画（図 3）に従って **4** に対する Ritter 反応を検討した（図 7 上段）．**4** のアセトニトリル懸濁液に 98％硫酸（1.5 当量）を室温で加えて 2 時間撹拌し，**4** が消失したことを HPLC で確認したのち，アセトニトリルを減圧下に留去した．残渣に水を加えて 60℃に加熱すると白色の結晶が析出した．同温度でさらに 7 時間撹拌したのち，室温に冷却してから結晶をろ取した．機器分析の結果，この結晶はシス-2-ブロモ-1-アセトアミドインダン（**13**）であると同定された（収率 10％）．他方，ろ液はジクロロメタンで洗浄したのち，25％水酸化ナトリウム水溶液を加えて pH を 11 に調整した．析出した結晶をろ取したのち，水洗して乾燥すると (±)-**1** が白色結晶として収率 77％で得られた．これにより **4** に対する Ritter 反応は，期待どおり目的とする (±)-**1** を与えることが確認された．

　この反応の立体選択性を評価するために，室温で 2 時間撹拌した時点で反応混合物をサンプリングして重クロロホルム中で ^{1}H NMR を測定したところ，トランス-アミド（**10**）が 55％，シス-アミド（**13**）が 8％，オキサゾリン（**9**）が 36％生成していた．したがって，**10** が加熱によって **9** に変換されることを考慮すると，本反応は約 90（≈ 55 + 36）％の立体選択性で進行すると推定された．なお **10** の分析用標品は，反応混合物から単離して調製した．他方 **9** の標品は，Thompson の方法で合成した（図 2 参照）．

　以上の基本的な検討をもとに，**4** の Ritter 反応を工業的プロセスとして確立した（図 7 下段）．ここでは，初期検討で反応溶媒として使用したアセトニトリルの使用量を **4** の 4.0 当量にまで減らし，反応と後処理用の溶媒にオルトジクロロベンゼン（DCB）を使用した．DCB を選択したのは，蒸気圧が比較的低いため回収が容易で，環境放出量を最小限にできるうえ，作業環境濃度もジクロロメタン（初期検討ではろ液の洗浄に使用）よりも低く抑えられるためである．具体的には，アセトニトリル（4.0 当量）を含む DCB

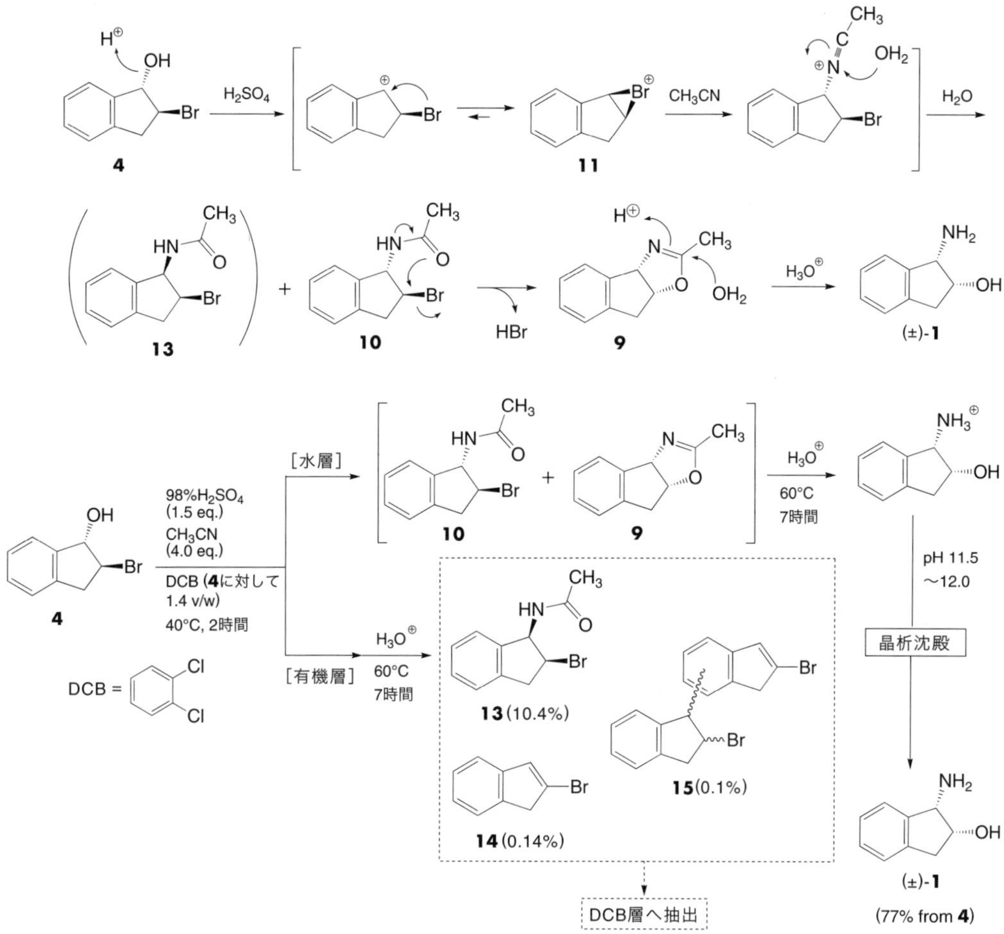

3. 新規製造プロセスの開発研究

図7　4に対するRitter反応による(±)-1の合成
（上段：反応機構，下段：工業的プロセス）

(4の重量に対して1.4倍容量)に4を懸濁させたのち，98%硫酸(1.5当量)を40℃で添加した．同温度で攪拌を2～3時間続けたのち，**9**, **10**, および**13**を含むスラリー状混合物から減圧下(13 kPa)にアセトニトリルを留去した．残渣に水を加えて硫酸の濃度を10 wt%に調整したのち，60℃で7時間攪拌した．この過程で**9**は加水分解されて(±)-**1**に変換されたが，**10**も**9**を経由して(±)-**1**に変換された．他方，**13**は何の変化も起こさず，放冷すると固体として沈殿したが，DCB(**13**に対して1.6 v/w)を加えて55～60℃に加熱するとDCB相に抽出された(収率10%)．残った酸性水溶液をさらにDCBで洗浄し，残存した**13**, 2-ブロモインデン(**14**，収率0.14%)，Friedel-Crafts反応生成物(**15**，収率0.1%)の非塩基性不純物を除去した．水相に28%水酸化ナトリウム水溶液を55～60℃で加えてpHを8に調整し，結晶の析出と成長を確認したのち，pHを11.5～12.0に調整して(±)-

1の析出を完了させた．最後に30〜35℃でろ取した固体を冷水で洗浄して減圧乾燥すると，(±)-**1**を白色結晶として収率77％で得ることができた．以上のようにして，**4**から出発して途中の中間体(**9/10**)を単離することなく，ワンポットで目的とする(±)-**1**を効率よく製造できる工業的プロセスを見いだした．

4．Ritter反応の副生物(**13**)の**10**への異性化[10]と(±)-**1**の工業的製法の完成

4に対するRitter反応で約10％副生したシス-アミド(**13**)をトランス-アミド(**10**)に変換することができれば，**4**を(±)-**1**に変換する通算収率を90％に高めることができる．そして**13**に臭化物イオン(Br$^-$)を作用させると，交換反応の平衡は次の理由から**10**にシフトすると考えた．(1) 1位アセトアミド基と2位臭素原子がシス配置の**13**よりも，トランス配置の**10**のほうが熱力学的に安定．(2) **10**では2位臭素原子の背後がアセトアミド基で遮蔽されているため，外部から加えた臭化物イオンとの交換反応(S_N2)は速度論的に不利である．検討の結果，相間移動触媒(テトラブチルアンモニウムブロミド，5 mol％)の存在下，**13**をNaBr水溶液(47％，17当量)とDCB(**13**に対して10 v/w)の2相系混合物と11時間還流すると，(±)-**1**が直接しかも97％という高収率で得られることを見いだした(図8上段)[10]．上記の条件では，**13**から生成した**10**が加熱下に閉環して**9**となり，これがそのまま加水分解されて(±)-**1**が生じたと考えられる．

以上のようにして確立した**3**から出発する(±)-**1**の工業的製造プロセスのポイントをまとめると次のようになる(図8下段)．① **3**のブロモヒドリン化では，Br$_2$(0.5当量)とH$_2$O$_2$(0.5当量)を組み合わせて利用することで，反応系内でBr$^+$種(HOBr)を循環的に発生させることに成功し，含臭素廃液の発生しないプロセスを開発した．② ①で生成した**4**はRitter反応の条件下，ワンポット連続3反応プロセスによって直接(±)-**1**に変換された．③ Ritter反応で副生した**13**は，相間移動触媒の存在下NaBrで処理し，中間に生成する**10**を単離することなく(±)-**1**に変換できた．

このようにして大量製造が可能になった(±)-**1**は，L-酒石酸によって($1S,2R$)-**1**(収率40％)に分割され，ピーク時には年間50トン以上もの($1S,2R$)-**1**がインジナビル(**2**)を製造するために出荷された．

5．おわりに

(±)-**1**の製造では工業的成功を収めることができたものの，次の3点がさらに改善すべき問題として残された．① クロロベンゼンやオルトジクロ

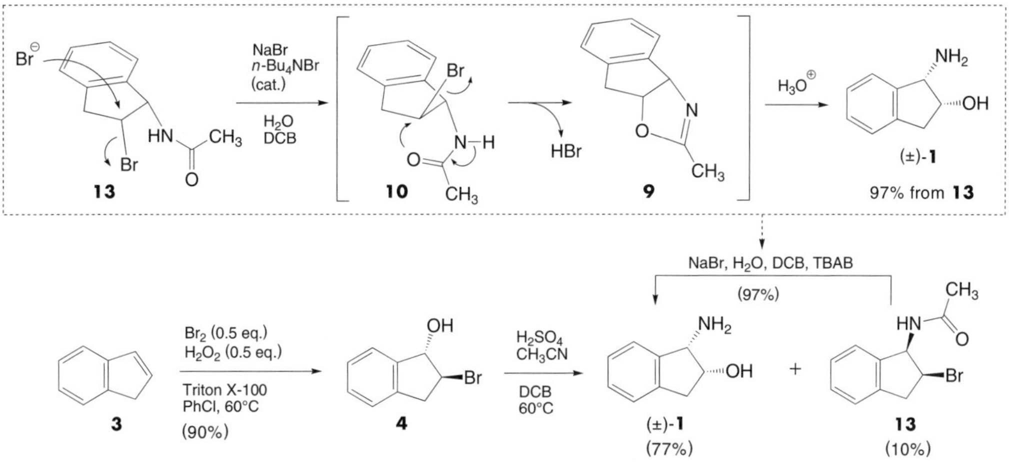

図8 シス–アミド(**13**)のトランス–アミド(**10**)への異性化と(±)–**1** の工業的製法の完成

ロベンゼンといったハロゲン系溶媒の使用．② (±)–**1** の晶析後，硫酸ナトリウム，酢酸ナトリウム，および臭化ナトリウムといった無機塩類を含む廃液が大量に発生．③ 毒性のある **4** の使用．また本稿では触れられなかったが，光学活性体（1*S*,2*R*)–**1** の製造においては，光学分割で副生した不要な鏡像体〔(1*R*,2*S*)–**1**〕をラセミ化して再利用できないという問題もある．なお，ジアステレオマー塩の形成によらない (1*S*,2*R*)–**1** の製法については，参考文献[11,12]を参照いただきたい．有機化合物の製造において無機副生成物の処理は看過できない問題であるが，化学反応に対する洞察と理解によって，その解決も不可能ではないことを感じ取っていただければ幸いである．

最後に，本稿で紹介した製法開発は筆者が株式会社ケミクレア（旧市川合成化学株式会社）に在籍中に行われたことを付記して本稿の結びとする．

参考文献

1) (a) P. L. Darke, J. R. Huff, *Advances in Pharmacology*, **25**, 399 (1994). (b) B. D. Drsey, R. B. Levin, S. L. McDaniel, J. P. Vacca, J. P. Guare, P. L. Darke, J. A. Zugay, E. A. Emini, W. A. Shlcif, J. C. Quintero, J. H. Lin, I. W. Chen, M. K. Holloway, P. M. D. Fitzgerald, M. G. Axel, D. Ostovic, P. S. Anderson, J. R. Huff, *J. Med. Chem.*, **37**, 3443 (1994).

2) (a) A. K. Ghosh, S. Fidanze, C. H. Sensnsyake, *Synthesis*, **1998**, 937. (b) P. J. Reider, *Chimica*, **51**, 306 (1997). (c) P. E. Maligres, S. A. Weissman, V. Upadhyay, S. J. Cianciosi, R. A. Reamer, R. M. Purick, J. Sager, K. Rossen, K. K. Eng, D. Askin, R. P. Volante, P. J. Reider, *Tetrahedron*, **52**, 3327 (1996).

3) W. J. Thompson, P. M. D. Fitzgerald, M. K. Holloway, E. A. Emini, P. L. Darke, B. M. McKeever, W. A. Schleif, J. C. Quintero, J. A. Zugay, T. J. Tucker, J. E. Schwerig, C. F. Homnick, J. Nunberg, J. P. Springer, J. R. Huff, *J. Med. Chem.*,

35, 1685 (1992).
4) C. M. Suter, H. B. Milne, *J. Am. Chem. Soc.*, **62**, 3473 (1940).
5) I. W. Davies, P. J. Reider, *Chemistry and Industry*, **11**, 412 (1996).
6) 五十嵐喜雄, 中野 茂, 今野裕仁, 浅野文浩, 特開 平8-245455 (1996).
7) J. Hermolin, R. Hasharon, U. S. Patent, 4,925,967 (1990).
8) F. Ishiwara, *J. Prakt Chem.*, **108**, 194 (1924).
9) (a) 五十嵐喜雄, 浅野文浩, 下山田 誠, 原田昌晋, 中野 茂, 岩井良二, 矢上圭介, 今野裕仁, 特開 平7-316106 (1995). (b) Y. Igarashi, F. Asano, M. Shimoyamada, M. Harada, S. Nakano, R. Iwai, K. Yagami, Y. Konno, U. S. Patent, 5,760,242 (1998).
10) 五十嵐喜雄, 中野 茂, 原田昌晋, 乙供慎也, 森田雅之, 特開 平9-301940 (1997).
11) (a) Y. Igarashi, S. Otsutomo, M. Harada, S. Nakano, S. Watanabe, *Synthesis*, **1997**, 549. (b) Y. Igarashi, S. Otsutomo, M. Harada, S. Nakano, *Tetrahedron:Asymmetry*, **8**, 2833 (1997).
12) (a) J. F. Larrow, E. Roberts, T. R. Verhoeven, C. H. Senanayake, P. J. Reider, E. N. Jacobsen, *Org. Synth.*, **76**, 46 (1999). (b) E. N. Jacobsen, W. Zang, W. Much, J. R. Ecker, L. Deng, *J. Am. Chem. Soc.*, **113**, 7063 (1991). (c) E. N. Jacobsen, L. Deng, Y. Furukawa, L. E. Martinez, *Tetrahedron*, **50**, 4323 (1994). (d) J. F. Larrow, E. N. Jacobsen, *Org. Synth.*, **75**, 1 (1998).

Column

受託企業におけるプロセス開発四方山話

医薬品であれ，農薬であれ，あるいはそれらの中間体であれ，その製造を委託する企業は，高品質の製品がタイムリーかつ廉価に製造されることをつねに希望している．しかし，委託企業で製造プロセスが開発された段階では，どのような企業に製造を委託するかは具体的に想定されていないことが多く，実際の製造を行うために必要な設備まではほとんど考えが及ばない．

一方，製造を受託する企業では，委託側から提示された製造プロセスを基本に，自社の限られた多目的設備を有効に利用し，いかに効率よく製造できるか，すなわち競合他社より安い価格を維持しながらも，いかに利益を最大にするかが経営上の普遍的課題である．

このように，製造を委託する側とこれを受託する側の間には，同じ化合物の製造を前にしても，スタンスに大きな違いがあることから，同床異夢に陥ることもしばしばである．そのため委受託製造が成功するには，これにかかわる双方の企業が互いの立場の違いを認識したうえで，オリジナル製造プロセスに込められた技術思想に対する理解を共有しながら，工業的に実施可能な製造プロセスを協働でつくり上げていくことが不可欠である．

たとえば，中間体の単離工程は必須だろうか．固液分離，乾燥工程はコスト増になるために単離工程を省略したいが，最終製品の品質は保証できるだろうか．引火点の低い溶媒の使用は安全上好ましくないため，高沸点溶媒に変更したいが，収率や品質が低下することはないだろうか．ことに残留溶媒といった，新たな問題が生じるおそれはないだろうか．さらに廃棄コストのかさむ廃液は，その量を削減することが可能だろうか．具体的には，遠心分離・洗浄工程で回収した洗浄溶媒は，反応溶媒として使用できるだろうか．この場合，回収した溶媒中の不純物が，反応や製品の品質に悪影響を及ぼすことはないだろうか？

これらの問題のなかには，製造受託企業だけでは解決できないものも多いことから，製造委託企業との間で緊密なコミュニケーションを交わしながら，win-winゲームを展開することが大切である．

（五十嵐　喜雄）

Part III
反応の開発と不純物の制御

Part Ⅲ 第8章

新しいフッ素化プロセスの開発

ニューロキノロン系抗菌剤塩酸グレパフロキサシンの鍵中間体の製法

■ 安芸　晋治・南川　純一 ■
〔大塚製薬株式会社 徳島第二工場 医薬生産部〕

1. はじめに

塩酸グレパフロキサシン(**1**)は，キノロン骨格の5位にメチル基を導入したユニークな構造のニューキノロン系合成抗菌剤で，グラム陽性菌および陰性菌に対してバランスのよい抗菌活性を示すと同時に，同系他剤に比べ肺への移行性が高いという特徴をもっている(図1)[1]．本稿では，**1** の工業化研究の一環として行った含フッ素5連続置換ベンゼン誘導体(**2a/b**)の製法開発をモチーフに，より優れた合成法を追求し続けるプロセス化学研究の一端を紹介する．

ニューキノロン系合成抗菌剤
ナリジクス酸(**3**)に端を発するキノロン系抗菌剤はグラム陰性菌にのみ有効であったが，6位にフッ素を導入することによってグラム陽性菌にも効果を示すように改善されたことから，これらをニューキノロンとよんで旧来のものと区別している．

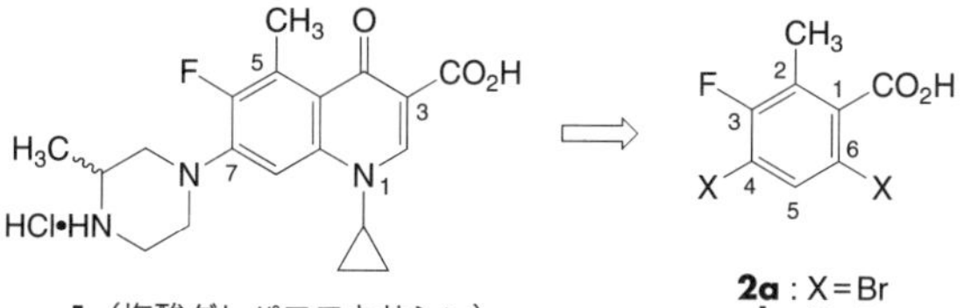

1（塩酸グレパフロキサシン）　**2a**：X＝Br　**b**：X＝F

図1　塩酸グレパフロキサシンと鍵中間体

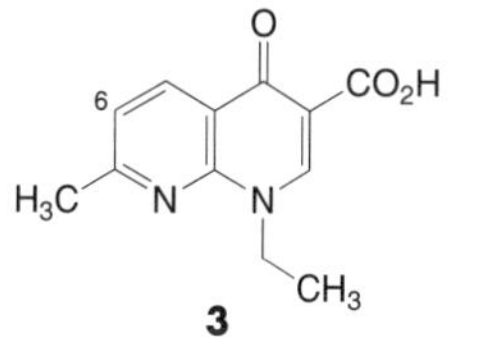

3

2. 研究方針

1 の合成には，ほかのニューキノロン系合成抗菌剤の場合と同様，図2に示したアプローチが可能である．4位のカルボニル基と6位のフッ素によって活性化されたキノロンカルボン酸(**4**)では，脱離能をもつ7位置換基 X^1 が2-メチルピペラジン(**5**)で容易に置換されて **1** を与える．そこで **4** の合成法としては二つのルートが考えられた．一つ目は，分子間求核的C–N結合形成反応を使って閉環前駆体(**6**)を合成したのち，ベンゼン環に対する求

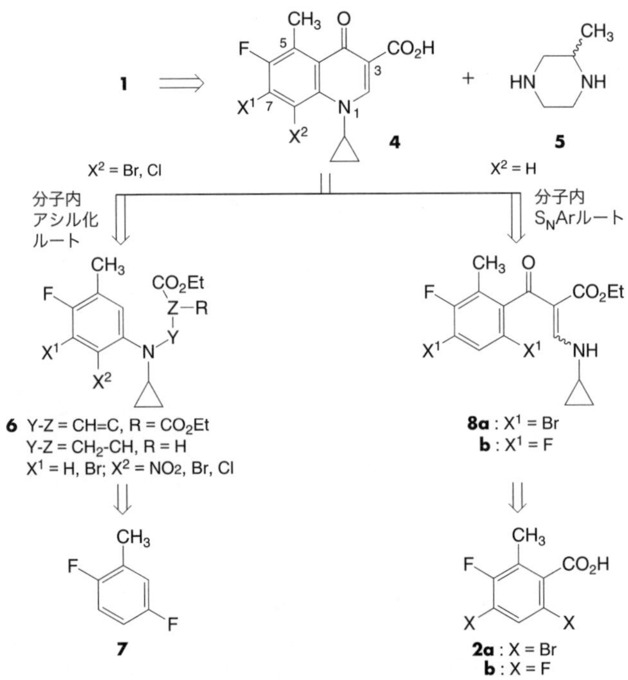

図2 逆合成によるルート解析

電子置換反応によってキノロン骨格を構築する「分子内アシル化法」で，その実現には工業的に入手可能な含フッ素化合物である 2,5-ジフルオロトルエン (**7**) を **6** に変換したのち，これを実際に閉環できなくてはならなかった．二つ目は，分子内求核的 C–N 結合形成反応によってキノロン骨格を完成させる「分子内 S_NAr 法」で，閉環前駆体にはビニロガスアミド (**8**) を用いる．この場合，図3に示すように **2a** から **8a**，その後 **13** を経て **1** に至るルートはすでに確立されており，**2b** も同様の方法で **1** に導けることから，その成否は **2a/b** の実用的製法が開発できるか否かにかかっていた．

3. 分子内アシル化ルート

分子内アシル化法では，**6** のメチル基のオルト位に選択的に環化させるために，メチル基のパラ位を X^2 でふさいでおく必要がある．そこで **7** の4位をニトロ化して **14** としたのち，電子求引性ニトロ基で活性化された5位フッ素原子をシクロプロピルアミンでイプソ置換して **15** を得た〔図4（A 法）〕．しかし，常法によりエトキシメチレンマロン酸ジエチル(EMME)を **15** に作用させてみたものの，ニトロ基の電子求引性によってアミノ基の求核反応性が低下しているためか，**16** を得ることはできなかった．そこで **15** のアミノ基の反応性を高めるために，EMME との反応に先立ってニトロ基をハ

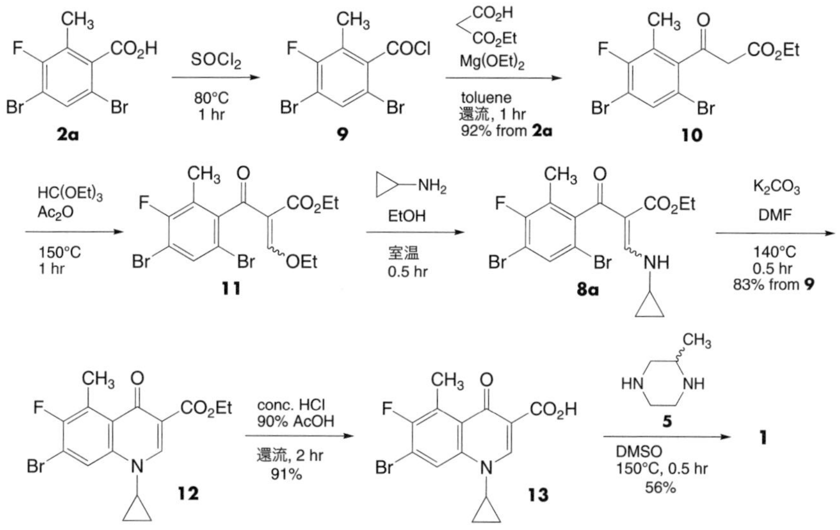

図3 鍵中間体(**2a**)のグレパフロキサシン(**1**)への変換

ロゲンに変換することにした．実際には **15** のアミノ基をアセチル化したのち，ニトロ基をアミノ基に還元して **17** とした．位置選択的な臭素化ののち，Sandmeyer 反応によって **18** のアミノ基を臭素に置換して **19** を得ることができた．しかしながら，**19** のアセトアミド基の加水分解をさまざまな条件下で試みたものの，目的とする **20** は最高でも 23% の収率でしか得られなかった．

上述のようにシクロプロピル化されたアニリンを経由する方法では閉環前駆体 (**16**) を合成することができなかったので，シクロプロピルアミンと EMME から調製した **21** を直接 **14** に反応させることを試みた〔図4(B法)〕．しかし **21** のアミノ基は，二つの電子求引性基と共役して窒素原子上の電子密度が低下しているためか，**14** に対する求核置換反応はテトラヒドロフランやジメチルスルホキシド中高温に加熱してもまったく起こらなかった．そこで今度は，アミノ基の求核反応性が **21** よりも高い 3-シクロプロピルアミノプロピオン酸エステル (**22**) を使ってアニリン誘導体 (**23**) が調製できれば，閉環反応後エステル基 (CO_2Et) と二重結合を導入することによって **4** が合成できると期待した〔図4(C法)〕．**22** と **14** の反応は問題なく進行し，得られた **23** のニトロ基を接触還元してアニリン (**24**) としたのち，Sandmeyer 反応を行ってアミノ基を塩素に置換した．しかしながら，このようにして得られたエステル (**25**) とカルボン酸 (**26**) について，分子内 Friedel–Crafts 反応をさまざまな酸触媒の存在下に試みたものの，目的とする閉環体 (**27**) は得られなかった．なおポリリン酸中 **26** を 120°C に加熱した際に，シクロプロパン環の分解が観察されたため，発煙硫酸のような強酸

ニトロ基のハロゲンへの変換
ハロゲンであれば閉環反応終了後，接触還元によって水素に変換できる

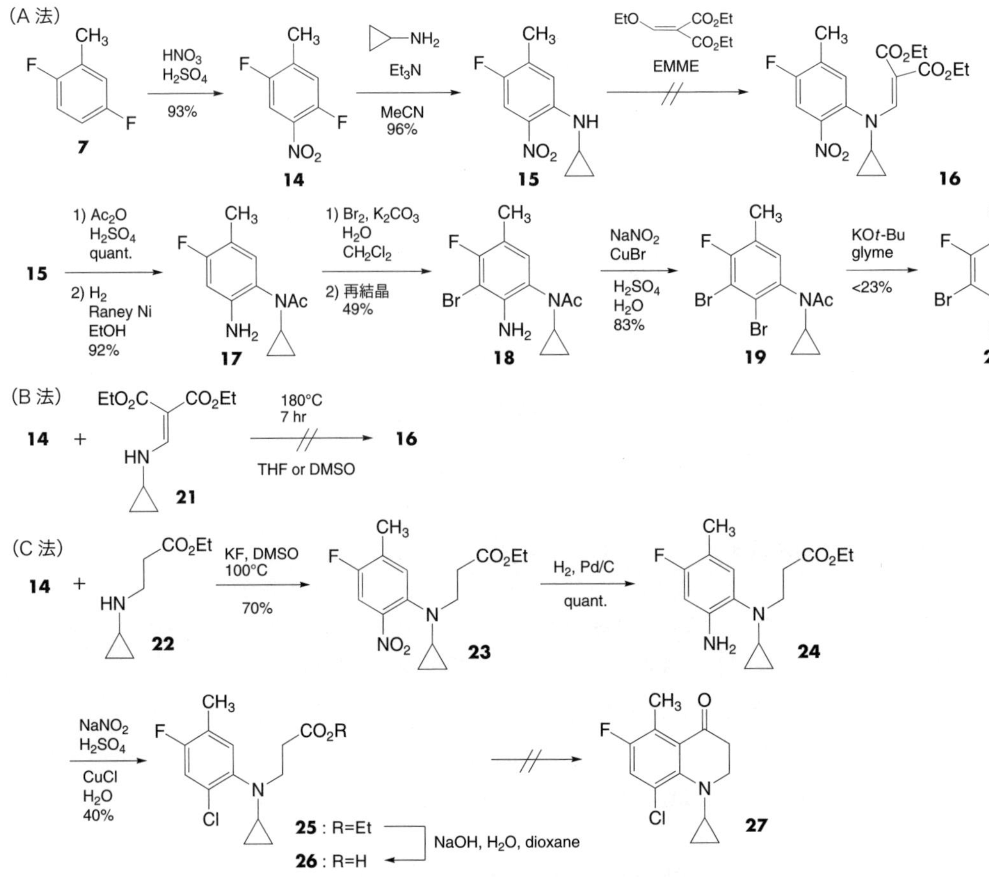

図4 分子内アシル化法の検討

を用いる反応[2]は検討しなかった．比較的容易に進行すると期待された分子内 Friedel–Crafts 反応が **25/26** で進行しなかったのは，グレバフロキサシンに固有の 5 位メチル基（**25/26** では閉環位置に隣接）による立体障害のためと思われるが，使用した酸触媒が窒素原子に配位してベンゼン環の電子密度が低下し，求電子置換反応に対する活性が低下したことも一因であろう．いずれにせよこの時点で，本ルートに沿った検討をこれ以上続けても **4** の新しい工業的製法を開発することは困難であると判断し，これ以降は分子内 S_NAr 法の検討に集中することにした．

4. 分子内 S_NAr ルート

図5にはメディシナルケミストが開拓した **2a/b** に対する二通りの合成ルート（D 法/E 法）を示した[1]．D 法の特徴は，入手が比較的容易な 2,4,5-トリフルオロアニリン（**28**）を原料とし，メチル基を Gassman の方法（**28 → 29 → 30**）で導入することである．しかし D 法を工業化するには，

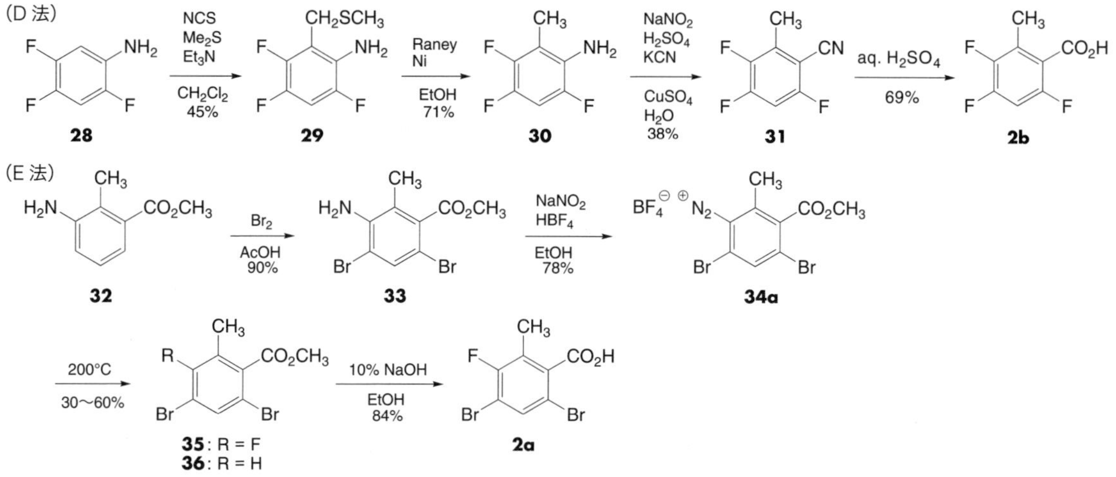

図5 メディシナルケミストによる **2a/b** の合成

Gassman 反応（**28** → **29**）の収率向上，ジメチルスルフィドの悪臭対策，そして Sandmeyer 反応によるシアノ基導入工程（**30** → **31**）の収率向上といった複数の課題があった．

他方，あらかじめメチル基とカルボキシ基を備えた **32** から出発する E 法は，D 法よりも短工程で通算収率も高かったことから，この方法で数キログラムの **2a** を製造できた．しかし **34a** に対する Balz-Schiemann 反応によるフッ素化では，デアミノ体（**36**）が副生するために **35** を収率よく得ることができず，実際の工業化は困難であると判断された．そこでこれら2法に代わる **2a/b** の新しい合成法を開発することにした．

4.1 鍵中間体（**2a**）の合成検討

D 法（図5）を参考に，3-フルオロ-オルトトルイジン（**37**）を臭素化して得られる **38** に対する Sandmeyer 反応によるシアノ化を検討したが（F 法／図6），アミノ基に隣接する置換基がフッ素からかさ高い臭素に代わったためか，デアミノ体（**40**）が比較的大量に副生した．しかも **39** のシアノ基の加水分解がアミド（**41**）で停止してしまい，目的とする **2a** は得られなかった．

E 法（図5）におけるジブロモ化（**32** → **33**）とフッ素化（**34a** → **35**）の順序を逆にすれば，フッ素化の収率が向上すると期待し，図6に G 法として示したルートを検討した．**32** の Balz-Schiemann 反応で収率59％で得られた **42** から **2a** を合成するには，**42** に対する求電子的ジブロモ化反応の位置選択性を制御するために，その5位（フッ素のメタ位）にあらかじめアミノ基を導入しておく必要がある．そのために **42** のニトロ化を硫酸中，発煙硝酸で試みたところ，得られたのはジニトロ化された **44** と **45** の混合物

Gassman 反応
スルホニウムイリドの [2,3] シグマトロピー転位を利用してアニリンのオルト位をメチルチオメチル化する反応[3]．

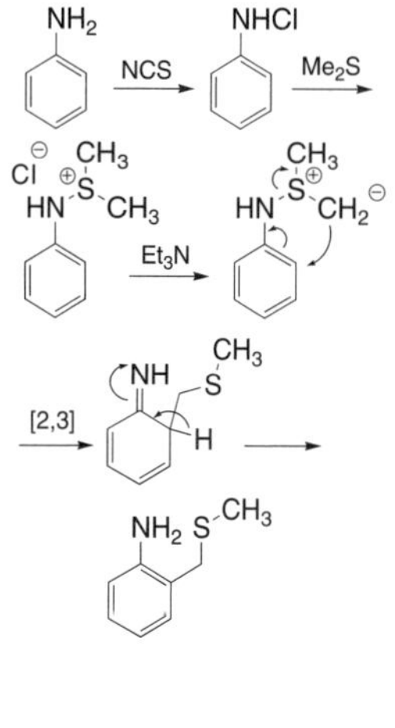

Balz-Schiemann 反応
Balz と Schiemann が 1927 年に見いだした反応で，ジアゾニウムフルオロボレート（Ar-N$_2^+$BF$_4^-$）の熱分解によって芳香族フッ素化合物（Ar-F）が得られる．

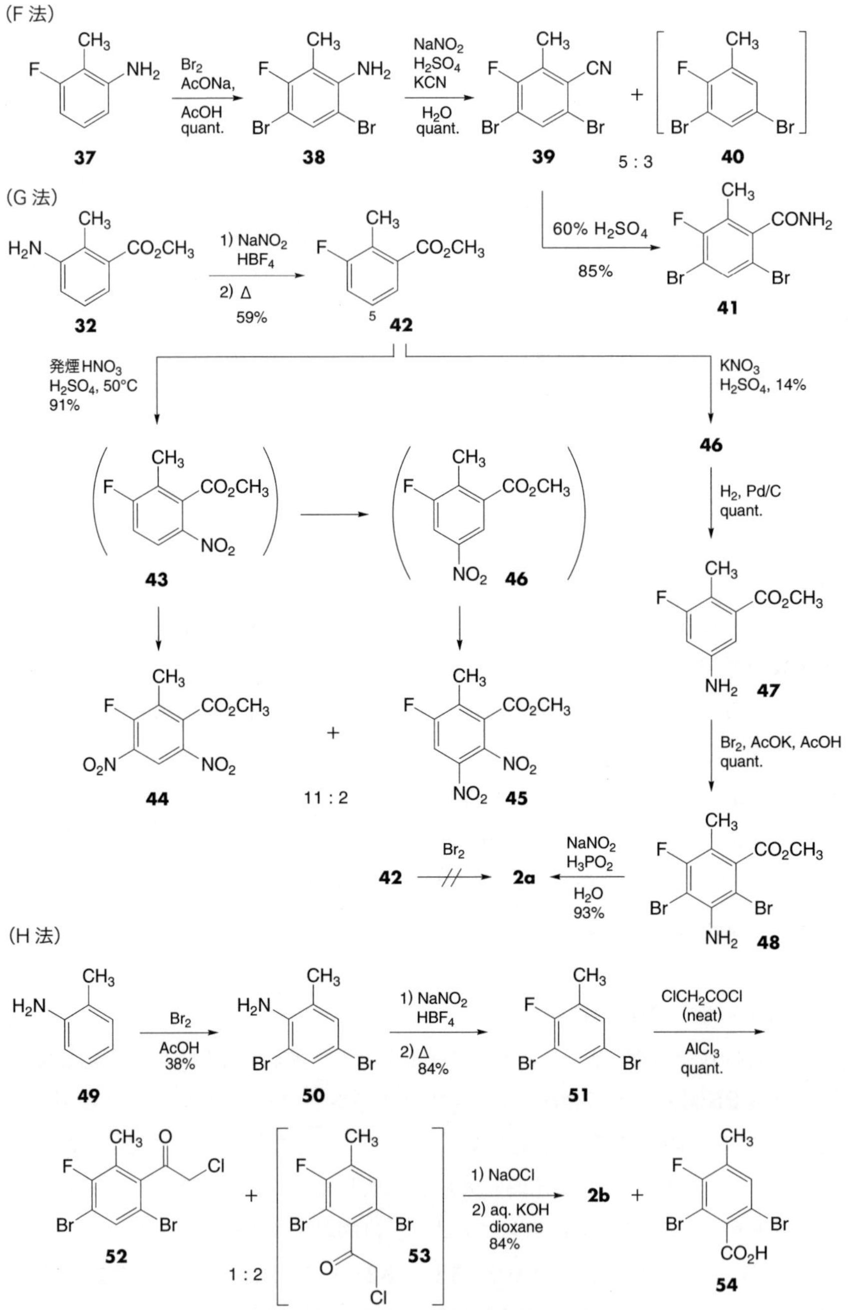

図6 S_NAr 法による **2a** の製法検討

であった．この反応を詳細に追跡したところ，ニトロ化はまず **42** の6位（フッ素のパラ位）に起こって **43** が生成し，その後ニトロ基が5位に転位した **46** に対して二つ目のニトロ化が6位に起こって **45** が生成することがわかった．そこで目的とする **46** を選択的に得るために，**42** のニトロ化の

条件を検討した．その結果，濃硫酸中 **42** を硝酸カリウムで処理したときに **46** が生成したものの，収率は 14% にとどまった．なお，**46** の接触還元で得られる **47** に対する求電子的臭素化反応は円滑に進行し，目的とする 4,6-ジブロモ体(**48**)を定量的に与えた．その後不要になったアミノ基は，ジアゾ化のあとに水素化して **2a** に導くことができた．

ところで **42** のジニトロ化で得られる **44** は，接触還元ののち Sandmeyer 反応(図4のA法における **18** から **19** への変換を参照)によって **2a** に変換できる可能性がある．しかしながら，**44** と **45** の混合物から再結晶で **44** を単離・精製することができなかったので，これを経由した **2a** の合成はここで断念した．なお **42** のジニトロ化で **44** が優先的に生成したのは，フッ素のオルト-パラ配向能によるものである．そのため **42** を求電子的に直接ジブロモ化することができれば，目的とする **2a** が得られるはずである．しかしながら，いろいろ検討したにもかかわらず，**42** に対する求電子的ブロモ化はまったく進行しなかった．以上の検討から，G 法による **2a** の合成も断念した[4]．

合成ルートの後半でカルボキシ基を Friedel-Crafts 反応を経由して導入する方法〔図6(H法)〕も検討した．アシル化反応の基質となる **51** は，オルトトルイジン(**49**)から問題なく得られたものの，**51** の塩化クロロアセチルとの Friedel-Crafts 反応では，所望の **52** よりも位置異性体(**53**)のほうが優先して生成した(**52**/**53** = 1 : 2)．

以上の検討の末，E 法(図5)に代わる **2a** の新製法(F, G, H 法)の開発は現実的ではないと判断し，もう一度 E 法における Balz-Schiemann 反応(**34a** → **35**)を検討し直すことにした．

4.2 Balz-Schiemann 反応の改良

E 法における **34a** のフッ素化の問題点は，フッ素の代わりに水素で置換された **36** が約 30% も副生することにあった(図5)．しかも **35** と **36** は物性が互いによく似ているため，分離には煩雑な操作を要した．しかし，西山らは検討の結果，米田らによって開発された光 Schiemann 反応[5a]を適用すると，**36** の副生が抑制されて目的とする **35** が 90% 以上の高収率で得られることを見いだした(図7)[5b]．光 Schiemann 反応を採用した結果，年間数

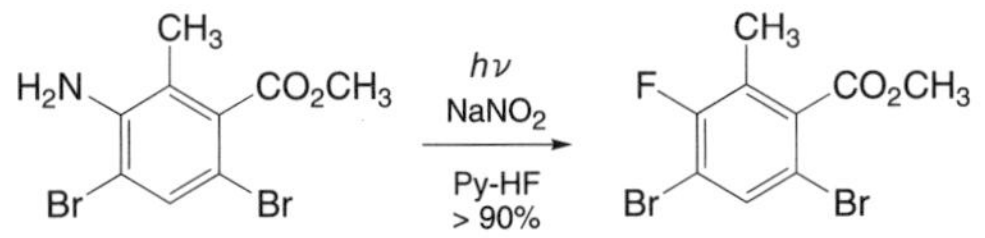

図7 光 Balz-Schiemann 反応

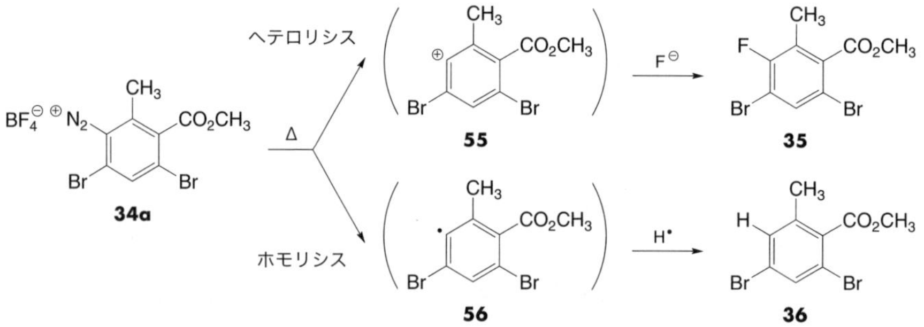

図8 熱的 Balz-Schiemann 反応で生じる活性種

　トン程度の **35** を製造することが可能になった．しかしながら，本反応には特殊な光反応設備を必要とすることから，さらに大量(50トン規模)の **35** を低コストで製造するには，一般的な設備で実施できる製法の開発が望まれた．
　Balz-Schiemann 反応は通常，ジアゾニウム塩の熱的ヘテロリシスで生じたアリールカチオンを経由して進行するが[6]，**34a** の場合も固体の塩を無溶媒で 180～200℃の高温に加熱して反応を行っている（図8）．しかしこのような高温下では，**34a** が一部ホモリシスを起こし，その結果生成したラジカル（**56**）が周囲から水素ラジカルを奪って **36** を生じた可能性がある．そこでジアゾニウム塩を構成する対アニオン種や熱分解条件を変えることでホモリシスを抑制できると期待し，これまでのテトラフルオロボラート（**34a**）に加えて，ヘキサフルオロホスファート（**34b**）を調製し[7a]，さまざまな条件で熱分解を行って結果を比較した(表1)．

表1　熱的 Balz-Schiemann 反応における対アニオン種と溶媒効果

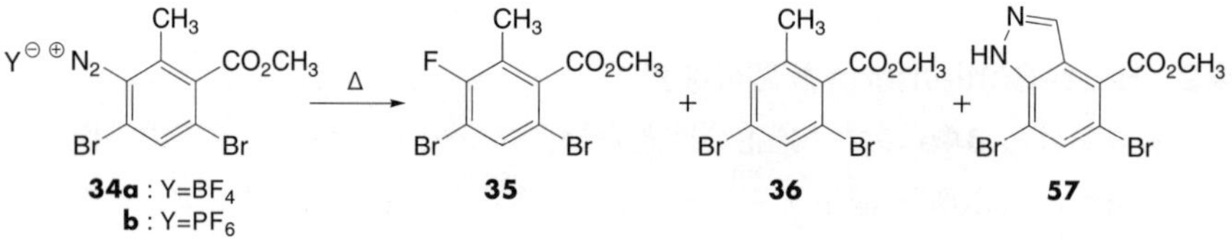

entry	Y	溶媒	温度	結果
1	BF_4	なし	～180℃	**35** : **36** = 100 : 30
2	PF_6	なし	～180℃	**35** : **36** = 100 : 3 [a]
3	PF_6	CH_3CN	～180℃（封管）	**35** : **36** = 100 : 25
4	PF_6	ピリジン	加熱還流	**35** : **36** = 100 : 71
5	BF_4	1,2-ジクロロエタン	～180℃（封管）	**35** : **36** = 100 : 91
6	BF_4	DMF	加熱還流	**35** : **36** = 0 : 100
7	BF_4	トルエン	加熱還流	**34a**（主生成物）+ **57**
8	BF_4	キシレン	加熱還流	**34a**（主生成物）+ **57**

a) 構造未知の不純物が **35** に対して22%副生．

無溶媒で **34b** を約180℃に加熱したところ，**36** の副生は相対的に抑制されたものの，構造未知の不純物が **35** に対し 22%副生した (entry 2)．他方，**34b** をアセトニトリルに懸濁させて封管中で約180℃に加熱した場合には **35** と **36** の選択性は変わらず (entry 3)，ピリジンに懸濁して加熱還流した場合 (entry 4) は，かえって選択性が低下して **36** の比率が増大した．また 1,2－ジクロロエタンに **34a** を懸濁させて封管中で約180℃に加熱すると，**36** の生成比率がさらに増大した (entry 5)．さらに DMF に懸濁して加熱還流すると，生成したのは **36** のみであった (entry 6)．他方，**34a** をトルエン (entry 7) やキシレン (entry 8) に懸濁して加熱還流しても反応はほとんど進行せず，メチル基に環化した **57** の副生が観察された以外は，主として **34a** が未反応のまま回収された．さらに **34b** については，フッ化カリウムやフッ化第二銅の存在下で熱分解を試みたが，**36** の副生を有意に抑制することはできなかった．

このようにあらゆる検討が手詰まり状態となり思案に暮れていたとき，たまたま読んでいた論文で SbF_5 が筆者の目を引いた．その性質を調べたところ，強力な Lewis 酸である SbF_5 は，無機物でありながら常温では液体の物質（融点 7℃／沸点 148℃）であることがわかった．そこで理論的な根拠はなかったものの，その特異な物性に対する興味から SbF_5 中で **34a** の Balz–Schiemann 熱分解を試みることにした．実際には SbF_5 に **34a** は難溶であったので，3～5倍容量の SbF_5 に **34a** を懸濁させ，150℃でそのまま15分間加熱したところ，目的物 (**35**) とそのエステルが加水分解されたカルボン酸 (**2a**) が 3:2 の混合物として生成し（図9），しかも **36** の副生は，ほとんど観察されなかった．そして混合物のままアルカリ加水分解を行うと，**34a** から2工程通算収率76%で高純度の **2a** を得ることができた．

このように SbF_5 のような液体無機フッ化物の共存下 **34a** を熱分解すると **36** の副生をほぼ完全に抑制できることがわかったので，工業的入手が可能で湿気にも比較的安定な三フッ化ホウ素ジエチルエーテル錯体 ($BF_3 \cdot OEt_2$) の利用の可能性についても検討してみることにした (表2)．

ジアゾニウム塩 (**34a/b**) を 3～5 倍容量の $BF_3 \cdot OEt_2$ に懸濁させて 128℃で加熱還流すると，熱分解は穏やかに進行したが，**35** と **36** の生成比率は対アニオン種によって異なった．対アニオンが BF_4^- である **34a** の場合は

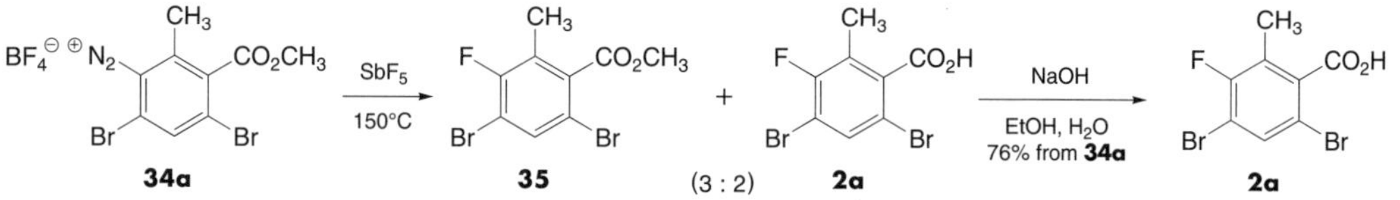

図9　SbF_5 中での熱的 Balz–Schiemann 反応

表2 BF$_3$・OEt$_2$ 中での Balz-Schiemann 反応

34a : Y=BF$_4$
b : Y=PF$_6$

entry	Y	温　度	**35：36**
1	BF$_4$	加熱還流	100：9
2	PF$_6$	加熱還流	100：3

35/36（100：9）となり，SbF$_5$ の場合と比べるとやや劣ったものの，従来法の 100：30（表1, entry 1）に比べると大幅に改善された．他方対アニオンが PF$_6^-$ である **34b** の場合は **35/36**（100：3）であり，表1（entry 2）と同等であったが，構造未知の不純物の副生は検出されなかった．また **34a/b** いずれの場合も，エステルが加水分解されたカルボン酸（**2a**）の副生は認められなかった．このように反応の収率と選択性が向上した結果，粗生成物の精製が容易になり，目的とする **35** が通算収率 60〜70% で単離できるようになった．なお **34a/b** は 180℃付近まで加熱しない限り分解しないことから，室温付近では安定に扱うことができる．また，BF$_3$・OEt$_2$ 中での熱分解反応は還流温度（120〜125℃）付近で穏やかな窒素の発生を伴いながら進行するためその制御は容易である．

以上のようにして **34a/b** の Balz-Schiemann 反応における収率の向上と **36** の副生抑制という最大の課題が解決し，検討を始めて数年後には鍵中間体（**2a**）を年間数十トンの規模で製造できるようになった．これにより S$_N$Ar 法による塩酸グレパフロキサシン（**1**）の工業的製法（図3）を完成させること

表3 BF$_3$・OEt$_2$ 中の Balz-Schiemann 反応の応用

entry	R	Y	収率(%) [a]
1	4-NO$_2$	BF$_4$	72（40〜58）
2	3-NO$_2$	BF$_4$	89（43〜54）
3	2-CO$_2$Et	PF$_6$	85（68〜87）
4	2-Cl	PF$_6$	62
5	2-CH$_3$	PF$_6$	72（90）
6	4-CH$_3$	PF$_6$	54

a) 括弧内は文献8)記載の収率．

ができた．なお $BF_3・OEt_2$ 中での Balz-Schiemann 反応を各種アリールジアゾニウム塩(**58**)で試みたところ(表3)，本反応が芳香族化合物のフッ素化，ことに電子求引性基で置換された芳香族化合物のフッ素化に有用であることがわかった[7b,c]．

4.3 その後の展開

以上述べてきたように，$BF_3・OEt_2$ 中での Balz-Schiemann 反応を鍵とする **2a** の実用的製法が確立されたことにより，グレパフロキサシン(**1**)の工業的製造が可能となったが，**1** の上市のわずか数年後には **2b** に対する優れた合成法が見いだされることになった(図10)．

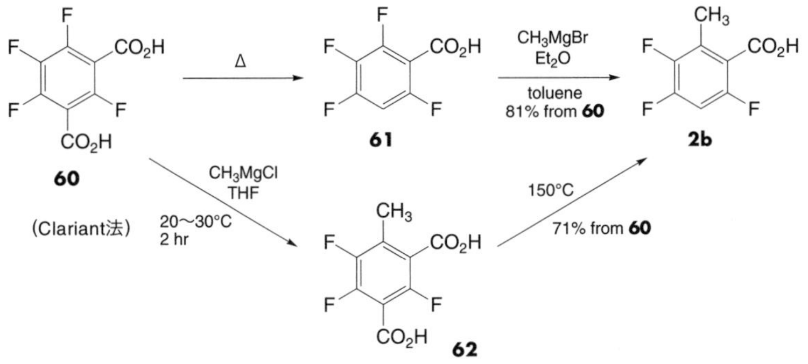

図10 鍵中間体(**2b**)の新規合成法

テトラフルオロイソフタル酸(**60**)を加熱すると，脱炭酸して2,3,4,6-テトラフルオロ安息香酸(**61**)が得られる[9]．**61** に5当量のメチル Grignard 反応剤を $-10℃$ で作用させたところ，高収率81%で **2b** を得ることができた[11]．ところで **61** のようなカルボキシ基に隣接したフッ素原子は，Grignard 反応剤などの有機金属反応剤によって求核置換されることが知られているが[10]，この場合は2位と6位(カルボキシ基のもう一つのオルト位)にフッ素原子が存在するため，位置選択性の問題が生じる．しかし2位の炭素原子は，隣の3位フッ素原子によっても求核攻撃に対する反応性が高められているので，Grignard 反応剤による求核置換反応は2位で選択的に起こったと考えられる．その後，Clariant 社でもわれわれと同時期に **2b** の製法を独自に検討していたことがわかったが[12]，図10(Clariant 法)に示したように筆者らの方法とは，反応の順序が異なるだけであった．これ以外の **2b** の合成法については，章末の参考文献[13]を参考いただきたい．

5. おわりに

塩酸グレパフロキサシン(**1**)の工業化検討を例に，プロセス化学研究の一

端を紹介した．グレパフロキサシンの特徴は，5位にメチル基をもつことであるが，この構造上のわずかな違いがさまざまな合成反応に思った以上に影響を及ぼし，多大な労力と時間を費やすことになってしまった．本研究を通じて筆者は，あきらめずに取り組むこと，既存概念に縛られずに自由に発想すること，常によりよい方法がないか探求し続ける姿勢の大切さを学んだ．

新薬開発のプロセス研究では，上市スケジュールに合わせて工業的製法をスピーディーに確立しなくてはならない．他方，ジェネリック医薬品の台頭に備え，最近では上市後も経済的競争力に優れた製法開発が継続されるようになった．したがって現代のプロセス化学者には，医薬品のライフサイクルのあらゆる段落で「最良のプロセス」を開発することが期待されているといえる．

本研究は，多くの仲間とともに進められたものである．本研究に携わったすべての方々に，感謝の意を表して筆を置きたい．

参考文献

1) (a) H. Miyamoto, H. Yamashita, H. Ueda, H. Tamaoka, K. Ohmori, K. Nakagawa, *Bioorg. Med. Chem.*, **3**, 1699 (1995). (b) 上田 敬，宮本 寿，山下博司，利根 斉，特許公報，平成 6-96557.
2) M. Baudouin, H. Linares, USP-4421918 (1983).
3) (a) P. G. Gassman, G. Gruetzmacher, *J. Am. Chem. Soc.*, **95** (2), 588 (1973). (b) P. G. Gassman, D. R. Amick, *J. Am. Chem. Soc.*, **100** (24), 766 (1978). (c) J. P. Chupp, T. M. Balthazor, M. J. Miller, M. J. Pozzo, *J. Org. Chem.*, **49**, 4711 (1984).
4) 藤田展久，未発表データ．
5) (a) 米田徳彦，福原 彊，有合化，**47** (7), 619 (1989). (b) 西山竜夫，本田常俊，ファインケミカル，**27** (16), 5 (1998).
6) J. March, "Advanced Organic Chemistry, 3rd. Ed.," John Wiley (1985), p.602.
7) (a) C. Sellers, H. Suschitzky, *J. Chem. Soc.* (*c*), **1968**, 2317. (b) 安芸晋治，新浜光一，古田拓也，南川純一，特許公報JP3101721 (2000). (c) K. Shinhama, S. Aki, T. Furuta, J. Minamikawa, *Synth. Commun.*, **23** (11), 1577 (1993).
8) A. Roe, *Organic Reactions*, **5**, 193 (1949).
9) M. Fujita, H. Egawa, M. Kataoka, T. Miyamoto, J. Nakano, J. Matsumoto, *Chem. Pharm. Bull.*, **43** (12), 2123 (1995).
10) T. N. Gerasimova, T. V. Fomenko, E. P. Fokin, Izv. Sib. Otd. Acad. Nauk SSSR, *Ser. Khim. Nauk*, (5), 100 (1975); *Chem. Abstr.*, **84**, 16902r (1976).
11) 橋本彰宏，松田 聡，利根 斉，田井国憲，西 孝夫，南川純一，富永道明，WO2000-15596 (2000).
12) A. Maier, R. Pfirmann, 公開特許公報 2000-143577.
13) (a) S. E. Hagen, J. M. Domagala, *J. Heterocyclic Chem.*, **27**, 1609 (1990). (b) S. E. Hagen, J. M. Domagala, C. L. Heifetz, J. Johnson, *J. Med. Chem.*, **34**, 1155 (1991). c) 南田 明，広瀬 徹，中野純次，松本純一，中村信一，公開特許公報平成 4-74167.

水中でのC-C結合の形成

2酵素タンデム反応によるN-アセチルノイラミン酸の合成

■ 丸　勇史・大西　淳・太田　泰弘 ■
〔ジャパン・フード&リカー・アライアンス株式会社 食品バイオ研究センター〕

1. はじめに

糖鎖は細胞表層において生体情報の伝達など生命活動の維持に不可欠な機能を担っている[1]．なかでも細胞表層から最も離れた糖鎖の非還元末端に存在するN-アセチルノイラミン酸(NeuNAc, **1**)(図1)は，糖鎖とそれを認識するレクチンなど受容体の相互作用において重要な役割を果たしている．

ヒトインフルエンザウイルスは，その表面からスパイク状に突きでたタン

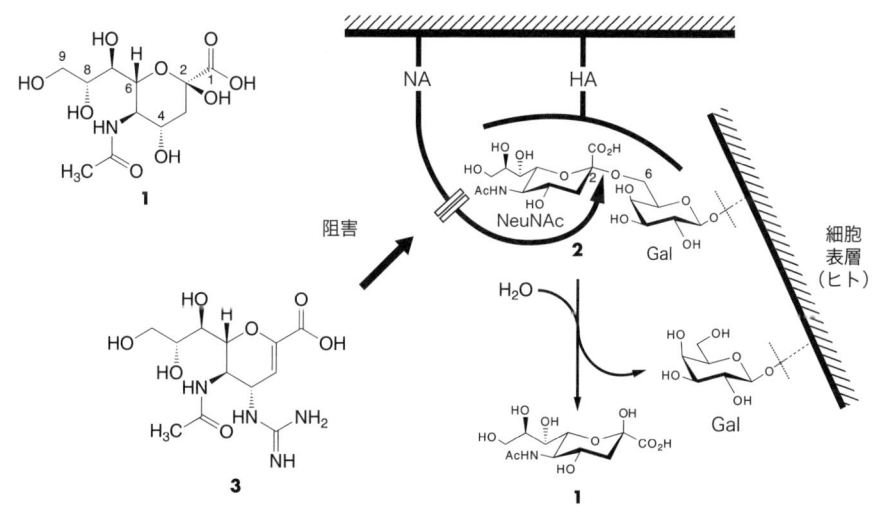

図1　NeuNAc(**1**)，ヒトインフルエンザウイルスのヘマグルチニン(HA)が認識するNeuNAcα2-6Gal(**2**)，ノイラミニダーゼ(NA)の阻害剤であるリレンザ(**3**)の構造

パク質〔ヘマグルチニン(HA)〕でヒトの細胞表層に分布した糖鎖の末端にある NeuNAcα2-6Gal 残基(**2**)〔**1** の 2 位がガラクトース(Gal)の 6 位のヒドロキシ基に α-グリコシド結合した糖鎖〕を認識してヒト細胞に吸着して侵入する(図 1).そして細胞内で増殖したウイルス粒子は,その表面にあるノイラミニダーゼ(NA)で HA に結合した **2** の α-グリコシド結合を切断して細胞から遊離する.したがって,ヒトインフルエンザウイルスの NA を阻害できれば,ウイルス粒子の遊離が抑えられてインフルエンザの症状を軽減することができる.このような発想をもとに開発されたインフルエンザ治療薬が,ザナミビル(リレンザ®)(**3**)である(図 1)[2].その構造的類似性からも示唆されるように,**1** は **3** の原料として使用されることから,近年 **1** に対する需要が高まっている.

そこで以下では,糖鎖生化学のみならず創薬の分野においても関心の高まりつつある **1** の工業的製法として筆者らの開発したワンポット酵素 2 段階反応について,その開発の経緯を紹介する.

2. NeuNAc(**1**)の従来の製法

1 はかつて,牛乳[3a] や鶏卵[3b] から単離されていた.しかし,このような食品中の **1** の含量は 0.01 〜 0.05% とわずかであるうえ,その精製にはカラムクロマトグラフィーといった煩雑な工程を必要としたため,大量の **1** を効率よく確保することはできなかった.また大腸菌のうち,K1 抗原をもつものはコロミン酸(**1** のホモポリマー)を夾膜多糖として生産することから,これを利用した **1** の生産も行われてきた[3c].この場合,発酵生産したコロミン酸を NA で加水分解すれば **1** を得ることができるが,コロミン酸の生産量が培養液あたり約 1%(w/v)程度に留まったことから,コロミン酸発酵によって **1** を効率よく生産することは困難であった.

他方,酵素を用いた **1** の合成法としては,N-アセチルノイラミン酸リアーゼ(NAL)を使い,ピルビン酸(**4**)を N-アセチルマンノサミン(ManNAc, **5**)にアルドール付加させる方法が知られていた(図 2).そして,高価で入手困難な **5** は,比較的安価で大量に入手可能な N-アセチルグルコサミン(GlcNAc, **6**)を強塩基(pH 12)で処理すれば,2 位のアセトアミド基が反転(エピメリ化)して調製できることもすでに報告されていた[4].しかしながら,このような NAL を用いた **1** の合成にも,① NAL の触媒する反応(**4** +

コロミン酸
NeuNAc(**1**)が α2→8 結合でつながったホモポリマーで,大腸菌,髄膜炎双球菌などの血清型分類の基準となる多糖類.

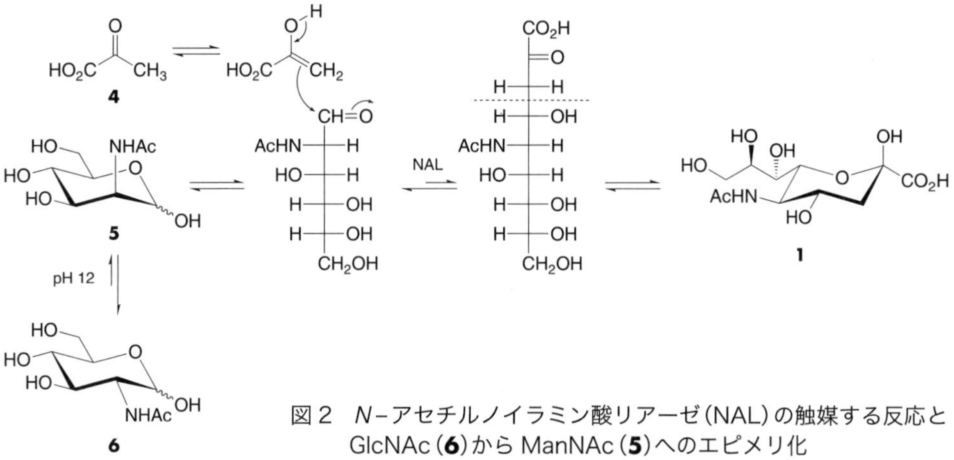

図2 N-アセチルノイラミン酸リアーゼ(NAL)の触媒する反応とGlcNAc(**6**)からManNAc(**5**)へのエピメリ化

5 ⇌ **1**）の平衡が **4** と **5** の側に片寄っている，② 塩基性条件下 **5** と **6** の間の平衡は熱力学的に安定な **6** の側に片寄っている，③ NALがわずかしか手に入らないといった問題があった．

3. 塩基性条件下に N-アセチルノイラミン酸リアーゼ(NAL)を用いる NeuNAc(**1**)の製造

　見方を変えると，上述の三つの課題が解決できれば，NALを使った **1** の大量合成が可能になる．①については，過剰量の **4** を用いると酵素反応の平衡は **1** の側にシフトすると期待される．また②については，**6** から **5** へのエピメリ化を **5** から **1** への変換と連続的に行えば，**6** と **5** の間の平衡が **5** の側に自動的にシフトし，最終的には **6** が **1** に変換されてもよいと思われた．そこでこのような期待のもと，③のNALの大量生産に取り組むことにした．

3.1 N-アセチルノイラミン酸リアーゼ(NAL)の組換え大腸菌による大量生産

　5 に **4** をアルドール付加させるNALは，**1** の分解（レトロアルドール反応）を触媒する酵素でもある(図2)．事実，微生物の生産するNALは，**1** をインデューサーとする誘導酵素で，NALの生産には培地に **1** を添加することが必須であった（図3）．そこで **1** を単一の炭素源としてバクテリアを培養し，本酵素の活性を測定したところ，大腸菌に比較的強い酵素活性が見いだされた．このなかから E. coli AKU0007 を選択してニトロソグアニジン(MNNG)処理を行うと，培地中に **1** がなくてもNALを生産するようになった（すなわちNALの生産が誘導型から構成型に変異した）E. coli M8328 を取得することができた（図3）．この変異株を用いると，NALの生産性は E.

ニトロソグアニジン
N-メチル-N'-ニトロ-N-ニトロソグアニジン．強力なメチル化剤として突然変異を誘発する．

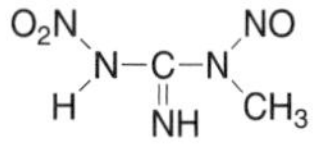

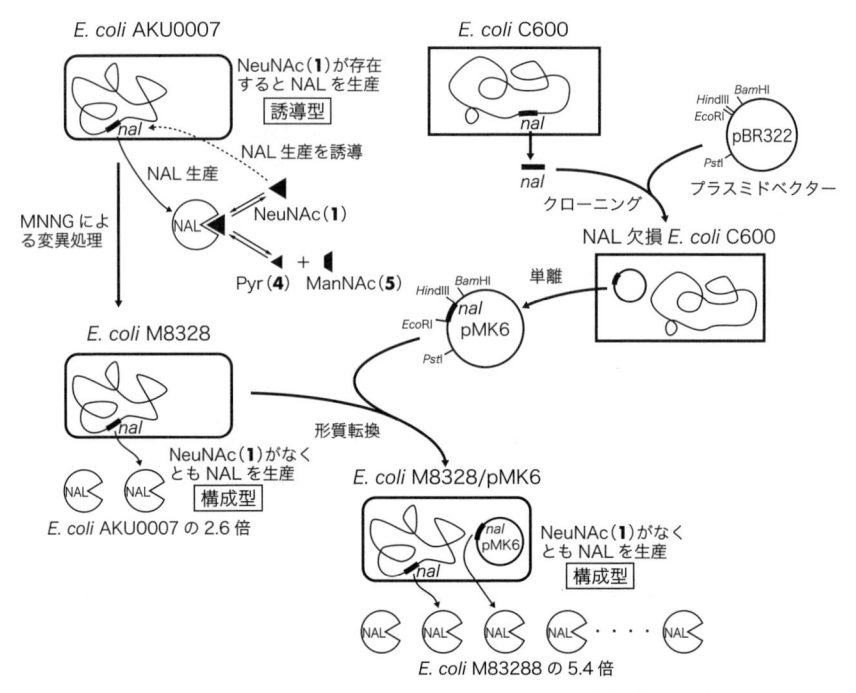

図3　組換え大腸菌を用いたNALの大量生産

coli AKU0007で誘導生産したときの2.6倍になった．

　生産性をさらに向上させるために，大腸菌における遺伝子組換えを検討した（図3）[5]．遺伝暗号が詳細に解読され，遺伝子組換え実験で標準的に使用されている *E. coli* C600からNAL遺伝子（*nal*）を分離し，プラスミドpBR322に挿入してNAL欠損 *E. coli* C600中で増幅させた．このようにして *nal* が挿入されたプラスミドpBR322（pMK6と命名）を単離し，NAL生産が構成的に変異したM8328株に導入した．得られた組換え体（*E. coli* M8328/pMK6）では，NALの生産量がM8328株の5.4倍となり，可溶性タンパク質の21％に達した．そして，このようにして大量発現されたNALの酵素学的諸性質は，*E. coli* C600が生産するものと同じであった．なお，組換え大腸菌に大量発現させたNALは，分泌されずに菌体内に蓄積されたことから，菌体を破砕したのち，イオン交換クロマトグラフィーを用いて部分精製し，**1**の合成に用いた．

3.2　塩基性条件下のワンポット1酵素反応

　前述のように，**6**を**5**にエピメリ化させると同時に，生成した**5**がNALの存在下**4**と反応すれば，**6**からワンポットで**1**を合成できる（図2）．しかし実際には，**6**から**5**へのエピメリ化に必要な塩基性条件下（pH > 10）では，NALは失活する．他方pH 10以下では，**6**は**5**にほとんどエピメリ

4. N-アシル-D-グルコサミン 2-エピメラーゼ(AGE)と NAL を組み合わせた NeuNAc(1)の合成

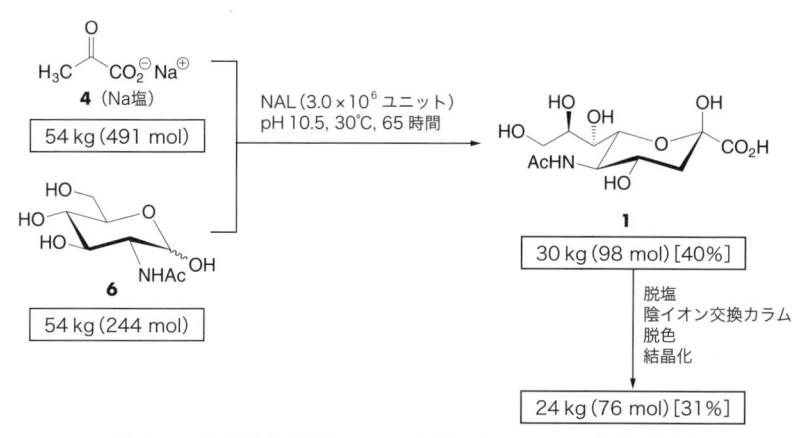

図4 アルカリ条件下に NAL を用いた NeuNAc(**1**)の製造

化しないので，NAL に活性が残っていても **1** が生成することはない．

しかし興味深いことに，**4** と **6** の濃度を上げると，pH 10 付近でも NAL の活性は維持されていた．実際，**4** のナトリウム塩と **6** の濃度をそれぞれ 10%(w/v)にすると，pH を 10.5 に上げても，NAL の活性は 80% 以上保たれていた．そこで，54 kg (244 mol) の **6**，54 kg (491 mol) の **4** のナトリウム塩〔酵素反応(**4** + **5** → **1**)とエピメリ化反応(**6** → **5**)をともに右側にシフトさせるために過剰に使用〕，そして NAL (E. coli M8328/pMK6 で生産して部分精製/3×10^6 ユニット)を含む反応液 (300 L) を pH 10.5, 30℃で撹拌した（図4）．そして 65 時間後には，反応液 1 mL 中に 100 mg の **1** が蓄積し，原料(**6**)から **1** への変換率は 40%(モル比)に達した[6]．脱塩処理，陰イオン交換カラムクロマトグラフィーによる単離，そして活性炭による脱色ののち，酢酸から結晶化させると **1** の針状結晶 (24 kg) が収率 31% で得られた．これにより安価な **6** と **4** を原料とした，塩基性条件下のワンポット 1 酵素反応による **1** の実用的製法が確立され，**1** の大量供給が可能になった．

NAL のユニットの定義
1 ユニットとは，50 mM リン酸緩衝液 (pH 7.5) 中 40 μmol/mL の **1** を 37℃ で 10 分インキュベートしたとき，1 分間に 1 μmol の **5** を生成するのに必要な NAL の量．

4. N-アシル-D-グルコサミン 2-エピメラーゼ(AGE)と NAL を組み合わせた NeuNAc(1)の合成

上述のように，塩基性条件下に NAL を用いた方法では，**6** の **1** への変換率は 65 時間経過しても 40% にとどまったため，**1** の生産効率をさらに向上させるために，中性付近でのエピメリ化(**6** → **5**)を検討した．

4.1 AGE のクローニング

筆者らはブタ腎臓に存在する N-アシル-D-グルコサミン 2-エピメラーゼ (AGE) を使えば，中性付近で **6** を **5** にエピメリ化させることができると考えた（図5）．AGE は活性の発現に2価のマグネシウムイオンのほか，ア

アロステリックエフェクタ
酵素の触媒部位とは別の場所（アロステリック部位）に結合し，酵素活性を制御する物質のこと．酵素の活性を促進するエフェクターはアロステリック活性化剤とよばれ，酵素活性を抑制するエフェクターはアロステリック阻害剤とよばれる．AGE の場合の ATP は，アロステリック活性化剤の一例である．

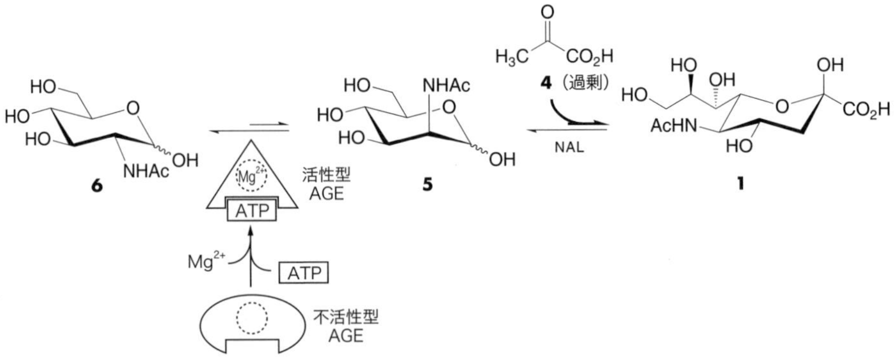

図5 *N*-アシル-D-グルコサミン 2-エピメラーゼ（AGE）を利用した GlcNAc
（**6**）の ManNAc（**5**）へのエピメリ化と NeuNAc（**1**）へのタンデム変換

ロステリックエフェクターとして ATP を必要とする酵素であるが，その平衡定数（K_{eq}）は［**5**］/［**6**］= 0.26 で，**6** の側へ片寄っている．したがって，AGE を単独で使用したのでは，**6** は少量しか **5** に変換されないが，3.2 の場合と同様，NAL の存在下 **5** が **4** と反応して **1** に変換されれば，**6** と **5** の間の平衡は **5** の側へ自動的にシフトすることになる．

　AGE は，1970 年代に部分精製されて酵素学的諸性質が報告されたが，その後は産業的利用も含め，ほとんど何も研究されてこなかった．そこで本酵素を大量に確保することを目的に，あらためてその単離・精製から取り組んだ[7]．

　ブタ腎臓（52 個）の破砕液をプロタミンで処理して核酸を除去したのち，イオン交換とゲルろ過を組み合わせたカラムクロマトグラフィーで精製し，電気泳動的に単一な AGE の精製標品（16 mg）を得た．この標品は AGE 検出用の抗体（抗 AGE 抗体）を含んだ抗血清をウサギにつくらせるために使用した．
　他方 AGE 遺伝子は，次の手順でクローニングした（図 6）．

(1) ブタ腎臓から抽出した mRNA に逆転写酵素を作用させ，相補的（complementary）な塩基配列をもった cDNA を調製した．

(2) cDNA は，λファージベクターである ZAP に組み込まれた pBluescript SK(-)部分に挿入し，λファージ粒子のなかに封入（パッケージング）した．

(3) (2) で調製した λファージを大腸菌（*E. coli*）に感染させると，λファージがもち込んだ cDNA にコードされたタンパク質が，大腸菌の細胞のなかで合成された．

(4) λファージの作用によって大腸菌が溶菌すると，その跡（プラーク）にはさまざまなタンパク質が残されるが，そのなかには cDNA にコードされていたものもある．

図6 AGE のクローニング

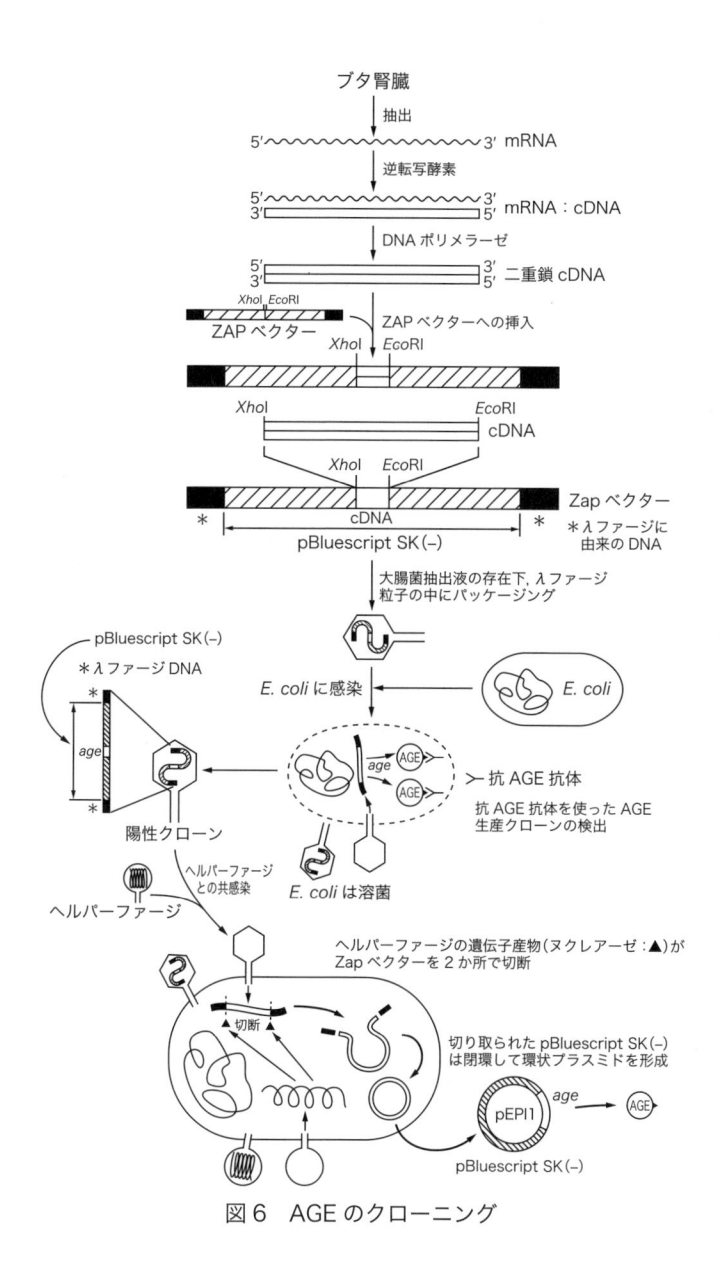

(5) 抗 AGE 抗体を用いて，AGE が存在するプラークを見つけだし，AGE をコードした cDNA が組み込まれた λ ファージ（陽性クローン）を特定した．

(6) λ ファージの DNA に組み込まれた pBluescript SK(−) を特異的に切り取ることのできる酵素（ヌクレアーゼ）の遺伝子をもったファージ（ヘルパーファージ）と，(5)で陽性クローンとして特定した λ ファージを大腸菌に同時に感染（共感染）させると，鎖状の pBluescript SK(−) が切りだされ，大腸菌の細胞のなかで環化する．

(7) pBluescript SK(–)が組み込まれた DNA を大腸菌に運び込んだ λ ファージは，熱に弱い．またヘルパーファージは，感染した大腸菌を溶菌する（殺す）ことはない．そこで共感染のあとで適度な熱処理を行うと，AGE の遺伝子 (*age*) が挿入された環状プラスミド pBluescript SK (–) (pEPI1 と命名) をもった組換え大腸菌を得ることができた．

このようにして得た pEPI1 を大腸菌に導入すると，明らかな AGE 活性が認められた．解析の結果，ブタ腎臓中の AGE は 1206 塩基でコードされた 406 個のアミノ酸残基で構成され，糖鎖をもたない単純タンパク質であった．しかも大腸菌で発現させても，ポリペプチド鎖はつねに正しくフォールディングし，活性のある安定な酵素として菌体内に蓄積された．このようにして組換え大腸菌に発現させた AGE の酵素学的諸性質は，分子量も含めてブタ腎臓由来の AGE と同一で，**6** の **5** へのエピメリ化を触媒した．

以上のようにして得られた pEPI1 上の AGE 遺伝子 (*age*) を，高発現ベクタープラスミド pKK223-3 にある *tac* プロモーターの下流に挿入して pKEP101 を構築した（図 7）．このプラスミドを導入した大腸菌（*E. coli* JM109/pKEP101）は，大量の AGE を生産し，その生産量は可溶性タンパク質の 10%を超えるほどであった．組換え大腸菌の菌体破砕液をプロタミンで処理して核酸を除去したのち，イオン交換カラムクロマトグラフィーで

tac プロモーター
プロモーターとは，DNA を鋳型にした mRNA の合成（転写）を触媒する RNA ポリメラーゼが結合する DNA 上の領域のことで，調節遺伝子の一つ．*tac* プロモーターは，人工的に *trp* と *lac* という 2 種のプロモーターを組み合わせたもので，転写効率が非常に高い．

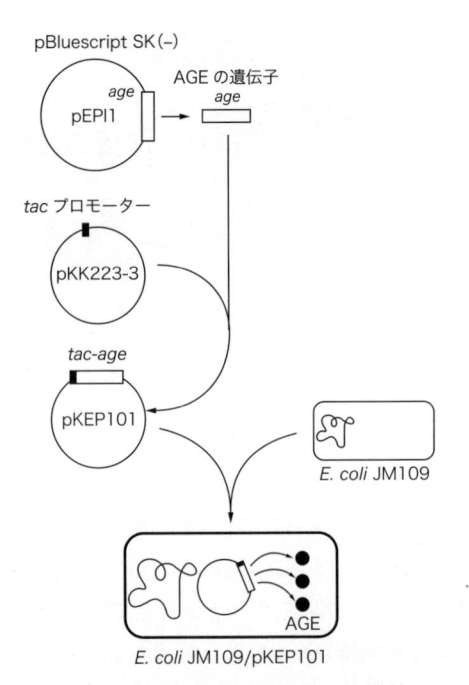

図 7　AGE 高発現プラスミドの構築

部分精製した．このようにして得た AGE は，**1** の合成に必要な **5** の調製（**6** のエピメリ化）に十分使用できるものであった．

4.2 AGE と NAL を組み合わせた NeuNAc(**1**) のワンポット合成

これまで NAL の存在下，**5** と **4** から **1** を合成するときは，酵素反応の平衡を **1** の側にシフトさせるために，過剰量の **4** を使用していた．しかし，AGE と NAL の共存下，**6** が異性化した **5** に **4** が付加するタンデム反応で **1** を合成しようとすると，過剰の **4** が AGE の活性を阻害してしまい，**6** を **5**（したがって **1**）へ効率よく変換することができなかった．事実，AGE（1 mol の **6** に対して 2.5×10^3 ユニット）と NAL（1 mol の **6** に対して 9.8×10^3 ユニット）の存在下，**6** に対して2当量の **4** をはじめから添加すると，**6** から **1** への変換率は40％でプラトーに達し，さらに長時間反応を続けても **1** の生成量が増加することはなかった（図8，破線）．

他方，使用する酵素の量は同じにしたまま，1 mol の **6** に対して 0.6 mol の **4** を添加して反応を開始し，**1** の生成速度が低下して反応が平衡に近づいた時点で，新たに 0.9 mol の **4**（累計 1.5 mol）を添加した（図8a）．その後，もう一度反応速度が低下した時点で，0.5 mol の **4**（累計 2 mol）を添加したところ（図8b），**6** から **1** への変換率は75％（モル比）を超えた（図8，実線）[8]．このようにして，**4** が反応液中に過剰に存在して AGE の活性を阻害しないように，合計が **6** の2当量となる **4** を3回に分けて添加することによって，**6** から **1** への変換率をスケールアップ可能なレベルにまで高めることがで

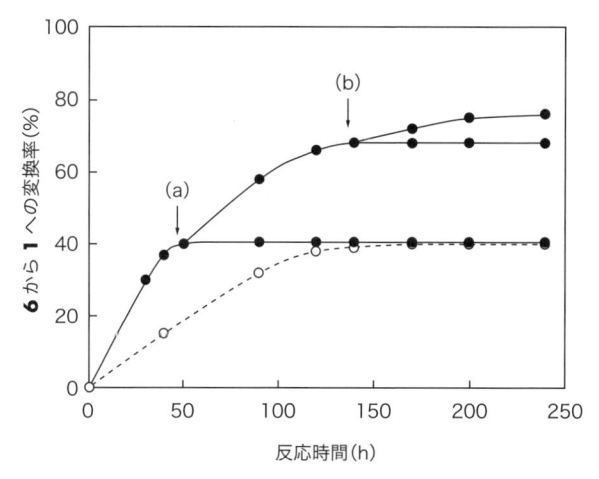

図8 AGE と NAL を組み合わせた NeuNAc(1) の合成
破線：1 mol の **6** に対して 2 mol の **4** を添加して反応を開始．実線：1 mol の **6** に対して 0.6 mol の **4** を添加して反応を開始したのち，50時間後の(a)で 0.9 mol，150時間後の(b) で 0.5 mol の **4** をそれぞれ添加．AGE：1 mol の **6** に対して 2.5×10^3 ユニット．NAL：1 mol の **6** に対して 9.8×10^3 ユニット．

きた．なお，2 当量以上の **4** を添加しても，変換率がこれ以上高まることはなく，未反応の **4** が増えることによって，**1** の精製がむしろ困難になった．

実際の製造では，27 kg（122 mol）の **6** と 8 kg（72.7 mol）の **4** のナトリウム塩を 150 L の脱イオン水に溶解したのち，pH を 7.2 に調整した（図9）．次いで 910 g（1.5 mol）の ATP，305 g（1.5 mol）の $MgCl_2$，1.2×10^6 ユニットの NAL，3.0×10^5 ユニットの AGE を加えて 30℃に加温した．**1** の生成が最初のプラトーに達した時点（反応開始後 50 時間）で **4** のナトリウム塩を 12.5 kg（113.6 mol）添加した．次いで 2 回目のプラトーに達した時点（反応開始後 140 時間）で **4** のナトリウム塩をさらに 7 kg（63.6 mol）添加した．そして，3 回目のプラトーに達したとき（反応開始後 240 時間）には，反応液中には **1** が 29 kg（94 mol）蓄積して **6** から **1** への変換率は 77％となり，ラボでの試験結果が再現されていた．以上のようにして，**4** を反応の進行に合わせて分割投入するシンプルな工夫によって，kg スケールの **1** を高い変換率で合成できるようになった．

4.3　2 酵素タンデム反応で合成した NeuNAc（**1**）の精製

従来の **1** の製造では，反応液を脱塩したのち，陰イオン交換樹脂などを用いたカラムクロマトグラフィー，脱色，そして結晶化によって，単離・精製が行われてきた（3.2 も参照）．ことに，高価な充填剤を使用し，操作の煩雑なカラムクロマトグラフィーによる精製が **1** の製造コストを高める要因の一つとなっていた．他方，新たに開発したワンポット 2 酵素タンデム合成法は，**6** から **1** への変換率が高く，しかも反応が中性付近で進行するために着色も少なかった．そのため，反応液を濃縮したのち，氷酢酸を添加すると **1** が針状結晶として析出し，カラムクロマトグラフィーを用いないシンプルな精製条件を確立することができた．

> **AGE のユニットの定義**
> 1 ユニットとは，100 mM トリス塩酸緩衝液（pH 7.4）中，4 mM ATP と 10 mM $MgCl_2$ の存在下，40 μmol/mL の ManNAc（**5**）40 μmol/mL を 37℃で 30 分インキュベートしたとき，1 分間に 1 μmol の GlcNAc（**6**）を生成するのに必要な AGE の量．

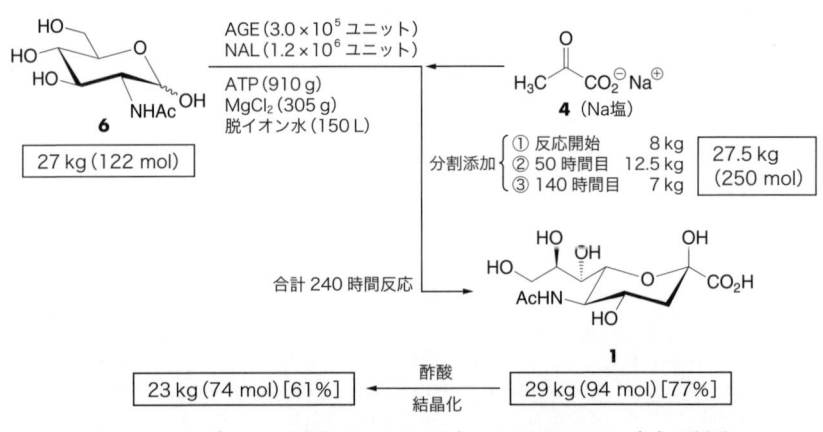

図 9　ワンポット 2 酵素タンデム反応による NeuNAc（**1**）の製造

実際の製造では，反応終了後，反応混合物を80℃で5分間加熱し酵素に由来するタンパク質を変性させた．変性タンパク質の沈殿物をろ別したのち，ろ液を減圧濃縮して得た残渣に氷酢酸（残渣の容積の5倍量）を添加し，5℃で一晩静置した．析出した結晶をろ取し，エタノールで洗浄することで残留した酢酸を除去した．そして恒量になるまで乾燥すると，純度99％以上の**1**が収率61％で得られた（図9）[8]．

5. おわりに

　組換え大腸菌に大量発現させたAGEとNALを使い，安価な**6**を異性化させた**5**を**4**と反応させ，カラムクロマトグラフィーによる精製を行うことなく，酢酸からの結晶化だけで高純度の**1**を大量かつ安価に製造できるワンポット2酵素タンデム反応プロセスを開発した．このシンプルな製造プロセスは，特殊な反応設備を必要としないので，**1**の需要が増大しても容易に対応することができる．

　通常の有機合成反応の条件下，構造の異なる二つのカルボニル化合物の間で交差アルドール反応を立体選択的に行うには，反応の妨げになる官能基をすべて保護したうえで，一方のカルボニル化合物だけを選択的にエノール（もしくはエノラート）に変換し，もう一方のカルボニル化合物と低温で反応させるのが一般的である．他方，上述のようにAGE（N-アシル-D-グルコサミン2-エピメラーゼ）とNAL（N-アセチルノイラミン酸リアーゼ）を使うと，室温で中性条件下，ヒドロキシ基を保護することなく**4**と**6**から**1**を得ることができるが，それは次のブレイクスルーによって可能になった．(i) **6**の**5**へのエピメリ化を触媒するAGEのブタ腎臓からのクローニングと組換え大腸菌での大量発現．(ii) **4**から生成したエノールを**5**のアルデヒド基（還元末端）への求核付加を触媒するNALの大腸菌からのクローニングと大腸菌での大量発現．(iii) 過剰の**4**を用いた酵素平衡反応（**6**→**5**/**5**＋**4**→**1**）の生成側への連続的シフト．(iv) **4**によるAGEに対する阻害を回避するために**4**を分割投入．そしてこれらのことは，アイデアと工夫によって，多様な生物資源から所望の酵素遺伝子をクローニングして組換え微生物に大量発現させ，$in\ vitro$で多段階の酵素反応を自由に組み立てられることを如実に示している．

参考文献

1) R. Schauer, "Sialic acids – Chemistry, Metabolism and Function," Springer-Verlag, New York (1982), p.263.

2) M. von Itzstein, W-Y. Wu, G. B. Kok, M. S. Pegg, J. C. Dyason, B. Jin, T. Van Phan, M. L. Smythe, H. F. White, S. W. Oliver, P. M. Colman, J. N. Varghese, D. M. Ryan, J. M. Woods, R. C. Bethell, V. J. Hotham, J. M. Cameron, C. R. Penn, *Nature*, **363**, 418 (1993).
3) (a) 出家栄記, 池内義弘, 吉田晴彦, 平岡康伸, 内田幸生, 特許番号 2073519 (1996). (b) M. Koketsu, L. R. Juneja, H. Kawaami, M. Kim, *Glycoconjugate J.*, **9**, 70 (1992). (c) 塚田陽二, 太田泰弘, 杉森恒武, 日本農芸化学会誌, **64**, 1437 (1990).
4) E. S. Simon, M. D. Bednarski, G. M. Whitesides, *J. Am. Chem. Soc.*, **110**, 7159 (1988).
5) (a) Y. Ohta, M. Shimosaka, K. Murata, Y. Tsukada, A. Kimura, *Appl. Microbiol. Biotechnol.*, **24**, 386 (1986). (b) Y. Ohta, K. Watanabe, A. Kimura, *Nucl. Acids Res.*, **13**, 8843 (1985). (c) Y. Ohta, Y. Tsukada, T. Sugimori, K. Murata, A. Kimura, *Agric. Biol. Chem.*, **53**, 477 (1989).
6) 太田泰弘, 塚田陽二, バイオサイエンスとバイオインダストリー, **51**, 35 (1993).
7) I. Maru, Y. Ohta, K. Murata, Y. Tsukada, *J. Biol. Chem.*, **271**, 16294 (1996).
8) I. Maru, J. Ohnishi, Y. Ohta, Y. Tsukada, *Carbohydr. Res.*, **306**, 575 (1998).

Column

"シアル酸"──古くて新しい注目の糖

　シアル酸は糖質でありながら, グルコースやフルクトースのようにエネルギー代謝に利用されるわけではない. しかし, シアル酸は細胞表層に存在し, 細胞間の認識や免疫, ホルモン・毒素との特異的結合, さらにはウイルスの侵入においてユニークな役割を演じている. 弊社(旧丸金醤油株式会社)におけるシアル酸研究は, 発酵を得意とする大手食品メーカーがアミノ酸や核酸の発酵生産に注力していた 1960 年代にまでさかのぼるが, その研究は現在まで綿々と続いている.

　シアル酸はノイラミン酸の N-アシル誘導体(酸性アミノ9炭糖)の総称であるが, そのうち自然界に最も多く存在するのは N-アセチルノイラミン酸(NeuNAc) である. 分子細胞生物学, 分子免疫学, 神経生化学, 糖鎖生物学といった研究領域では当初, NeuNAc そのものよりもノイラミニダーゼ(タンパク質や脂質に結合した糖鎖末端の NeuNAc を切断する酵素)や N-アセチルノイラミン酸リアーゼ(NeuNAc を N-アセチルマンノサミンとピルビン酸に開裂する酵素)が注目を集めたことから, これらの酵素を生産する微生物を土壌からスクリーニングした. しかし両者とも誘導酵素であったため, その生産には NeuNAc の誘導体もしくは NeuNAc そのものを培地に添加する必要があった. 当時 NeuNAc は, 化学合成品やヒツジ顎下腺のムチン水解物のほか, NeuNAc 代謝異常症の人尿(1日に 5～7g の NeuNAc を尿中に排泄)から精製したものを入手することができたが, いずれも純度が低いうえにきわめて高価であった. 他方, 有機合成研究の出発原料として NeuNAc を比較的大量に必要とする場合は, 高級中華食材であるウミツバメの巣(燕窩)から分離・精製していた(プロテアーゼ処理した可溶性画分には約 10% の NeuNAc が含まれる).

　このような状況のもとで開発したのが, 大腸菌にコロミン酸(NeuNAc のホモポリマー)を生産させる技術で, 発酵生産されたコロミン酸をノイラミニダーゼで加水分解することによって, 高純度の NeuNAc が確保されるようになった. そして, このことが契機となってシアル酸リアーゼなど NeuNAc で誘導される酵素の生産にも道が拓かれることとなった.

非還元末端に NeuNAc が結合した糖脂質複合体の一種「ガングリオシド G_{M3}」の構造
NeuNAc：N-アセチルノイラミン酸，Gal：ガラクトース，Glc：グルコース，Cer：セラミド．

　この間，胆がん患者や感染症患者ではシアロ糖脂質（非還元末端に NeuNAc が結合した糖脂質複合体）の血清濃度が有意に上昇していることから，NeuNAc の定量が炎症性疾患の診断に用いられるようになった．その結果，現在ではノイラミニダーゼと N-アセチルノイラミン酸リアーゼは診断用酵素，そして NeuNAc は診断用の標準物質として使われるようになった．

　NeuNAc をめぐる次の転機は，インフルエンザ治療薬の開発競争であった．この薬の原料となる NeuNAc が大量に求められたのは，1990 年代前半のことであった．このような需要の高まりに応じるため，国内外において食品原料からの抽出法や発酵法など，さまざまな製造が試みられたが，このとき弊社で開発したのが本章で論じた酵素合成法である．なお 2009 年は，新型インフルエンザによるパンデミックに備えた治療薬の備蓄，既存のインフルエンザ治療薬に耐性をもつウイルスにも有効な新薬の開発といった必要から，NeuNAc に対する第二の需要期にあるといえよう．また NeuNAc は，さまざまな生体分子の認識に関与していることから，インフルエンザ治療薬以外の薬への応用も期待されている．

　NeuNAc は動物界に普遍的に存在し，古くから知られる"少し変わった糖"であるが，その大量生産が実現したことにより，今また熱い視線が注がれている．

（丸　勇史）

Part Ⅲ
第10章

酵素を利用したキラリティーの創製

抗高脂血症治療薬キラル原料の製造

■ 八十原　良彦 ■
〔株式会社カネカ フロンティアバイオ・メディカル研究所〕

1．光学活性 4−クロロ−3−ヒドロキシ酪酸エチル

光学活性な 4−クロロ−3−ヒドロキシ酪酸エチル(CHBE, **1**)は，3 種の異なった官能基をもつ汎用キラルビルディングブロックであるが，その最も経済的な製法は，安価に入手できる 4−クロロアセト酢酸エチル(COBE, **2**)の不斉還元である(図 1)．(*R*)−**1** は，ミトコンドリアでの脂肪酸代謝における必要成分である L−カルチニンの合成原料となるため[1]，かつては **2** を (*R*)−**1** に不斉還元する研究が盛んに行われた[2]．一方(*S*)−**1** は，合成スタチンと呼ばれる高脂血症治療薬，たとえばアトルバスタチンカルシウムの合成原料(**3**)の前駆体として有用である[3]．

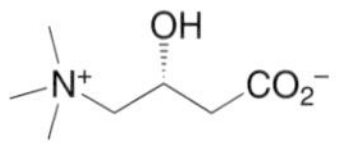

L−カルニチン

カルボニル化合物の不斉還元による光学活性アルコール化合物の立体選択的合成については近年，不斉金属錯体による接触還元法が開発され，**2** の不斉還元法も検討されている．不斉金属錯体還元触媒の開発では，不斉ホスフィン配位子のデザインを通じた立体選択性の向上が，今もって重要なテーマの一つである．たとえば **2** の不斉還元では，中心金属がルテニウムの場合，

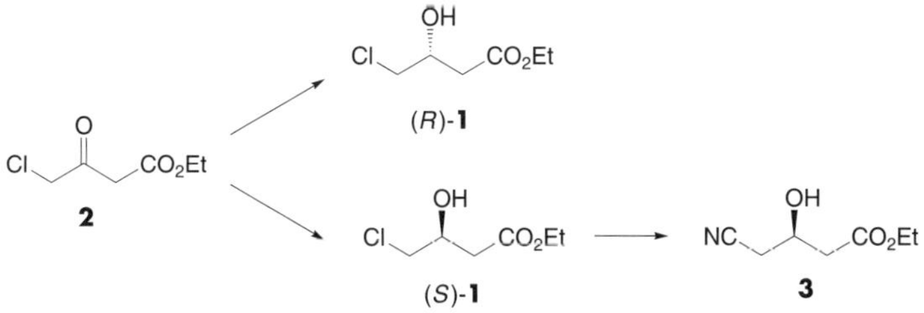

図 1　光学活性 4−クロロ−3−ヒドロキシ酪酸エチル(CHBE)の合成とその用途

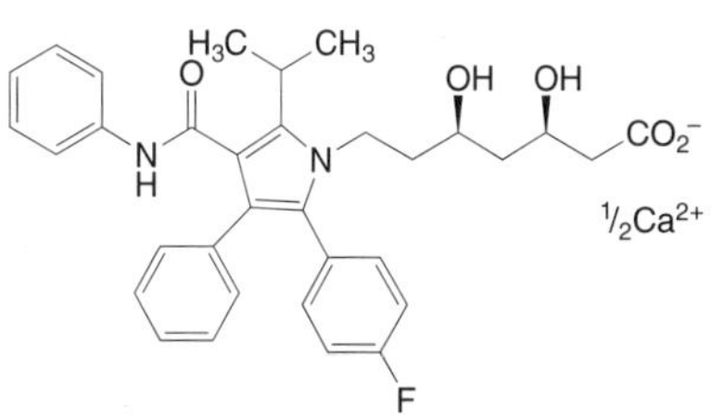

アトルバスタチンカルシウム

不斉ホスフィン配位子

(R)-BINAP

(R)-SEGPHOS

BINAP で 97.0% ee[4]，SEGPHOS では 98.5% ee と報告されている[5]．これに対し，微生物や酵素を触媒とするいわゆるバイオ還元法も古くから研究されてきたが，立体選択性は比較的高いものの，反応基質の仕込み濃度が低い，反応に長時間を要するといった問題を抱えていた．さらに反応基質が水に溶けないものが多い反面，有機溶媒中では微生物や酵素が本来の活性を失うこともしばしばであった．反応で使われた補酵素を再還元して効率よくリサイクルする方法論の開発が遅れたこともあって，バイオ還元法の工業化例は依然として少ないのが実情である．しかし反応が常温，常圧で進行し，貴金属が不要なことから，省エネルギーで環境に配慮したプロセスが求められる今こそ，工業化のための技術開発が期待されている．そこで本稿では，バイオ不斉還元法による (S)-**1** の立体選択的製造を可能にした生体触媒の開発について概説する．

2. 有用な還元酵素を求めて

カルボニル化合物の不斉還元反応へのバイオ法の適用は，20世紀初頭のパン酵母を利用した実験にまでさかのぼる．パン酵母は，安価で入手しやすく取り扱いが容易であり，微生物を培養するための装置やノウハウを必要としないため，その後も精密有機合成化学分野の研究者を中心に，キラル化合物の調製に使用されてきた．そして **2** の不斉還元では，エステルを構成するアルコール残基の鎖長によって生成物の光学純度が変化するという興味深い現象が見いだされている[1]．しかし，このような方法では生産性がきわめて低く，パン酵母の使用量(数百 g/L)に比べて生成物の蓄積濃度が低く数十 g/L 以下であるため，その工業的利用には大きな制約があった．

自然界には多種多様な微生物が存在する．たとえば土壌1g中には $10^7 \sim 10^8$ 個もの微生物が存在するといわれており，これら微生物は各種酵素の宝庫である．そこで筆者らは，**2** を (S)-**1** に立体選択的に還元する酵素システムを構築するために，多種多様な微生物を対象に還元酵素の探索を行った．その結果，多くの微生物に **2** の還元活性を認めたが，その立体選択性はさまざまであった．次に微生物に含まれる還元酵素の特性を調べるために，加熱処理した微生物菌体を用いて **2** を還元したところ，収率や立体選択性が変化したことから(表1)，これらの微生物は立体選択性や熱安定性の異なる複数の還元酵素を生産していることが示唆された．

還元活性のあった微生物（表1）から粗酵素液を調製し，これに後述する補酵素再生系を混合して **2** の酢酸ブチル溶液を添加したところ，酵母菌 *Candida magnoliae* AKU4643 においてのみ還元反応が円滑に進行し，光学純度 96.6% ee の (S)-**1** が約 90 g/L の高濃度で生成した．ここで **2** を酢

表1　4-クロロアセト酢酸エチル(COBE, **2**)還元酵素活性の探索

微生物名	菌体の熱処理					
	未処理		50℃		60℃	
	収率[a] (%)	%ee[b]	収率[a] (%)	%ee[b]	収率[a] (%)	%ee[b]
Candida etchellsii IFO1229	55	(S) 74	40	(S) >98	32	(S) >98
Candida magnoliae AKU4643	75	(S) 91	74	(S) >98	75	(S) >98
Saccharomycopsis lipolytica IFO1741	68	(S) 86	66	(S) >98	63	(S) >98
Candida glabrata IFO622	76	(R) 58	50	(R) 72	35	(R) >98
Pichia pastoris IFO948	53	(S) 65	22	(S) >98	14	(S) >98
Saccharomyces cerevisiae HUT7099	53	(S) 15	10	(S) 54	8	(S) >98
Hansenula polymorpha AKU4752	35	(R) 8	32	(S) 60	31	(S) 70
Trigonopsis variabilis IFO671	79	(S) 89	43	(S) 89	35	(S) >98
Candida maltosa IFO1977	10	(R) 47	10	(R) 55	10	(S) >98

a) 4-クロロ-3-ヒドロキシ酪酸エチル(**1**)の収率.
b) 4-クロロ-3-ヒドロキシ酪酸エチル(**1**)の光学純度.

酸ブチル溶液として添加したのは，**2**が水中で分解されるのを防ぐためである[6]．なお，**2**と(S)-**1**は酵素活性に悪影響を及ぼすことが知られていたので，これらが有機相に隔離される酢酸ブチル/水2相不均一反応系には，水相に存在する酵素に対する保護効果もある．

3. 新規クロロアセト酢酸エチル還元酵素

前述した還元酵素の探索研究で好成績であった酵母菌 *C. magnoliae* AKU4643のもつ**2**の還元酵素について詳細な情報を得るため，粗酵素液を数種類のカラムクロマトグラフィーなどを用いて，還元活性を示すタンパク質を電気泳動的に単一になるまで精製した．それらの諸性質を調べた結果(表2)，本菌には少なくとも4種類の還元酵素（S1, S3, S4, R）が存在し，しかも各酵素の立体選択性，基質特異性や至適温度などがさまざまであることがわかった．したがって，*C. magnoliae* AKU4643の非加熱菌体を使用した

表2　*Candida magnoliae* AKU4643の4-クロロアセト酢酸エチル(**2**)還元酵素

酵素名	S1	S3	S4	R
分子量	77,000	60,000	86,000	36,000
サブユニット数	2	2	2	1
補酵素	NADPH		NADPH	NADPH
至適pH	5.5		6.0	7.0
至適温度	55℃		50℃	<40℃
安定温度[a]	<45℃		<45℃	<40℃
立体選択性[b]	>99%ee (S)	53%ee (S)	51%ee (S)	>99%ee (R)

a) 30分間保温後の残存活性，b) 4-クロロ-3-ヒドロキシ酪酸エチル(**1**)の光学純度．

表3 カルボニル還元酵素S1の基質特異性[7]

$R^1\text{-CO-CH}_2\text{-CO}_2R^2 \longrightarrow R^1\text{-CH(OH)-CH}_2\text{-CO}_2R^2$

基質		相対活性	立体選択性
R^1	R^2	(%) [a]	(%ee) [b]
Cl	CH_2CH_3	100	>99 (S)
Br	CH_2CH_3	72	>99 (S)
I	CH_2CH_3	16	>99 (S)
Cl	$(CH_2)_7CH_3$	4	>99 (S)
N_3	CH_2CH_3	0	測定せず
$C_6H_5CH_2O$	CH_2CH_3	21	21 (S)
HO	CH_2CH_3	80	>99 (S)
H	CH_2CH_3	7	>99 (R)
H	$C(CH_3)_3$	0	測定せず
CH_3CH_2	CH_2CH_3	0.5	測定せず

a) **2** (R^1 = Cl, R^2 = CH_2CH_3)に対する活性を100とした相対活性.
b) 3-ヒドロキシ酪酸エステル(**1**)の光学純度.

2の還元では，このことが原因で91〜96.6%ee程度の立体選択性しか得られなかったと思われる．

C. magnoliae AKU4643の生産するCOBE還元酵素のうち，**2**を(S)-**1**に最も高い立体選択性で変換したのは還元酵素S1であった(表3)．S1酵素は分子量約32,000のサブユニット二つからなる，NADPH依存性(5節参照)のカルボニル還元酵素であるが，アルド-ケト還元酵素の典型的な基質である4-ニトロベンズアルデヒドには作用しなかった．他方，脂肪族β-ケトエステル類は，S1酵素の良好な基質となり，高い光学純度の(S)-β-ヒドロキシエステルを立体選択的に生成した[7]．

4. 還元酵素遺伝子の取得

S1酵素を**2**の立体選択的還元に使用するには，本酵素を大量に製造しなくてはならない．従来は酵素を生産する微生物（この場合は*C. magnoliae*という酵母菌）の培養条件を工夫することしかできなかったが，近年では遺伝子組換え技術の応用によって桁違いの大量生産が可能になり，その実験方法はもはや特殊なものではない．そこでS1酵素タンパク質をコードする遺伝子を，常法に従って*C. magnoliae* AKU4643からクローニングし，その大量製造方法を確立した．

まず，S1酵素をコードする遺伝子のクローニングを行った．すなわち精製したS1酵素を，タンパク質加水分解酵素によっていくつかのペプチド断片に切断し，断片ごとのアミノ酸配列をアミノ酸分析装置で決定した．こ

の配列情報をもとに *C. magnoliae* AKU4643 のゲノム DNA を鋳型にして PCR を行い，その結果増幅した DNA 鎖をもとに S1 酵素遺伝子の全塩基配列を決定した．この塩基配列から S1 酵素のアミノ酸配列を推定したところ，本酵素は 283 アミノ酸残基から構成されていた．これには，精製酵素の部分加水分解物のアミノ酸配列がすべて含まれていたが，システイン残基が含まれていないことも確認された．そしてこのことが，S1 酵素が **2** などの α-ハロケトン化合物や熱に対し，比較的安定である一因かと推察された．次に，S1 酵素の遺伝子を挿入したプラスミドベクター（運び屋 DNA/pNTS1）を大腸菌（*Escherichia coli* HB101）に導入し，37℃で一晩培養した．こうして得られた組換え大腸菌（*E. coli* HB101/pNTS1）の培養菌体を破砕すると，その上澄（可溶性タンパク質画分）における S1 酵素量は，元の酵母菌である *C. magnoliae* AKU4643 に対して約 12 倍も増大していた．

5. 補酵素再生系

カルボニル化合物を還元する酵素は，ビタミンの一種であるニコチンアミドアデニンジヌクレオチドリン酸（$NADP^+$）またはニコチンアミドアデニンジヌクレオチド（NAD^+）を補酵素として必要とする（図2）．実際の酵素還元反応では，還元型である NADPH（または NADH）がヒドリド供与体として機能し，カルボニル基を還元すると同時に，みずからは酸化型の $NADP^+$（または NAD^+）となる．そのため原理的には，基質のカルボニル化合物と等モルの NADPH（または NADH）が必要となる．しかし還元型の補酵素はいずれも非常に高価であり，工業的に使用しようとすれば，触媒的なリサイクル（還元型補酵素の再生）が必須である．

パン酵母のような微生物菌体のなかには，解糖系や TCA 回路といった代謝経路が存在しており，ここから生まれる還元力を使って，酸化型の $NADP^+$（または NAD^+）が還元型の NADPH（もしくは NADH）に再生されている．したがってパン酵母を使った不斉還元の場合，上記の代謝経路が

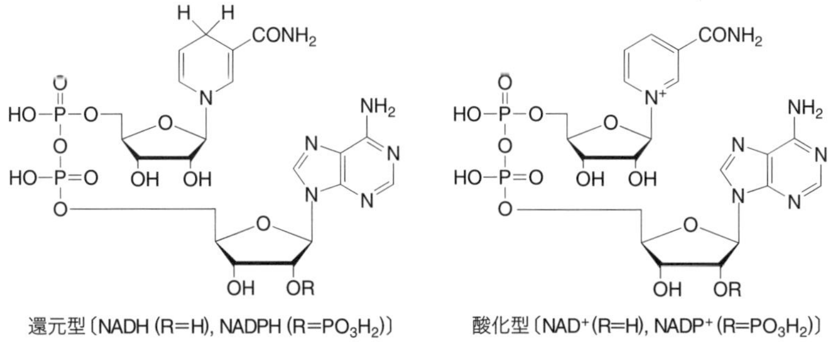

還元型（NADH (R=H), NADPH (R=PO_3H_2)）　　酸化型（NAD^+ (R=H), $NADP^+$ (R=PO_3H_2)）

図2　補酵素ニコチンアミドアデニンジヌクレオチド類

PCR
ポリメラーゼ連鎖反応（polymerase chain reaction）の略．対象となる DNA 分子を鋳型に，目的の領域をはさみこむように化学合成した短い DNA 断片であるプライマーと，DNA ポリメラーゼを使って試験管内で DNA 合成を繰り返し行わせる方法．長大な DNA 分子のなかから所望する特定の DNA 領域を数十万倍にも増幅できる．耐熱性をもったポリメラーゼの発見によって，効率よく PCR を行う条件が確立され，自動化装置も発売されている．

十分に機能している間は，スクロースやグルコースのような糖を外部から加えておけば，高価な還元型補酵素を追加する必要はない（図3上）．しかし，ともすれば酵素や細胞にダメージを与えがちな合成基質に対する還元反応に，複雑な制御下にある細胞の代謝系を利用して還元型補酵素NADPH（もしくはNADH）を効率よく供給し続けることは困難である．

還元型補酵素の再生には，廉価な有機物の酸化と共役してNADP$^+$（またはNAD$^+$）を還元する酵素を利用することが，以前から試みられてきた（図3下）．そのような還元型補酵素再生用酵素があれば，外部から高価なNADPH（またはNADH）を添加しなくとも，還元酵素によるカルボニル基の立体選択的還元を効率よく進行させることができる．代表的な還元型補酵素再生用酵素にはギ酸脱水素酵素（FDH）があるが，この酵素はギ酸を二酸化炭素に酸化すると同時にNAD$^+$をNADHに還元するので，高い原子効率で副生物を伴わずにNADHを供給できる．またグルコース脱水素酵素（GDH）は，グルコースをグルコノラクトンへ酸化する際に，NADP$^+$とNAD$^+$をそれぞれNADPHとNADHに還元する（図3）．しかもFDHやGDHによって触媒される反応は非可逆であるため，還元酵素と組み合わせることで，不斉還元反応を完結させるための強力な推進力となる．

2を(*S*)-**1**に立体選択的に還元するには，S1酵素とGDHを個別に調製して混合してもよいが，両酵素をコードする遺伝子を導入した組換え大腸菌を作製して二つの酵素を同時につくらせたほうが，培養の手間が省けて合理的である．事実，京都大学の清水らは，**2**を(*R*)-**1**に還元するアルデヒド還元酵素とGDHを同時に生産する遺伝子組換え大腸菌を育種し，この菌体を触媒として使って(*R*)-**1**を合成することに成功している[8]．そこで筆者

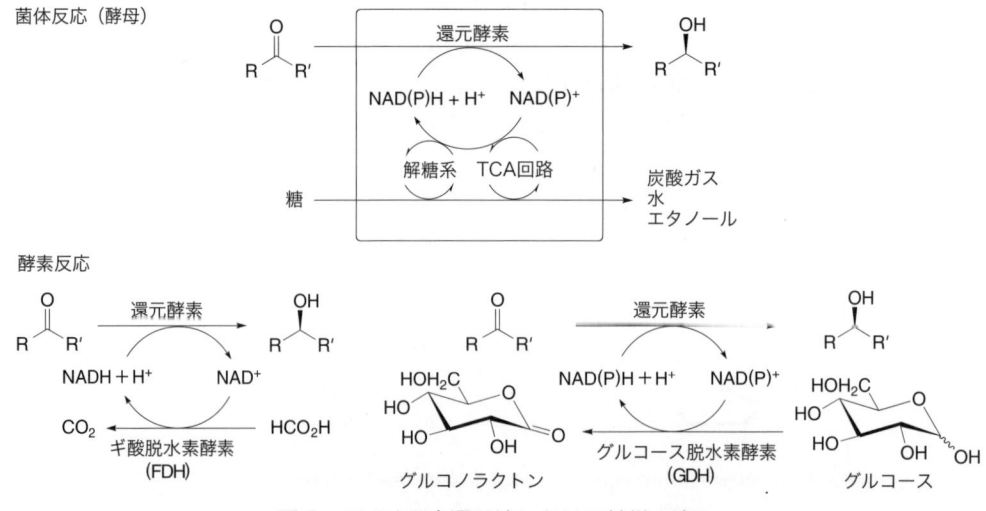

図3 バイオ不斉還元法における触媒の違い

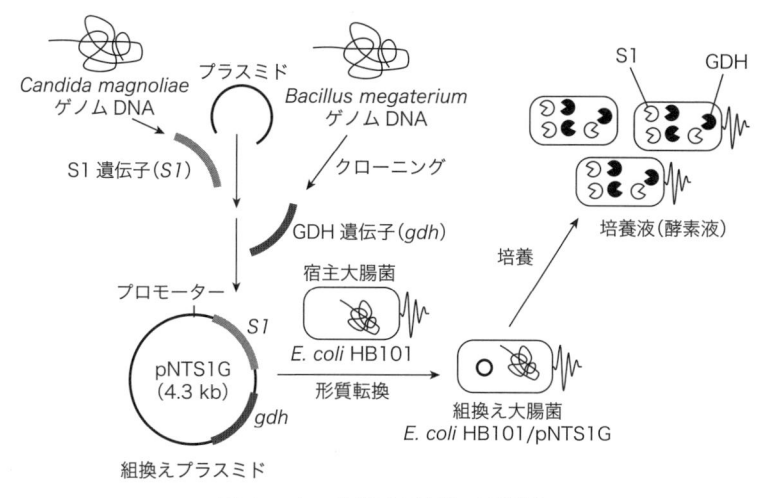

図4 バイオ還元用触媒の調製法

らも，S1酵素とGDHを同時に生産できる組換え大腸菌を育種することにした[9]．

異種遺伝子発現による組換えタンパク質生産技術については，宿主微生物と遺伝子の導入方法（宿主ベクター系）が数多く開発されているが，ここでは学術的に最もよく研究されており，かつ工業的利用の実績が多く安全性も高い，大腸菌を宿主とした遺伝子組換えを採用することにした．宿主とする大腸菌の菌株やベクターの選択，さらに組換え大腸菌の培養については，さまざまな手法があるが，図4に筆者らのとった方法を模式的に示した[9]．すなわち，市販品を改良したプラスミドベクターのプロモーターの下流に，C. magnoliae のゲノムDNAから単離したS1酵素をコードする遺伝子（S1）および細菌 Bacillus megaterium のゲノムDNAから単離したGDHをコードする遺伝子（gdh）を直列に組み込んだプラスミド（pNTS1G）を作製した．これを大腸菌（E. coli HB101）に導入し，S1酵素とGDHを同時に生産する組換え大腸菌 E. coli HB101/pNTS1G を作製した．

6. 還元反応の実際

前述の組換え大腸菌 E. coli HB101/pNTS1G を培養すると，S1酵素とGDHが同時に大量生産され，その合計は大腸菌細胞の全可溶性タンパク質の50％を超えた．そしてこの菌体が，**2** を (S)-**1** へ変換する触媒として機能した．実際には，本菌の培養液に基質 **2** と等モルのグルコースと触媒量の $NADP^+$ を加え，さらに **2** の酢酸ブチル溶液を加えて30℃で34時間撹拌すると，図5に示すように反応はほぼ定量的に進行し，光学純度99％ee以上の (S)-**1** が生成した．還元反応が進行すると，生成した (S)-**1** と等モ

プロモーター
RNAポリメラーゼが結合し，遺伝子の転写が開始するDNA上の特定の塩基配列で転写の効率を左右する．強力なプロモーターの下流にある遺伝子のmRNAは大量に合成され，その結果その遺伝子産物であるタンパク質も大量生産される場合が多い．

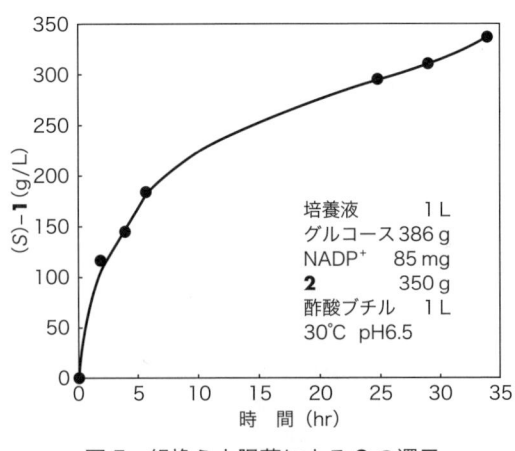

図5 組換え大腸菌による **2** の還元

ルのグルコノラクトンが生成するが，これはグルコン酸へと非酵素的に変換された．そのままでは還元反応の進行につれて反応液のpHが低下するので，水酸化ナトリウム水溶液を滴下して反応液のpHを酵素反応に適した6.5に維持した．還元反応終了後，通常の化学反応と同様に有機溶媒による抽出・分液操作を行い，有機相の溶媒を留去したのちに蒸留を行うと光学純度99％ee以上の (S)-**1** が高純度で得られた．そして本反応の単位時間，単位体積あたりの (S)-**1** の生産量は，*C. magnoliae* の菌体を利用した場合の約500倍に達した．上記の反応条件下，添加したNADP$^+$のターンオーバー数は20,000以上にのぼり，NADP$^+$が製造コストに与える影響はほとんど無視できるレベルとなった．さらに検討を重ねた結果，菌体から調製した粗酵素液を用いれば，酢酸ブチルを用いずに **2** をそのまま滴下しても，還元反応が効率よく反応することを見いだした．

組換え大腸菌 *E. coli* HB101/pNTS1G の培養条件を最適化し，封じ込めなどの安全面での対策も講じ，バイオ不斉還元法による (S)-**1** の工業的製造プロセスが完成した．このようにして確立された製造プロセスは，危険な試薬も高温・高圧も必要としないため，製造現場で実際の作業に携わる人々にもたいへん好評である．

7. 汎用技術へ

組換え微生物を用いた2酵素共役系による **2** の (S)-**1** への不斉還元反応において，工業化可能な高い生産性が達成できたのは，次の要因によると考えられる．① **2** を高い立体選択性で (S)-**1** に還元でき，**2** によって変性を受けにくいS1酵素を産生する酵母菌 *C. magnoliae* AKU4643 を発見した．② S1酵素をコードする遺伝子を *C. magnoliae* AKU4643 から単離し，大

遺伝子組換え技術の安全性
組換え微生物の使用法，保管輸送，譲渡などについては，「遺伝子組換え生物等の使用等の規制による生物の多様性の確保に関する法律（いわゆるカルタヘナ法）」で定められている．組換え微生物の使用条件には，開放的な環境中で使用する場合（第一種使用）と，施設外の環境への拡散防止措置を執りつつ閉鎖的な設備で使用する場合（第二種使用）があるが，本項のケースは第二種使用に該当する．

腸菌で発現させることができた．③ **2** を還元できない大腸菌に，S1 酵素と GDH の遺伝子を挿入した組換えプラスミドを導入し，両遺伝子を同時に発現させることに成功した．④ 2 酵素共役型不斉還元反応で副生するグルコン酸が，生成した (*S*)-**1** の単離を妨げなかった．ことに③の結果，一回の培養で二つの酵素が同時に生産できたことは，生産効率の向上に大きく寄与した．

ここで開発した還元酵素・GDH 共生産組換え大腸菌を使えば，プラスミド上の S1 酵素遺伝子をほかの還元酵素遺伝子と置き換えるだけで，新しい基質特異性と立体選択性を備えた還元反応が可能である．しかも GDH は，$NADP^+$ と NAD^+ の双方を還元できることから，要求される補酵素の種類に関係なく還元酵素を利用することができる．筆者らは基質ごと，立体選択性ごとに微生物由来の還元酵素を多数取得し，その遺伝子と GDH 遺伝子を同時に発現する組換え大腸菌を作製している（表 4）．このように GDH とさまざまな還元酵素を生産する組換え大腸菌をライブラリー化しておけば，不斉還元反応の基質が異なっても，すでに確立された S1 酵素を使用する培養・

表 4　還元酵素ライブラリーの一例

	起　源	補酵素	代用的な製品	光学純度
カルボニル還元酵素	*Candida magnoliae*	NADPH		> 99%ee (*S*)
アルコール脱水素酵素	*Candida maris*	NADH		> 99%ee (*S*)
				> 99%ee (*S*)
カルボニル還元酵素	*Micrococcus luteus*	NADPH		> 99%ee (*S*)
グリセリン脱水素酵素	*Serratia marcescens*	NADH		> 99%ee (*R*)
カルボニル還元酵素	*Rhodotorula glutinis*	NADPH		> 99%ee (*R*)
				> 99%ee (*R*)
アルコール脱水素酵素	*Devosia riboflavina*	NADH		> 99%ee (*S*)
				> 99%ee (*R*)

反応条件を参考にスケールアップの検討ができるので，目的とする光学活性第二級アルコールの工業的製造プロセスをスピーディーに開発することができる．

古典的なパン酵母還元法は，適用できる基質の種類とその効率に大きな制約があったが，２酵素共役型不斉還元反応が組換え大腸菌で実現されたことで，広範な基質で不斉還元を自由に行える技術プラットフォームが築かれたといえよう．

8. おわりに

環境，資源，エネルギー問題が深刻さを増すなか，バイオ技術による物質生産プロセスを実践するにふさわしい時代が到来したといえるが，優れた選択性や穏和な反応条件などバイオプロセス固有の長所を考慮しても，工業的に成功している例は必ずしも多くない．しかし本稿で論じたように，20世紀後半に長足の進歩を遂げた遺伝子操作技術が，かつては想像すらできなかった技術的ブレイクスルーを現実のものにしつつあるのも事実である．本稿が資源の乏しい日本における化学産業とプロセス化学の将来に一石を投じることになれば，筆者にとっては望外の喜びである．

最後に，本稿で論じた研究において終始ご指導，ご鞭撻を賜りました京都大学大学院農学研究科・清水 昌教授をはじめ，多くの関係の方がたに深謝申し上げます．

参考文献

1) B. Zhou, A. S. Gopalan, F. VanMiddlesworth, W. Shieh, C. J. Sih, *J. Am. Chem. Soc.*, **105**, 5925 (1983).
2) K. Kita, M. Kataoka, S. Shimizu, *J. Biosci. Bioeng.*, **88**, 591 (1999).
3) A. M. Thayer, *Chem. Eng. News*, **84**, 26 (2006).
4) R. Noyori, M. Kitamura, T. Ohkuma, H. Kumobayashi, United States Patent, 4,895,979 (1990).
5) T. Saito, T. Yokozawa, K. Matsumura, N. Sayo, United States Patent, 6,492,545 (2002).
6) S. Shimizu, M. Kataoka, M. Katoh, T. Morikawa, T. Miyoshi, H. Yamada, *Appl. Environ. Microbiol.*, **56**, 2374 (1990).
7) Y. Yasohara, N. Kizaki, J. Hasegawa, M. Wada, M. Kataoka, S. Shimizu, *Tetrahedron: Asymmetry*, **12**, 1713 (2001).
8) M. Kataoka, K. Yamamoto, H. Kawabata, M. Wada, K. Kita, H. Yanase, S. Shimizu, *Appl. Microbiol. Biotechnol.*, **51**, 486 (1999).
9) N. Kizaki, Y. Yasohara, J. Hasegawa, M. Wada, M. Kataoka, S. Shimizu, *Appl. Microbiol. Biotechnol.*, **55**, 590 (2001).

Part III 第11章

マグネシウム反応剤を用いるプロセス研究
Naチャネル阻害薬(E2070)のプラント製造を可能にしたMg反応剤の開発

■ 鎌田　厚・下村　直之 ■
〔エーザイ株式会社 原薬研究所〕

1. E2070の初期製造法およびその問題点について

　E2070 (**1**) はエーザイ株式会社探索研究部門で見いだされた末梢性神経痛を適応症とする電位依存性Naチャネル阻害薬候補化合物である[1]．探索研究部門で開拓された合成ルート(図1)は，短工程かつコンバージェントであるため，基本的には工業化に適すると思われたが，これには ① ホルミル化 (**3→4**) が低収率 (<50%) である，② ホルミル化 (**3→4**) と還元的アミノ化 (**4+8→9**) でクロマトグラフィー精製を必要とする，③ Weinrebアミドの形成 (**6→7**) と還元的アミノ化 (**4+8→9**) でハロゲン系溶媒を使用するといった課題があった．治験用原薬として**1**を供給するためには，これらの問題を解決しなければならなかったが，なかでも①のリチウムアミド反応剤 (LiTMP) を用いた 2-*t*-ブトキシピラジン (**3**) のホルミル化[2]における**4**の収率と品質の改善は急を要する課題であった．この問題に取り組む過程で，マグネシウムアミド反応剤を用いる新しいホルミル化条件[3]を見いだし，それによって高品質の**4**を高収率で得ることに成功した．そこで本稿ではこの点を中心に**1**のプロセス開発について解説する．なおピペリジン-4-カルボン酸 (**5**) から 2-フルオロベンジルケトン (**8**) への変換は，③の解決と同時に比較的容易にスケールアップできたことから，ここでの説明は割愛する．

2. ホルミル化反応の条件検討

　初期検討の過程で，ホルミル化反応 (**3→4**) の収率が向上しないのは，リチウムアミド類 (LiNR^{1}R^2) と**3**との反応で生じるリチウムアニオンが，−70℃前後の低温条件下でも不安定で短時間のうちに分解してしまうためであ

コンバージェント
下図のような多段階合成で，個別に合成した複数の中間体 (この場合はCとF) を結合する手法のこと．目的物を一つの原料から合成するリニアな方法と比較すると，工程数が同じであっても高い生産性が期待できるうえ，中間体や最終物の品質管理が容易に行える利点がある．

コンバージェント
A→B→C
D→E→F　→P

リニア
A→B→C→D→E→F→P

治験用原薬
医薬品の開発研究段階で，臨床試験用に製造される薬理活性物質のこと．GMPに則って製造された治験用原薬は，製剤へと加工されたうえで，臨床試験で被験者に投与される．

3のリチウムアニオン

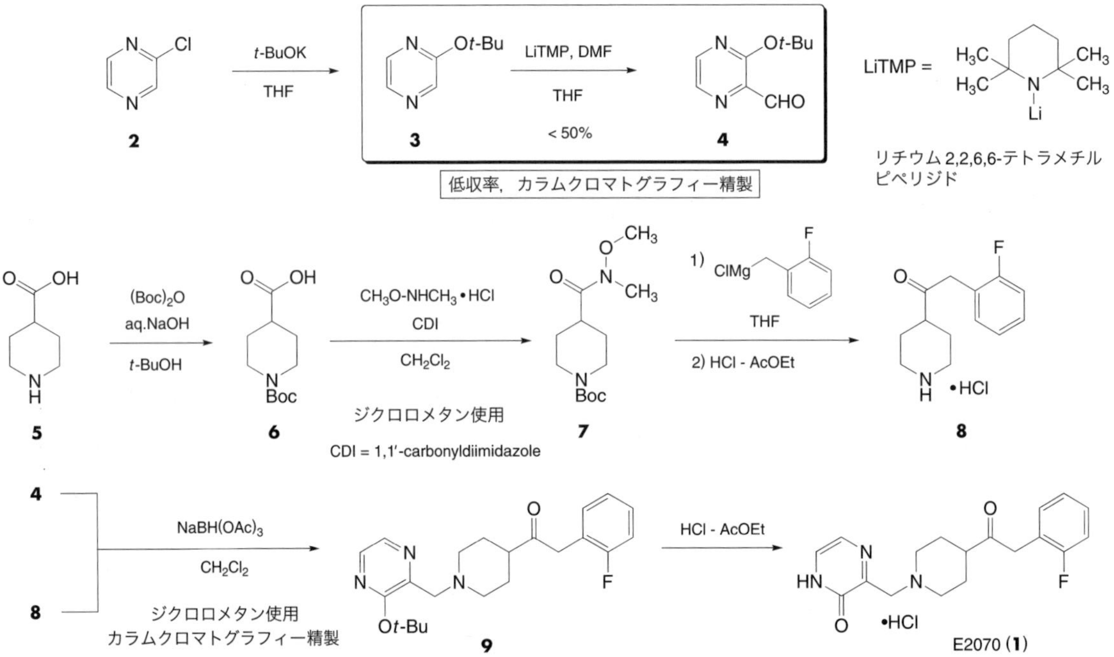

図1　E2070(**1**)の探索合成ルート

ることが明らかになった．そこで収率を向上させるためには，高い求核反応性を損なうことなく，より安定なアニオン種を発生させることができればよいと考えた．文献を調査したところ，塩基にマグネシウムアミド類(R^1R^2NMgX)を用いると，生成したカルボアニオン種が比較的高い温度でも安定に存在し，求電子剤とも円滑に反応するという報告が見つかったので[4]，マグネシウムアミドを用いた **3** のホルミル化を検討することにした．

2.1　(i-Pr)$_2$NMgCl を用いた **3** のホルミル化

まずマグネシウムアミドとして，置換ピリジンのホルミル化反応で報告のある[5] Hauser 塩基 (R^1R^2NMgX) を用いることにした．実際の Hauser 塩基としてはコストを考慮して安価なジイソプロピルアミンと n-ブチルマグネシウムクロリドから調製される (i-Pr)$_2$NMgCl を選択した．またホルミル化剤には，同様にコストを考慮して DMF を使用した．検討の結果，**3** に (i-Pr)$_2$NMgCl を作用させて調製したカルボアニオンは，−10°C程度でも安定に存在し，DMF に対して十分な反応性を示した (表1, entry 1～3)．そして (i-Pr)$_2$NMgCl の使用量を 6 当量にまで増やすと，**4** を収率67％で単離できた (表1, entry 4)．しかしながら，このように十分な変換率を確保するには，過剰量の (i-Pr)$_2$NMgCl を必要としたため，その削減が次の課題となった．

Hauser 塩基
第二級アミン (R^1R^2NH) に Grignard 反応剤 (R^3MgX) を作用させて調製するマグネシウムアミド種 [R^1R^2NMgX (X = ハロゲン)] のこと．

表1 $(i\text{-Pr})_2\text{NMgCl}$ を用いたホルミル化の条件検討

entry	$(i\text{-Pr})_2\text{NMgCl}$ (eq.)	4 (%)
1	2	40 [a]
2	3	52 [a]
3	4	55 [a]
4	6	80 [a] (67 [b])

DMF をアニオン溶液に滴下.
a) HPLC 面積比%. b) 単離収率.

2.2 〔$(i\text{-Pr})_2\text{N}$〕$_2$Mg を用いた 3 のホルミル化

それではなぜ，3 の脱プロトン化に過剰の $(i\text{-Pr})_2\text{NMgCl}$ が必要だったのだろうか．それは $(i\text{-Pr})_2\text{NMgCl}$ が単一の化学種としてではなく，Grignard 反応剤の Schlenk 平衡と類似の平衡混合物として存在し，ここでの真の活性種は〔$(i\text{-Pr})_2\text{N}$〕$_2$Mg であるためと推論した[*1]．実際にこの平衡が存在するならば，3 を完全に脱プロトン化できるだけの〔$(i\text{-Pr})_2\text{N}$〕$_2$Mg が系内に存在するには，過剰の $(i\text{-Pr})_2\text{NMgCl}$ が必要になる．そこで，この仮説を検証するために，ジブチルマグネシウムとジイソプロピルアミンから〔$(i\text{-Pr})_2\text{N}$〕$_2$Mg を不可逆的に調製し[*2]，以下の検討を行った．

3 当量の〔$(i\text{-Pr})_2\text{N}$〕$_2$Mg で 3 を脱プロトン化し，$-73°C$ で DMF を滴下したが，ホルミル化反応は完結しなかった（表2, entry 1）．しかし，冷却した DMF にアニオン調製液を滴下すると，収率 70% で 4 が得られるように

表2 〔$(i\text{-Pr})_2\text{N}$〕$_2$Mg を用いたホルミル化の条件検討

entry	〔$(i\text{-Pr})_2\text{N}$〕$_2$Mg (eq.) [a]	4 (%) [b]
1	3	38
2	3	70
3	3	74
4	1.5	71

entry 1：DMF をアニオン溶液に滴下．entry 2〜4：アニオン溶液を DMF に滴下．
a) entry 1〜2：市販の Bu_2Mg と $(i\text{-Pr})_2\text{NH}$ から調製．entry 3〜4：$(i\text{-Pr})_2\text{NH}$ と反応させる Bu_2Mg を $n\text{-BuLi}$ と $n\text{-BuMgCl}$ から調製．b) GC によって定量した収率．

Schlenk 平衡

通常 RMgX として表される Grignard 反応剤は，実際には以下の式で示される平衡混合物として存在している．この平衡を，その存在を最初に示唆した Wilhelm Schlenk にちなんで，Schlenk 平衡とよぶ．

$$2\,\text{RMgX} \rightleftarrows \text{R}_2\text{Mg} + \text{MgX}_2$$

[*1] $(i\text{-Pr})_2\text{NMgCl}$ の Schlenk 様平衡仮説

$$2\,(i\text{-Pr})_2\text{NMgCl} \rightleftarrows \text{〔}(i\text{-Pr})_2\text{N}\text{〕}_2\text{Mg} + \text{MgCl}_2$$

[*2] 〔$(i\text{-Pr})_2\text{N}$〕$_2$Mg の調製

$$\text{Bu}_2\text{Mg} + 2\,(i\text{-Pr})_2\text{NH} \longrightarrow \text{〔}(i\text{-Pr})_2\text{N}\text{〕}_2\text{Mg} + 2\,\text{BuH}$$

なった(表2, entry 2)．なお検討初期には，市販のジブチルマグネシウムを用いたが，入手に問題があったので，n-ブチルリチウムとn-ブチルマグネシウムクロリドから調製したジブチルマグネシウムで同じ反応を行ったところ，同様の結果が再現された(表2, entry 3)．さらに一連の検討の結果，〔(i-Pr)$_2$N〕$_2$Mg の使用量を1.5当量まで減らしても **4** が収率71%で得られることが確認された(表2, entry 4)．

このように，安定して **4** が得られる条件が見つかったものの，依然として満足できる収率ではなかったので，収率の向上を目指してさらに検討を行った．

2.3 (i-Pr)$_2$NMgBu を用いた **3** のホルミル化

3 の脱プロトン化に〔(i-Pr)$_2$N〕$_2$Mg を使用すると，その当量数にかかわらずホルミル化収率が70%台にとどまったが，それは〔(i-Pr)$_2$N〕$_2$Mg が **3** と反応すると，**3**-Mg の生成と同時にジイソプロピルアミンが副生するためであると考えた(図2A)．すなわち，このジイソプロピルアミンが **3**-Mg をプロトン化して **3** を再生させれば，**3** の脱プロトン化は完結せず **4** への変換率が低下するという仮説である．

もしそうならば，副生するジイソプロピルアミンのプロトンを不可逆的に消去すれば **3** の再生を防ぐことができるはずで，そのためには (i-Pr)$_2$NMgBu のように活性アルキル基を分子内にもつマグネシウムアミド反応剤が有効であると考えた(図1Bの左側経路)．さらに(i-Pr)$_2$NMgBu であれば，その Bu 基が **3** を脱プロトン化して直接 **3**-Mg を生成させることも考えられるが，この場合も **3** が再生するおそれはない(図2Bの右側経路)．そこで，まずは(i-Pr)$_2$NMgBu を調製してこれがホルミル化反応に有効か否かを検討することにした．

n-ブチルリチウムとn-ブチルマグネシウムクロリドから調製したジブ

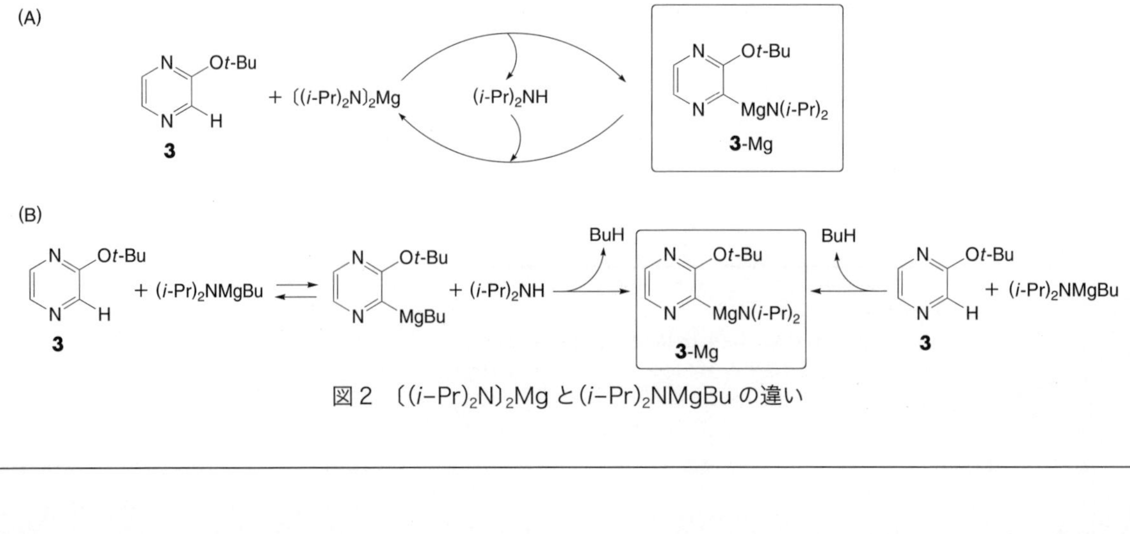

図2 〔(i-Pr)$_2$N〕$_2$Mg と (i-Pr)$_2$NMgBu の違い

表3 (*i*-Pr)$_2$NMgBu を用いたホルミル化の条件検討

entry	(*i*-Pr)$_2$NMgBu (eq.)	DMF (eq.)	温度(℃) a)	4 (%) b)
1	3	15	−70 〜 −66	25
2	3	15	−61 → −32	77
3	2	20	−62 → −40	75
4	1.5	15	−43 〜 −42	51
5	2	30	−70 → −45	84

entry 1〜4：アニオン溶液を DMF に滴下．entry 5：DMF をアニオン溶液に滴下．
a) A 〜 B℃：A℃から B℃で DMF を滴下．A → B℃：A℃で反応液または DMF を滴下したのち，B℃まで昇温．b) GC によって定量した収率．

チルマグネシウムに，当量のジイソプロピルアミンを加えて (*i*-Pr)$_2$NMgBu とし，**3** を加えてアニオン溶液を調製した．そして〔(*i*-Pr)$_2$N〕$_2$Mg を用いたときと同様に，約 −70℃に冷却した DMF にアニオン溶液を滴下したところ，〔(*i*-Pr)$_2$N〕$_2$Mg を用いた場合とは異なり，−70℃では反応が 25％しか進行しなかった (表 3, entry 1)．しかし，アニオン溶液を滴下し終えた反応液を −32℃まで昇温すると，**4** の収率は 77％まで増加した (表 3, entry 2)．さらに (*i*-Pr)$_2$NMgBu の使用量を 3 当量から 2 当量に減らしても，同等の収率で **4** が生成した (表 3, entry 3)．しかしながら，それ以上の減量は収率の低下を引き起こしたため (表 3, entry 4)，以後の検討では (*i*-Pr)$_2$NMgBu は 2 当量用いることとした．

ところで，(*i*-Pr)$_2$NMgBu から調製した **3** のアニオンが −70℃前後では DMF と反応しないのであれば，『冷却した DMF にアニオン溶液を滴下→昇温による反応』という操作から，『冷却したアニオン溶液に DMF を滴下→昇温による反応』という操作に変更できるはずである．前者の場合は，アニオンの調製と DMF との反応に二つの反応缶を用意しなければならないが，後者では反応缶が一つで済むため，反応缶の管理や洗浄といった製造現場での作業負担が軽減される．さらに，冷却したアニオン溶液を別の反応缶に移送する場合，移送中の漏洩トラブルや温度上昇によるアニオンの分解といったリスクもあるので，反応缶一つで完結できる反応プロセスは非常に好ましい．そこで実際に，(*i*-Pr)$_2$NMgBu と **3** より調製したアニオン溶液を −70℃に冷却し，これに DMF を滴下したのちに −45℃に昇温してみたところ，反応は円滑に進行し，収率も 84％まで向上した (表 3, entry 5)．

以上の結果から，(*i*-Pr)₂NMgBu を用いる **3** のホルミル化反応は工業化可能であると判断されたので，さらに実用面での改良を加えたうえで実際の製造に用いられることになった．そして 5 kg スケールの製造が 2 回実施され，86％と 87％の収率で再現性よく **4** を得ることができた．

3. 還元的アミノ化反応によるアミン(**9**)の合成とその単離

3.1 還元的アミノ化反応の最適化

探索ルート(図 1)においては，塩酸塩である **8** をよく溶かすジクロロメタン中で還元的アミノ化を行っていた．環境への配慮から非ハロゲン系溶媒へ切り替えを試みたが，ほかの溶媒では **8** の溶解性が低いためか，**9** の収率が低下した．そこで塩酸塩の **8** を，いったん遊離アミン(**10**)に変換してから反応を行うことにした(表 4)．条件検討の結果，**8** から調製した **10** を THF 中で **4**(1.2 当量)と混合し，この溶液を水素化トリアセトキシホウ素ナトリウム(1.1 当量)の THF 懸濁液に滴下すると反応が円滑に進行することを見いだした(表 4, entry 1)．なお後処理の際，**9** のケトンがアルコールに還元された **9**-OH の副生が観察されたが，反応を水で後処理する前に酢酸エチル(抽出溶媒として使用)をあらかじめ加えておくことで，その生成を抑制することができた(表 4, entry 1/2)．なお反応を後処理するときの温度を下げても，**9**-OH の副生量をこれ以上減らすことはできなかった(表 4, entry

表 4　還元的アミノ化と反応の後処理条件

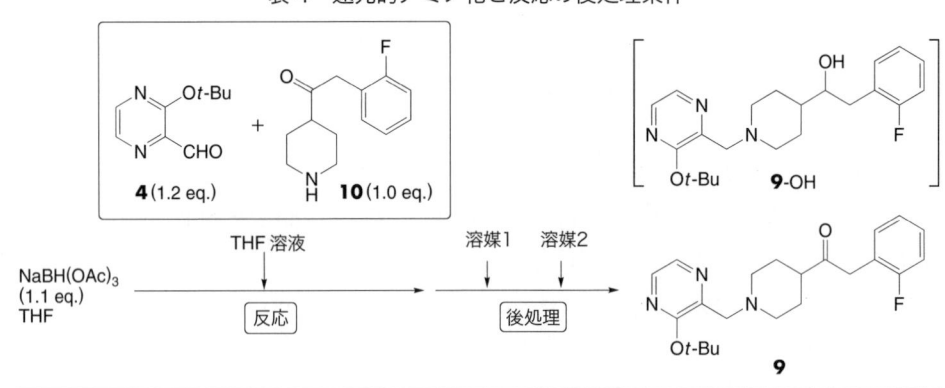

entry	溶媒 1 (vol.)	溶媒 2 (vol.)	後処理温度 (℃)	**9**	**9**-OH
				(HPLC 面積比 %)	
1	水(10)	酢酸エチル(15)	8	84	5
2	酢酸エチル(15)	水(10)	8	87	2.4
3	酢酸エチル(15)	水(10)	−20	85	1.9
4	酢酸エチル(15)	水(10)	8	84	1.8

entry 1〜3：カラムクロマトグラフィーで精製した **4** を使用，entry 4：前工程の反応から抽出・濃縮しただけの未精製の **4** を使用．

2/3)．さらに，**3** をホルミル化して得られた油状の **4** を精製することなく用いても，還元的アミノ化は高収率で進行した（表4, entry 4）．

3.2　**9** の単離・精製法の確立

　このようにして得られた **9** は **1** の直接の前駆体であり，その品質は治験用原薬としての **1** の品質管理に大きな影響を及ぼすため，**9** での精製は必須である．しかし **9** は油状物であるため，そのままでは再結晶による精製は不可能であった．また，分子量が大きく蒸留も難しかった．そこで，**9** のピペリジン環の塩基性を利用し，結晶性の塩を形成させて精製することを試みた．塩形成に用いる酸として，スルホン酸，リン酸，カルボン酸を各種検討したが，強酸であるスルホン酸は，t-Bu 基の分解を引き起こすため使用には適さなかった．またリン酸の場合は，塩が結晶化しなかった．カルボン酸の場合も，その多くは結晶性の塩を形成しなかったが，シュウ酸を用いると **9** との 1：1 の塩（**9**–OXA）が酢酸エチルから速やかに結晶として沈殿し，ホルミル化工程（**3** → **4**）からの「持ち越し」を含め，大部分の不純物を除去できることがわかった（図3）．さらに酢酸エチルにシュウ酸が溶解する性質を利用すれば，**9** の酢酸エチル抽出液にシュウ酸の酢酸エチル溶液を加えるだけで，**9**–OXA の結晶が析出することもわかった．これにより，**9** の抽出と **9**–OXA の結晶化が同じ溶媒で行えるようになり，作業効率が向上した．

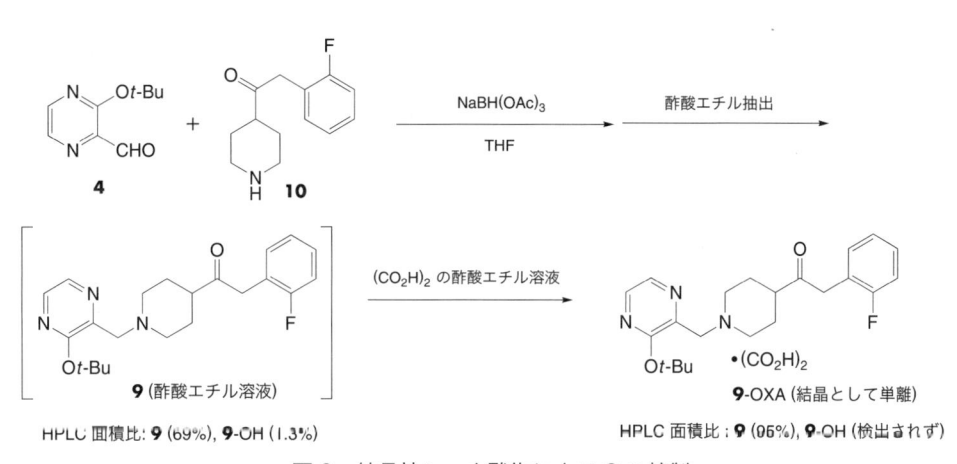

図3　結晶性シュウ酸塩による **9** の精製

4．シュウ酸塩（**9**–OXA）の E2070（**1**）への変換

4.1　アミン（**9**）の再生と t-Bu 基の脱保護

　精製した **9**–OXA から **9** を再生させるために，シュウ酸カリウムが水によく溶ける性質を利用し，**9**–OXA を酢酸エチルと水酸化カリウム水溶液の

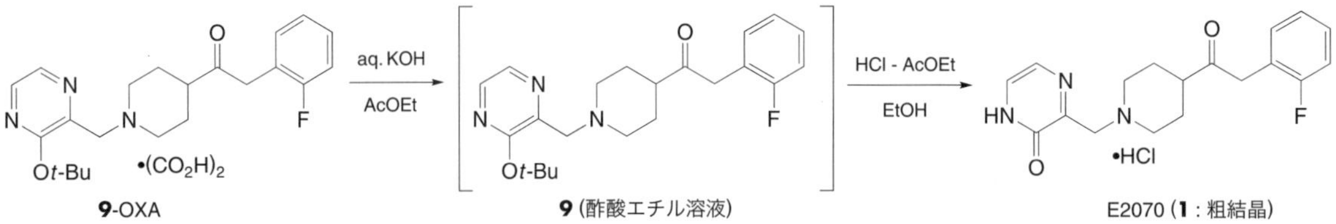

図4　シュウ酸塩(**9**-OXA)からアミン(**9**)への変換と脱保護

2層混合物で処理した（図4）．分液操作によってシュウ酸カリウムを水層に除去したのち，遊離の **9** を含む酢酸エチル溶液を塩化水素−酢酸エチル溶液で処理し，t-Bu 基の脱保護と塩酸塩の形成を同時に行い，**1** の粗結晶を得た．

4.2　再結晶化による E2070(**1**)の精製

1 が原薬であることから，回収率のみならず残留溶媒の安全性も考慮し，90%エタノール水溶液を **1** の粗体の再結晶化溶媒として選択した．しかしながら，**1** の90%エタノール水溶液中での熱安定性を評価したところ，80℃・4時間で5%の含量低下と溶液の着色が観察され，加熱溶解条件で **1** は不安定であることが判明した．そこで，**1** の熱分解を抑制するため水分比率を高めたエタノール水溶液を用いてできるだけ低温で **1** を溶解させ，清澄ろ過を行ったのちに，ろ液にエタノールを加えて **1** の溶解度を低下させて晶析させることにした．しかし，水分比率が50%以上のエタノール水溶液から析出させたり，冷エタノールを滴下して晶析させると水和物が得られることがあった．**1** の臨床試験には非水和物を使用することとなっていたので，水和物が生成しない晶析条件を確立しなければならなかった．検討の結果，**1** の粗体を50%エタノール水溶液に60〜65℃で加熱溶解して清澄ろ過したのち，70℃の熱エタノールを内温60〜65℃で投入してエタノール比率を90%とし，それを徐冷して晶析を行えば，分解も水和物の形成も抑えつつ **1** の結晶を安定して得られることがわかった．

5.　E2070(**1**)の工業的製法の完成

以上の検討成果をもとに，さらに実用面での改良を加えて最終的な製造条件を確立し，図5に示すように **1** の製法を完成させた．

本稿で紹介した **1** のプロセス開発のポイントは，① (i-Pr)$_2$NMgBu を用いた新規ホルミル化反応の開発，② 結晶性シュウ酸塩(**9**-OXA)としての重要中間体の単離・精製法の確立，そして ③ **1** を安定的に得るための堅牢な晶析法の構築にあった．なかでも，①については自由な発想で仮説を立て，失敗を恐れずにチャレンジし続けたことで新規かつ実用的なホルミル化反応

残留溶媒の安全性
詳細は ICH ガイドライン Q3C『医薬品の残留溶媒ガイドライン』を参照のこと．

清澄ろ過
原薬への異物の混入を避けるために，最終物や最終物の調製に使用する原料・反応剤などの溶液を適切なフィルターでろ過すること．原薬への異物混入は許されないため，製造の最終段階での清澄ろ過は必須である．

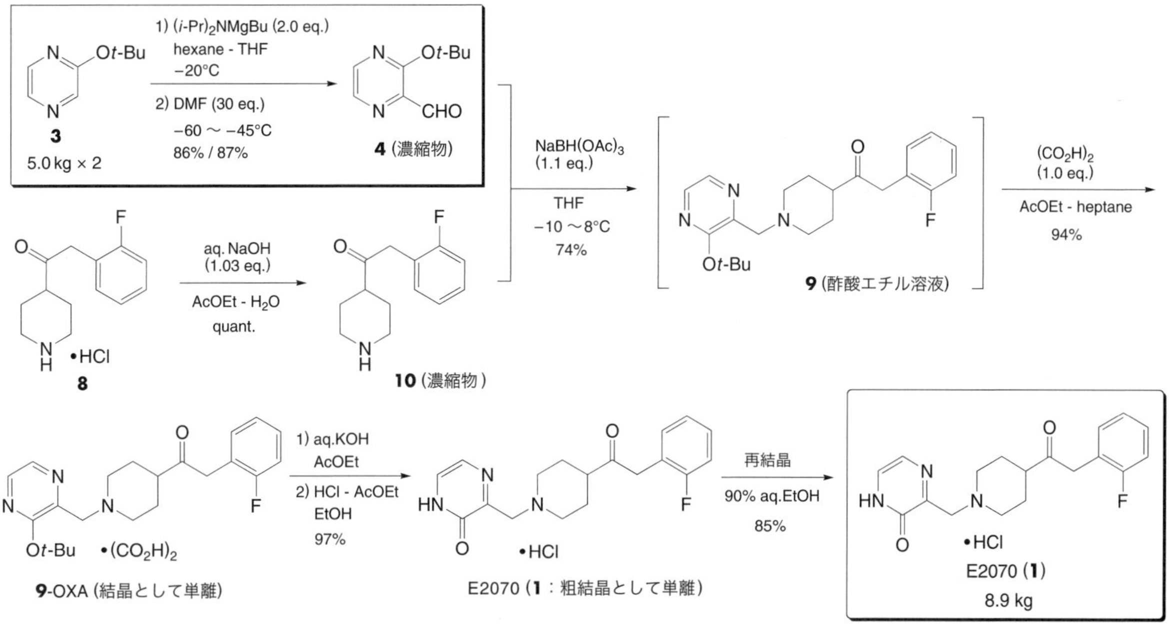

図5 E2070(**1**)の工業的製法

を見いだすことができた．それにより探索ルートを変更することなく，製法検討から治験用原薬製造に至るまでの期間を最小限に短縮できた．このことは，医薬品の開発でとくにスピードが求められる初期の臨床試験を遅滞なく進めることへのプロセス化学からの大きな貢献となった．

参 考 文 献

1) F. Ozaki, M. Ono, K. Kawano, Y. Norimine, T. Onogi, T. Yoshinaga, K. Kobayashi, H. Suzuki, H. Minami, K. Sawada, PCT int. Appl. WO 03/084948, 2003.
2) R. Mattson, C. Sloan, *J. Org. Chem.*, **55**, 3410 (1990).
3) A. Kamada, M. Kubota, PCT int. Appl. WO 05/030714, 2005.
4) (a) 根東義則, 白井 学, 吉田明弘, 坂本尚夫, 第72回有機合成シンポジウム講演要旨集 (1997), p.9. (b) Y. Kondo, A. Yoshida, T. Sakamoto, *J. Chem. Soc., Perkin Trans. 1*, **1996**, 2331.
5) (a) C. R. Hauser, H. G. Walker, *J. Am. Chem. Soc.*, **69**, 295 (1947). (b) W. Schlecker, A. Huth, E. Ottow, J. Mulzer, *Lieblys Ann.*, **1995**, 1441. (c) W. Schlecker, A. Huth, E. Ottow, *J. Org. Chem.*, **60**, 8414 (1995).

医薬品製造用の晶析溶媒の選択の難しさ

ICH（日米EU医薬品規制調和国際会議）による医薬品の残留溶媒ガイドラインでは，医薬品製造に用いる溶媒を以下のように分類している．

クラス1（医薬品の製造において使用を避けるべき溶媒）：ヒトにおける発がん性が知られている溶媒，ヒトにおける発がん性が強く疑われる溶媒，および環境に有害な影響を及ぼす溶媒．

クラス2（医薬品中の残留量を規制すべき溶媒）：遺伝毒性は示さないが動物実験で発がん性を示した溶媒，神経毒性や催奇形性など発がん性以外の不可逆的な毒性を示した溶媒，およびその他の重大ではあるが可逆的な毒性が疑われる溶媒．

クラス3（低毒性の溶媒）：ヒトに対して低毒性と考えられる溶媒で，健康上の理由から暴露限度値の設定は不要．

患者様保護の観点に立てば，医薬品製造の最終晶析工程で使用する溶媒はクラス3であることが前提となるが，これに属する溶媒としては，アルコール類（エタノール，1-プロパノール，2-プロパノール，1-ブタノールなど），酢酸エステル類（酢酸メチル，酢酸エチル，酢酸プロピルなど），炭化水素類（ヘプタン，ペンタン，クメン），ケトン類（アセトン，メチルエチルケトン，メチルイソブチルケトン），エーテル類（ジエチルエーテル，MTBE，アニソール），酢酸，ギ酸，ギ酸エチル，DMSOがあげられる．その種類は豊富に見えるが，このうち実際に製造現場で使用できる溶媒は必ずしも多くない．たとえばクメン，アニソール，ギ酸などを最終物の晶析に用いることにためらいは感じないだろうか？事実，乾燥に手間どる高沸点溶媒の使用は誰しも避けたいであろう．また，静電気が発生するおそれのあるろ過操作で，特殊引火物のジエチルエーテルを用いることは許されるだろうか？

医薬品の多くは塩として製造されるが，その際に使用される晶析溶媒のために好ましくない結果がもたらされることがある．たとえば，ある医薬品を硫酸塩として製造する場合，晶析にアルコール系溶媒を使用すると遺伝毒性物質である硫酸エステルが副生する場合がある．医薬品中への遺伝毒性物質の混入については非常に厳しい管理が求められており，そのために塩の晶析では最も使い勝手のよいアルコール系溶媒を使用できなくなることは晶析工程構築の障害となりかねない．

安全に見える溶媒にも落とし穴がある．たとえばアセトンの場合，クメンヒドロペルオキシド法による製造過程で数十ppmのベンゼンが混入する．ベンゼンはクラス1の溶媒であり（残留許容値は2ppm），医薬品の物性によってはベンゼンが残留しやすいので，アセトンを安易に使用することができないこともある．実際，筆者らのグループでも，ベンゼンの残留を懸念して，晶析溶媒をアセトンからエタノールに変更することを真剣に検討したことがあった．

以上いくつかの例を述べたが，これら以前の問題として医薬品の物性によっては溶解できる溶媒が限られたり，結晶多形の制御のために溶媒種が限定されることもある．このように，医薬品の晶析溶媒の使用にはいろいろと制約があるために，製薬メーカーのプロセス研究部門ではその選択に頭を悩ますことも多いのである．

（鎌田　厚）

Part III 第12章

不純物の功罪
セフェム系抗生物質 塩酸セフマチレンの製造と晶癖の制御

■ 増井 義之 ■
〔塩野義製薬株式会社 CMC 技術研究所〕

1. 塩酸セフマチレン水和物

塩酸セフマチレン水和物〔S-1090(**1**)〕(図1) は,塩野義製薬株式会社で見いだされた経口投与が可能なセフェム系抗生物質で,その抗菌スペクトルはグラム陰性菌からグラム陽性菌までの広い範囲をカバーするとともに,グラム陽性菌では好気性菌のみならず嫌気性菌に対しても抗菌活性を示した[1]. 残念ながら開発は中止されたが,その臨床試験を進めるにあたっては,原薬**1**に含まれる不純物の量をすべて0.10%以下に制御できると同時に,将来の商業生産も見込んで,高い通算収率で**1**を与える工業的製法の開発が求められることになった. そこで本章では,**1**のプロセス開発のなかでも,① 生成機構に基づく微量不純物副生の制御,② 微量不純物の存在を利用した**1**の結晶性状(晶癖)の制御について焦点を絞って紹介する.

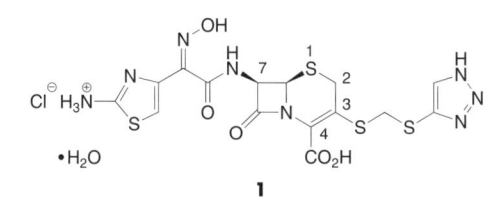

図1 S-1090(**1**)の構造式

2. 初期のパイロット製造と不純物の副生

1の当初の合成を図2に示す[2]. ジクロロメタン溶媒中トリエチルアミン(Et$_3$N;1.0当量) の存在下,チアゾール酢酸のEt$_3$N塩 (**2**) に塩化メタンス

原薬
医薬品有効成分 (Active Pharmaceutical Ingredient, API). 医薬品の薬効を発現するための主成分となる物質.

原薬中に含まれる不純物の許容量
原薬の不純物に関するガイドライン ICH (International Conference on Harmonization of Technical Requirements for Registration of Pharmaceuticals for Human Use) Q3A (R) によると,1日最大投与量が2.0 g以下の場合,安全性の確認の閾値は0.10%,または1日摂取量1.0 mgのどちらか低いほうと規定されている.

晶癖 (crystal habit)
結晶の外観や形状のこと. 結晶が成長する過程で,物理条件や不純物の影響で結晶面の成長する方向が変化すると,異なった晶癖が現れる. 晶癖が異なると,溶解速度や粉体特性など結晶の物理的物性も異なることが多い.

ルホニル(MsCl；1.3当量)を作用させて調製した混合酸無水物(**3**)にセフェム母核(**4**)を加えた．生成したアミド(**5**)の溶液は水洗したのち，チオラート(**7**)のジクロロメタン/DMF溶液〔同溶媒中チオアセタート(**6**)にナトリウムメトキシド(NaOCH$_3$)を作用させて調製〕に−60℃で滴下し，メシラートをチオールで置換した[*1]．生成した**8**は分液，抽出ののちにアセトニトリルから晶析させ，**4**からの通算収率67％で単離した．次いでジクロロメタン中，アニソールの存在下**8**をAlCl$_3$で処理してトリチル基とBoc基と

[*1] **5** + **7** → **8**
7のチオラートアニオンが**5**のα,β-不飽和エステルに共役付加したのち，メシラートアニオンがβ-脱離する反応．

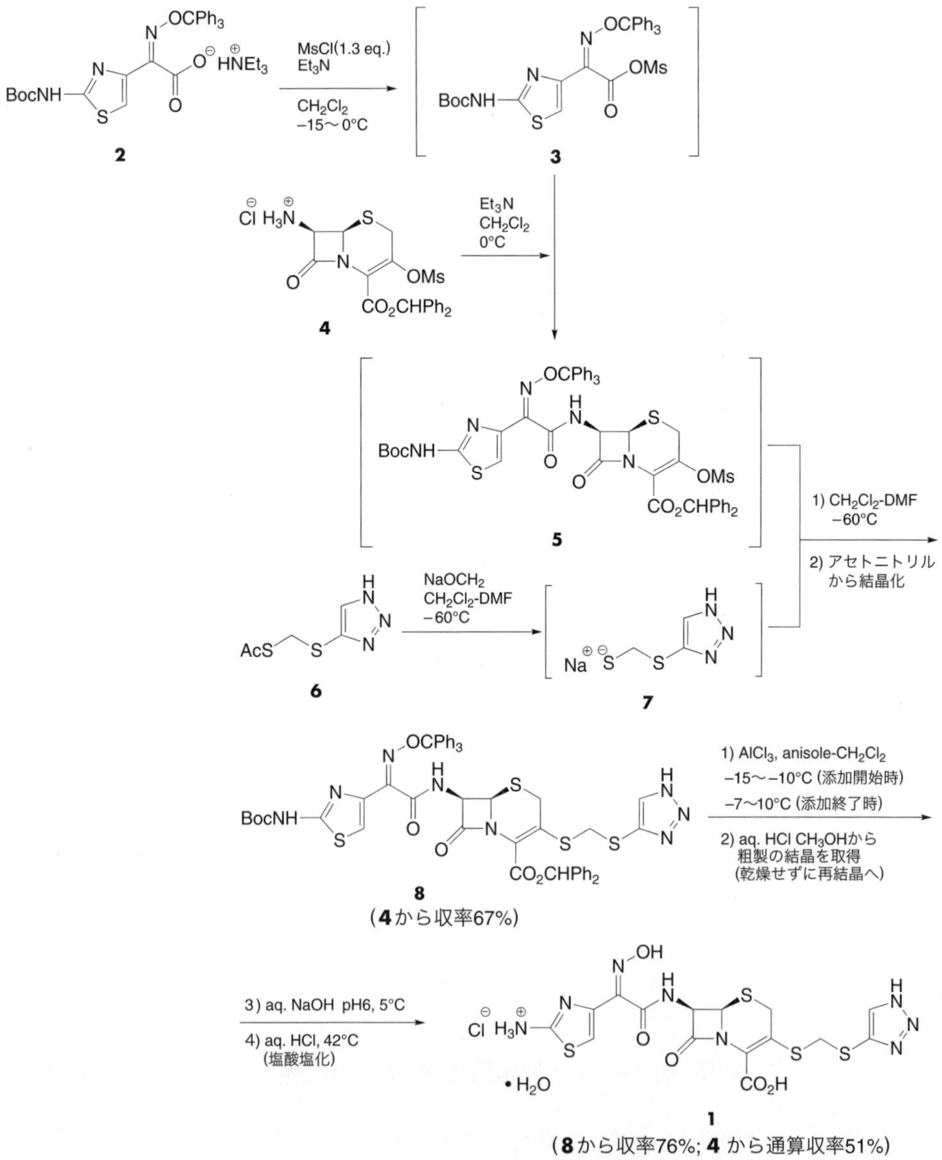

図2 S-1090(**1**)の初期製造法(改良前)

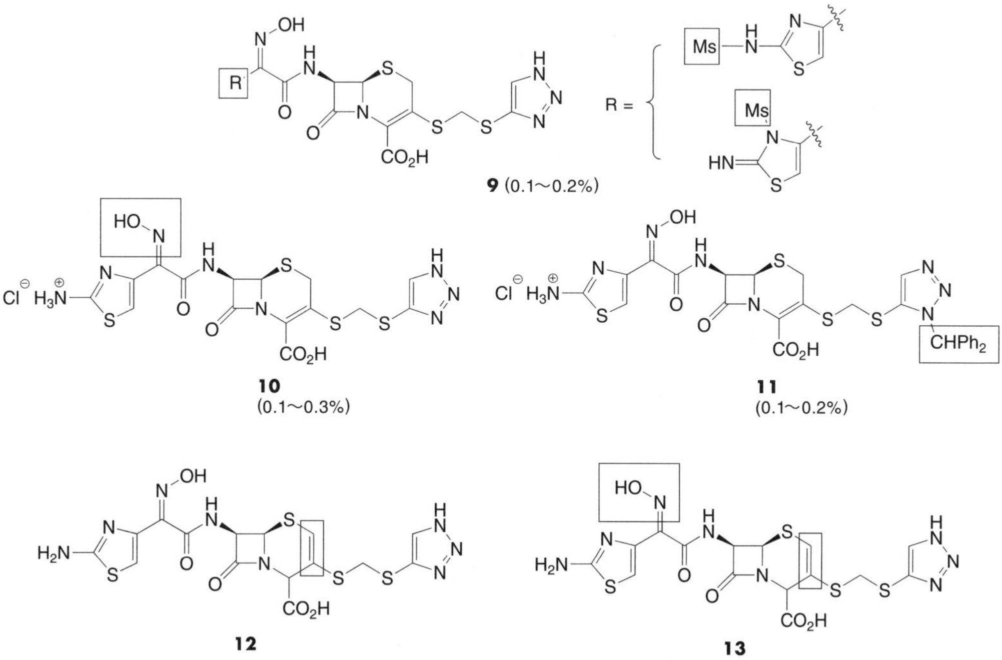

図3 不純物の構造式

ジフェニルメチル基を除去した．反応終了後，混合物を希塩酸とメタノールの混合物に加え，分液した水層を濃縮して析出した粗製の **1** をろ取したのち，乾燥することなく水に懸濁し，NaOH 水溶液を加えてナトリウム塩として溶解させた．最後に除塵ろ過ののち，ろ液を希塩酸で中和すると原薬 **1** の結晶が析出した（**8** からの収率は 76%）．

しかし，上述の反応をパイロットスケールで実施したところ，5 種類の不純物 **9 ～ 13** の副生が認められた（図3）．それらは，7 位側鎖のアミノチアゾール部位がメシル化された化合物（**9**）（ただしメシル基の結合位置は未同定），7 位側鎖のオキシムの E 異性体（**10**），3 位側鎖のトリアゾール環がジフェニルメチル化された化合物（**11**），セフェム環の二重結合異性体（**12**），**12** のオキシム部位の異性体（**13**）であった．このうち **9 ～ 11** の 3 化合物は，再結晶した **1** のなかにも残存していた．**12** と **13** の前駆体が **8** の晶析過程で完全に除去されるうえ，**1** の晶析過程で副生する **12** と **13** も **1** の再結晶で完全に除去できた．**12** と **13** は，**1** の収率を低下させることはあっても，**1** の純度には影響しない不純物であった．

3. 不純物(**9**)の副生制御

不純物（**9**）は，**3** を調製する過程で副生した N-メシル体（**14**）に由来する（図4）．**14** と **3** の物性は互いによく似ていたので，**4** が **14** で N-アシル

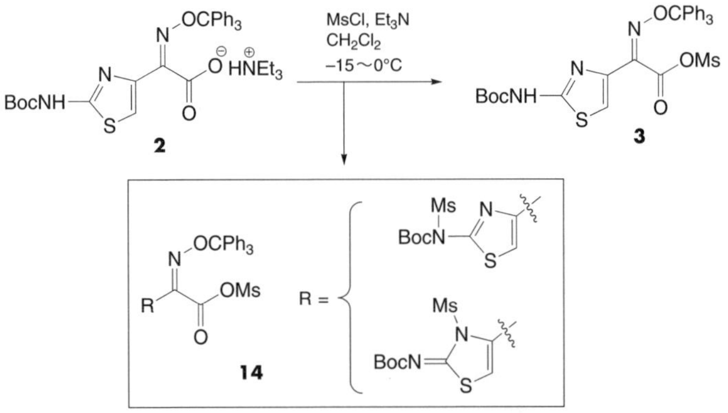

図4　**7**のメシル化で生成する不純物

化された副生物(**15**)も**8**と類似した挙動を示し，**8**の晶析によっても除去することができなかった(図5)．その結果，再結晶した**1**に0.10%（HPLC面積比）を上回る**9**が残存することもあった．

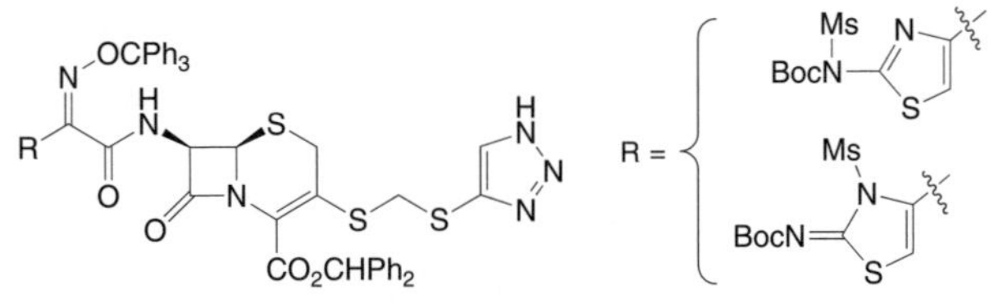

図5　**14**に由来する副生物(**15**)

したがって，原薬(**1**)に含まれる**9**の量を0.10%以下にするには，**14**ができるだけ副生しないようにする必要があった．そこでまず，**2**と反応させるMsClの量を，1.3当量から1.1当量に減少させた．次に，**3**が生成したあともアミノチアゾール部位の窒素原子がメシル化されないように，① MsClの滴下温度を$-15℃$から$-30℃$に下げ，② 滴下時間を10分から30分以上に延長し，③ 滴下終了後の反応温度は0℃から$-20℃$に下げることにした．その結果，**14**の副生量は顕著に減少し，再結晶後の**1**に含まれる**9**の量が0.10%を超えることはなくなった．

4．不純物(**10**)の副生制御

不純物(**10**)は，**1**のオキシム部位の幾何異性体である．図2に示した製造工程を精査した結果，トリチル基で保護されたオキシムは異性化しにくいが，トリチル基がはずれると酸性条件下，Z体はE体に部分的に異性化することを突き止めた．事実この異性化は，次の二つの工程で起こっていた(図6)．
　一つ目は，**5**の3位メシラートをナトリウムチオラート(**7**)で置換する

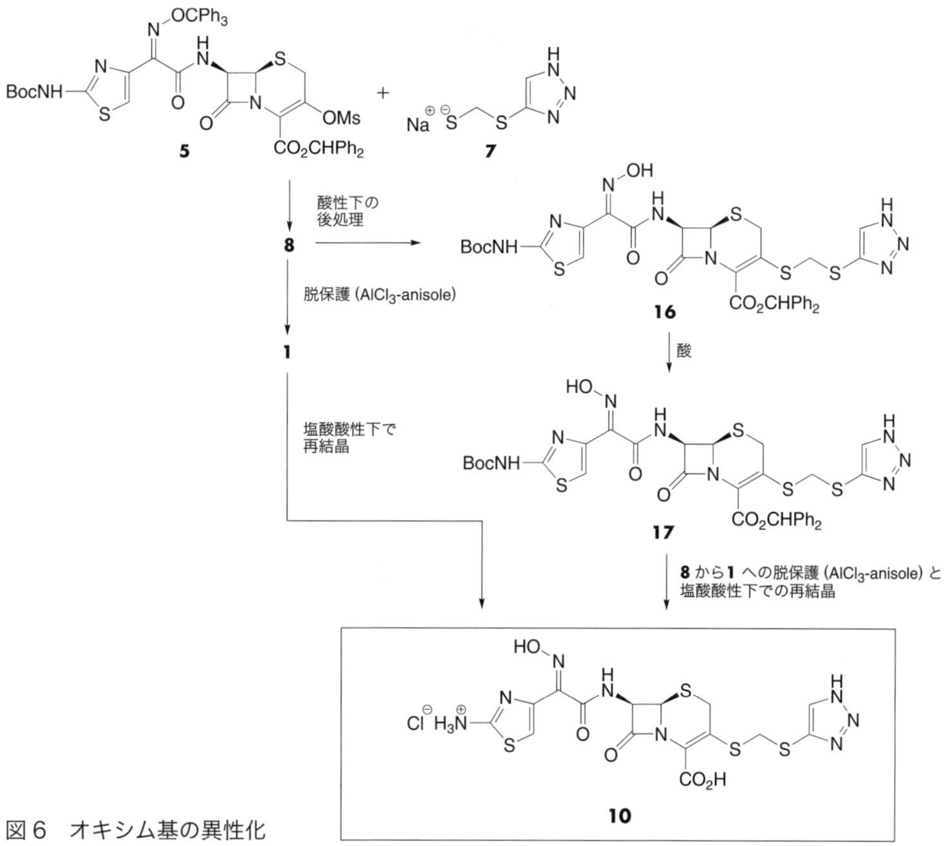

図6 オキシム基の異性化

工程であった．ここでは反応の後処理で使用する塩酸（pH 1）の影響で，**8** のトリチルエーテルが加水分解されて副生したオキシム（**16**）が，一部 E 体（**17**）に異性化した（図6の右側）．そして **8** が脱保護されるとき，**17** のジフェニルメチルエステルと Boc 基が脱保護されれば，**10** となって **1** に混入することになる．そこで **17** の副生を抑制するために，**5** と **7** から **8** を合成する反応の後処理条件を検討し直した．その結果，反応を水でクエンチしたのち，酢酸で水層の pH を 4 に調整すれば，**16**（したがって **17**）の副生が完全に阻止できることを見いだした．

オキシムが異性化した二つ目の工程は，希塩酸の存在下酸性条件で行う **1** の再結晶であった（図6の左側）．**1** の精製には再結晶が不可欠であるが，再結晶の温度が高いほど **10** への異性化が促進された．他方，再結晶を 36℃ 以下で行うと，ゲル化が起こるなどして **1** を望みの結晶形として得ることができなかった．しかし検討の結果，**1** を希塩酸に添加する温度を 42±4℃ から 39±3℃ に下げ，添加時間を 60 分から 45 分に短縮すれば，**1** が原薬として望ましい結晶形で析出すると同時に，**1** に含まれる **10** の量が 0.10% 以下に抑制できるようになった．

5. 不純物(11)の副生制御

不純物(**11**)は，**8**にAlCl$_3$を作用させてジフェニルメチルエステルを脱保護したとき，本来アニソールで捕捉されるべきジフェニルメチルカチオン(Ph$_2$CH$^+$)が，トリアゾール環と反応して副生したものである．AlCl$_3$の添加温度と粗製の**1**に混入した**11**の量との関係を調べると，添加温度が低いほど**11**の混入量が減少する傾向があった（表1）．さらに，活性炭処理による**11**の除去も検討した．粗製**1**のカルボン酸のナトリウム塩(**18**)水溶液を活性炭処理すると，活性炭の使用量に比例して**11**が除去された．そこで実際の脱色効果も考慮し，粗製の**1**に対し重量比で10％の活性炭を使用すると，**11**の残存量が0.60％から0.15％（もしくは0.80％から0.35％）に約0.45％も減少することがわかった．

カルボン酸のナトリウム塩(**18**)

表1　**8**の脱保護におけるAlCl$_3$の添加温度の**11**の副生量に対する効果[a]

entry	添加温度(°C)[b]	不純物(**11**)の含量(%)[c]
1	20	2.1
2	0	0.60
3	−30	0.20

a) AlCl$_3$（5当量）はアニソール溶液として20分で添加．
b) 添加開始から終了まで記載の一定温度で添加．
c) 粗製の**1**に含まれる**11**の量をHPLCの面積百分率として測定．

その後の研究から，活性炭処理後も微量に残存した**11**が，原薬(**1**)の晶癖に影響を及ぼすことを見いだした[3]．このことは8節でも詳述するが，晶析系中における**11**の存在量が0.10％以下のときは，所望の晶癖が得られなかった．一方，**11**の存在量が0.20％以上になると目的の晶癖が得られるものの，再結晶後の**1**に0.10％を超える量の**11**が残留してしまった．検討の結果，**1**の晶癖と純度をともに制御するには，再結晶の前の粗製の**1**が**11**をつねに0.15％含むようにしておけばよいことがわかった．このことから前述の活性炭による**11**の除去効率をもとに逆算すると，粗製の**1**が含むべき**11**の量は0.60％となる．そこで**8**とアニソールのジクロロメタン溶液にAlCl$_3$を添加する温度を0°Cに設定し（表1のentry 2），粗製の**1**に含まれる**11**の量がつねに0.60％になるように意図的に制御すること

によって，再結晶後の **1** に含まれる **11** の量を 0.10％以下に制御することができるようになった．

6. 不純物（**12**）の副生制御

不純物（**12**）は，セフェム環 3,4 位の二重結合が 2,3 位に移動した Δ^2 異性体であるが，**1** を再結晶する過程で母液に完全に移行したため，**1** への残存は認められなかった．したがって **12** が **1** の品質を直接左右することはないが，高価なセフェム母核（**4**）の利用率を高めて製造全体の経済性を高めるためにも，**12** の副生を抑えなくてはならない（図 7）．

一般にセフェム環の 3,4 位二重結合の 2,3 位への移動は，塩基性条件下で起こることが知られているが，ここでも Δ^2 異性体はセフェム環が塩基性条件にさらされる次の 2 か所で副生していた．一つ目は粗製の **1** を再結晶する前，活性炭で脱色するために NaOH 水溶液を使ってカルボン酸のナトリ

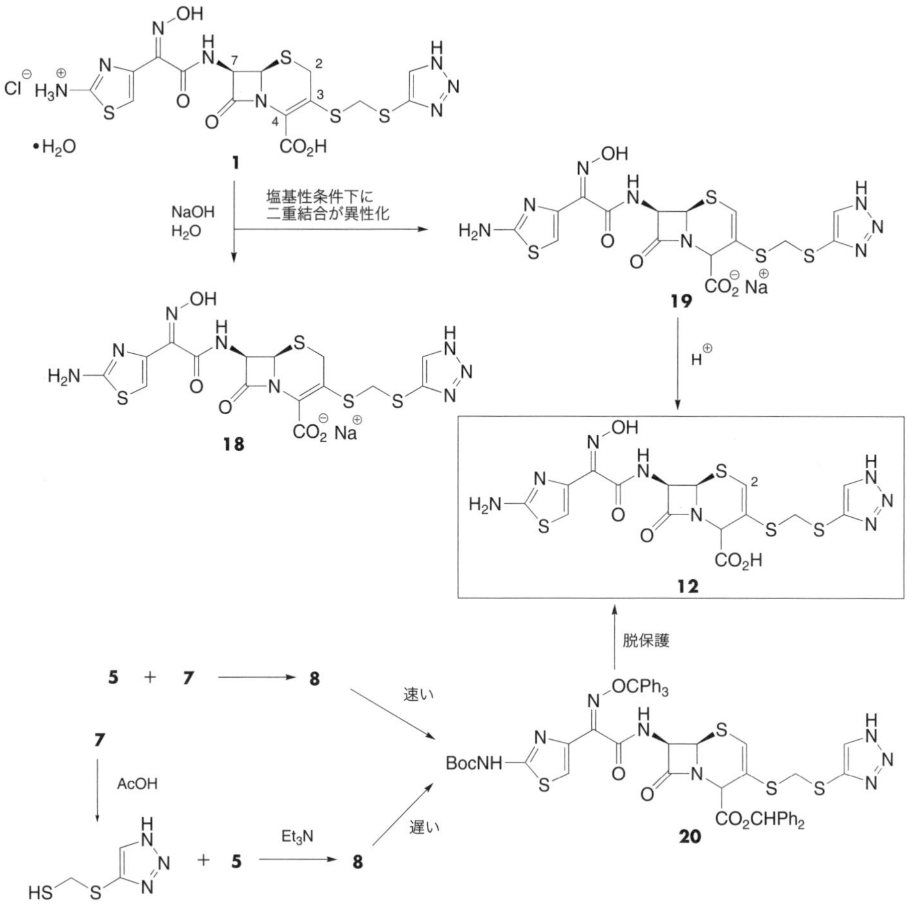

図 7　不純物（**12**）とその前駆体となる **20** の生成

ウム塩(**18**)を調製する段階であった〔図7上段の経路(**1** → **19**)〕．検討の結果，この段階での**12**の副生は，水に懸濁した粗製の**1**にNaOH水溶液を加える際，pHが6を超えないようにすれば回避できるようになった．

二つ目は，**5**に**7**を作用させて**8**を合成する工程であったが，ここでは反応自体の塩基性によって，**8**が部分的に**20**に異性化していた〔図7の下段の経路(**5** + **7** → **8** → **20**)〕．事実，**6**にNaOCH$_3$を加えて調製した**7**を使用する限り，反応温度を-60℃に下げても**20**が8～10%副生した．しかし**7**の代わりに，チオール〔**21**（**7**を酢酸で中和して調製）〕をEt$_3$Nの存在下**5**と反応させると，**20**の副生を3%に抑制することができた．なお，少量ながら副生した**20**は，**8**を晶析して精製する際に完全に除去できた．

7. 不純物(**13**)の副生制御

不純物(**13**)は，**1**のオキシム基がE体に異性化すると同時に，セフェム環3,4位の二重結合が2,3位に移動した異性体であるが，4節と6節での考察をもとに図8に示した機構で副生したと推定した．すなわち，塩基性条件下**8**の二重結合が異性化した**20**（図7参照）が，後処理で使用した酸の作用でトリチル基が部分的にはずれて**22**になり，オキシムが異性化して

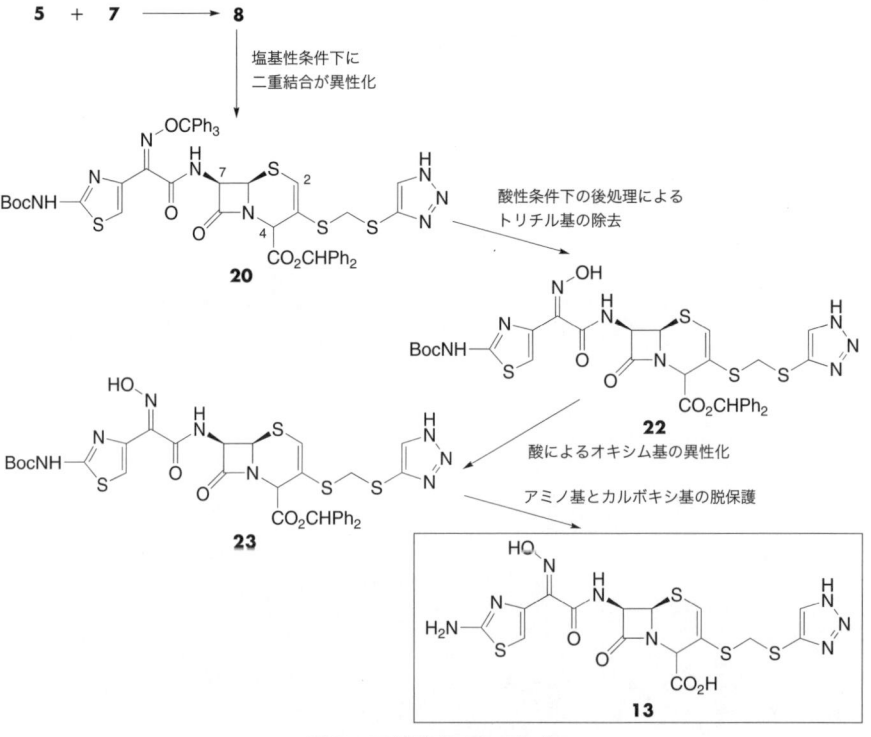

図8　不純物(**13**)の生成

23 になる．次いで，ジフェニルメチルエステルと Boc 基が脱保護されると 13 が生じることになる．したがって 13 の副生を抑制するには，6 節で説明した方法に従い，3,4 位二重結合の 2,3 位への異性化を防ぎ，20 の副生を阻止したうえで，4 節に記したように反応の後処理において水層の pH を 4 に保つことが，13 の副生を抑制するには有効であった．なお 13 も，1 の再結晶で完全に除去されるので，1 の原薬としての品質を左右することはなかった．

8. 塩酸セフマチレン水和物(1)の晶癖制御

医薬品の有効成分である原薬の多くは結晶であるが，結晶多形や粒径のほかにも，晶癖が製剤時の溶解速度や投与後の吸収性を左右することがある．そのため，結晶性の原薬の晶癖を制御することは，プロセス化学における重要な課題の一つである．そして 1 の場合は，そのなかに微量に存在する媒晶剤（晶癖に影響を及ぼす物質）を利用することによって，流動特性に優れ，製剤化に適した晶癖 B（図 9）の結晶粒子を確実に製造できる条件を確立できた[3]．

1 の晶癖を左右する媒晶剤を発見することになった発端は，1 のパイロット製造において突然，所望の集合結晶（晶癖 B）ではなく，微細な針状結晶（晶癖 A）が出現したことであった[*2]．そこで，過去に製造された 1 およびその中間体の不純物プロフィールについて，1 の晶癖との関係を調べたところ，① 不純物(11)を多く含む 1 はつねに晶癖 B を与えたが，② 11 の含有量が相対的に低い 1 は晶癖 A を与える傾向のあることを見いだした．そこで別

結晶多形
(polymorphism)
結晶のなかでは，分子あるいはイオンが規則正しく配置されているが，その並び方が変わると結晶の外観，融点，安定性，溶解性などが異なる現象のこと．

媒晶剤
(habit modifier)
結晶が成長する際，その形状（晶癖）に影響を及ぼす不純物のこと．無機化合物については古くから多数の報告例がある．中井資著，『晶析工学』（培風館），p. 86 を参照．なお 1 の製造では，1 に含まれる不純物(11)で晶癖を制御したが，外部から媒晶剤を加える方法も有効であった．文献 3 を参照．

*2 A と B の粉末 X 線回折では，すべての回折ピークが同じ回折角に出現したので，両者は結晶多形としては同一である．

図 9 S-1090(1)の光学顕微鏡写真

表2 **1**の晶癖に対する不純物(**11**)の添加効果

entry	不純物(**11**)の添加量(面積%) [a]	得られた結晶(**1**)の性状		
		比表面積[b] (m^2/g)	不純物(**11**)の含量(%)	晶癖
1	0.06	1.61	0.03	A
2	0.20	0.66	0.11	B
3	0.26	0.48	0.13	B
4	0.50	0.33	0.35	B
5	1.24	0.14	1.00	B

a) HPLC. b) 透過法で測定.

比表面積
(specific surface area)
単位重量の粉体中に含まれる全粒子の表面積の総和(cm^2/g). 細かい粒子ほど比表面積は大きくなる.

途合成した**11**を用い,共存する**11**の量を変化させて**1**の再結晶を行ったところ,上記の①と②がともにフラスコのなかで再現され,**11**が媒晶剤として機能していることがわかった(表2).そこで5節で説明したように,実際の製造では**1**を再結晶する際**11**をつねに0.15%残存させることによって,**1**の晶癖を望ましいBとするとともに,析出した**1**に含まれる**11**の量を0.10%以下に制御することに成功した.

9. 塩酸セフマチレン水和物(**1**)の工業的製法

ここまでの改良をもとに確立した**1**の工業的製造工程をまとめると図10のようになるが[2],初期の製造工程(図2)からの主要な変更点は,次のようになる.

① **2**の**3**への変換では,MsClの使用量を1.3当量から1.1当量に,添加時間を10分から30分に,添加温度を0℃から−20℃に変更して**14**(原薬中では**9**)の副生を抑制した.

② **8**の合成では,**7**の代わりに,Et₃Nの存在下に**21**を**5**とカップリングさせることによって**20**(原薬中では**12**と**13**)の副生を抑制した.

③ **8**を合成する反応の後処理のpHを,塩酸酸性の1から酢酸酸性の4に変更して,**16**(原薬中では**10**)の副生を抑制した.

④ **8**から**1**への変換では,AlCl₃のアニソール溶液を添加する温度(0℃)と**1**の脱色に用いる活性炭の量を10重量%に厳密に規定することによって,再結晶前の**1**に含まれる**11**の量が0.15%になるように制御した.

⑤ 原薬**1**を希塩酸から結晶化させる温度を厳密に規定して(42℃から39℃),**10**の副生量を0.10%以下に抑制した.

上記の改良によって**1**の通算収率は,最初の製造条件(図2)の51%から61%(図10)に向上した.改良後の製造プロセスでは,**1**に含まれるすべての不純物(図3)の副生を抑えたうえで,**8**と**1**を結晶として単離することで,

原薬への混入量をどれも0.10%以下に制御できた[2]. さらに再結晶前の**1**に微量に含まれる**11**を媒晶剤として利用することによって，**1**の晶癖を制御する条件を確立できた[3]. なお，**1**の7位アシル側鎖に導入する**2**については，環境調和型の工業的製法を開発することができた[4].

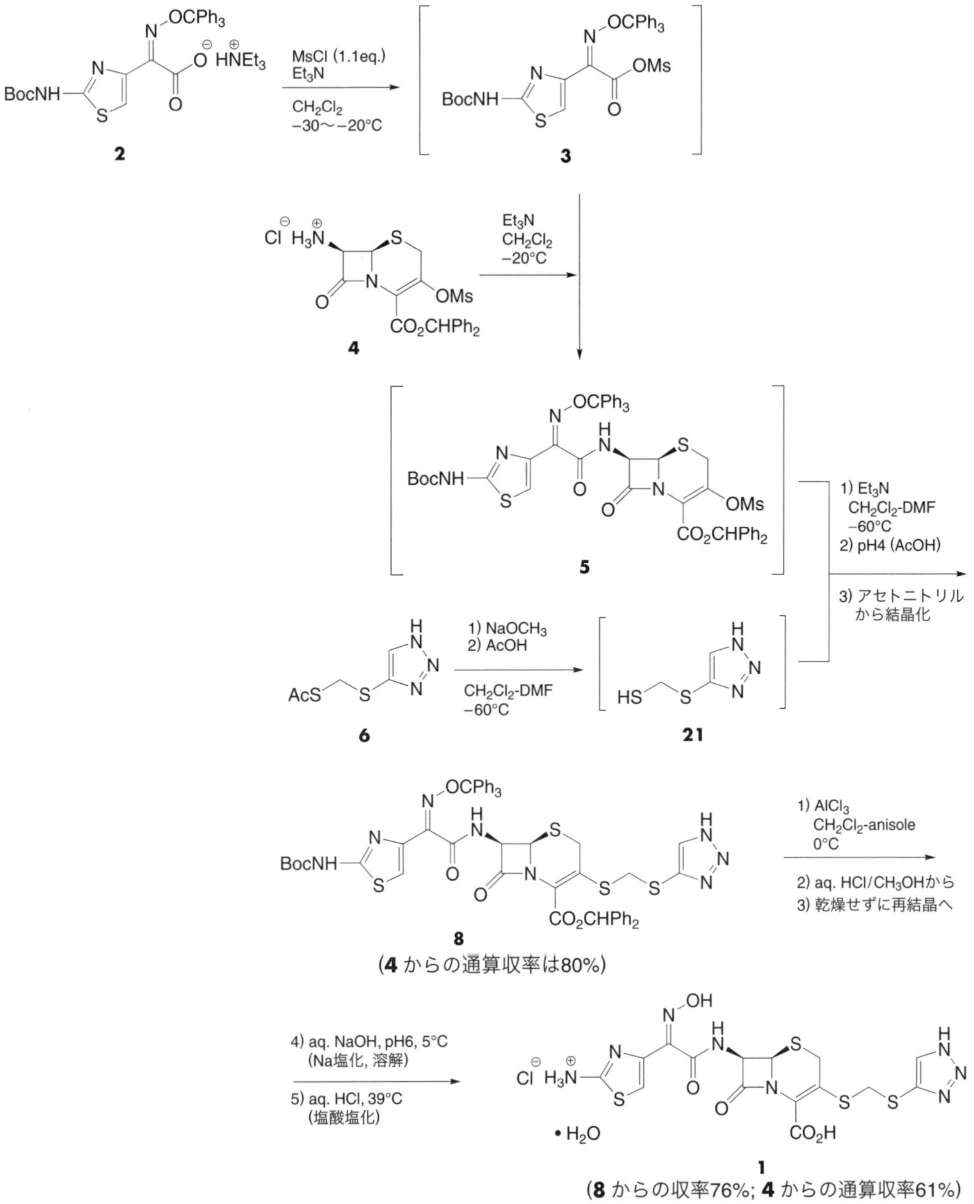

図10　S-1090(**1**)の工業的な製造工程(改良後)

10. おわりに

　製薬企業におけるプロセス化学の目標は，合成有機化学の知識と経験を最大限に活用して，高品質な原薬を安全に，低環境負荷，低コスト（安価な原料を使い，高い収率と高い容積効率）で製造できる堅牢な製造法を，迅速に開発することにある．これは新規合成ルートの開拓や新反応の探索に比べると地味な面もあるが，反応条件や後処理法を最適化して原薬の品質と通算収率を極限にまで高めるには，深い洞察と注意深い観察力が不可欠である．本稿ではそのような事例として，S-1090（**1**）の工業的製法の開発を取り上げ，不純物の生成機構の理解を通じた副生物の抑制，媒晶剤として機能する微量不純物（**11**）を利用した **1** の晶癖（結晶形）の制御について紹介した．

参考文献

1) (a) T. Kubota, M. Kume, U.S. Patent 5,214,037, 1993. (b) M. Kume, T. Kubota, Y. Kimura, H. Nakashimizu, K. Motokawa, M. Nakano, *J. Antibiotics*, **46**, 177 (1993). (c) M. Kume, T. Kubota, Y. Kimura, H. Nakashimizu, K. Motokawa, *J. Antibiotics*, **46**, 316 (1993). (d) M. Kume, T. Kubota, Y. Kimura, H. Nakashimizu, K. Motokawa, *Chem. Pharm. Bull.*, **41**, 758, (1993).
2) T. Kobayashi, Y. Masui, Y. Goto, Y. Kitaura, T. Mizutani, I. Matsumura, Y. Sugata, Y. Ide, M. Takayama, H. Takahashi, A. Okuyama, *Org. Process Res. Dev.*, **8**, 744 (2004).
3) Y. Masui, Y. Kitaura, T. Kobayashi, Y. Goto, S. Ando, A. Okuyama, H. Takahashi, *Org. Process Res. Dev.*, **7**, 334 (2003).
4) Y. Goto, Y. Masui, Y. Kitaura, T. Kobayashi, H. Takahashi, A. Okuyama, *Org. Process Res. Dev.*, **9**, 57 (2005).

逆も試してみよう！

　筆者が入社してまもない頃，塩酸セフマチレン(**1**)の製造をはじめてパイロットプラントで実施したときの失敗談である．1Lのフラスコ実験では当初，ナトリウム塩(**18**)の水溶液に希塩酸を加えて非水溶性で非晶質のカルボン酸(**22**)を析出させたのち，過剰の希塩酸の存在下で**22**の懸濁液に25℃で種結晶を添加すると約30分で**1**の結晶化が完了していた（第1法）．しかしこの方法を100Lの晶析釜で実施すると，1時間を経過しても非晶質(**22**)のままであった．事前の検討では温度が高いほど，塩酸濃度が高いほど，種結晶が多いほど，**22**から**1**への変換は短時間で進行することがわかっていた．そこで35℃に加温して塩酸も追加したものの，結晶化は遅々として進まなかった．次に種結晶の量を増やすために，反応缶の内容物を1L抜いてはフラスコ内で結晶化させ，それを反応缶にもどすことを数回繰り返し，結局8時間以上かけてやっと結晶化を完了させた．しかしセフェム化合物は，一般に熱や酸，塩基に不安定である．したがってこの過程で分解物が増えたことはいうまでもない．

　その後，**18**の水溶液から**1**を確実に結晶化させる方法として，加える順序を逆にした第2法を開発した．すなわち希塩酸に**18**の水溶液（1/4量）を滴下し，種結晶を添加したのちに残った**18**の水溶液（3/4量）を滴下すると結晶化が円滑に進行した．しかし第1法でも第2法でも，得られた**1**の結晶は晶癖Aであった（8節参照）．晶癖Bを得るためにさらに検討を重ねた結果，**18**の水溶液に希塩酸を加えていったん**22**の懸濁液を調製しておき，種結晶の添加をはさんでこれを希塩酸に滴下したところ，**1**の結晶が晶癖Bで得られることを見いだした（第3法）．そしてこの第3法が，工業的製法として採用されることになった．

　筆者はこの苦い経験で，スケールアップの難しさと，スケールアップの前に再現性と堅牢性を実験により十二分に検証することの大切さを学んだ．

（増井　義之）

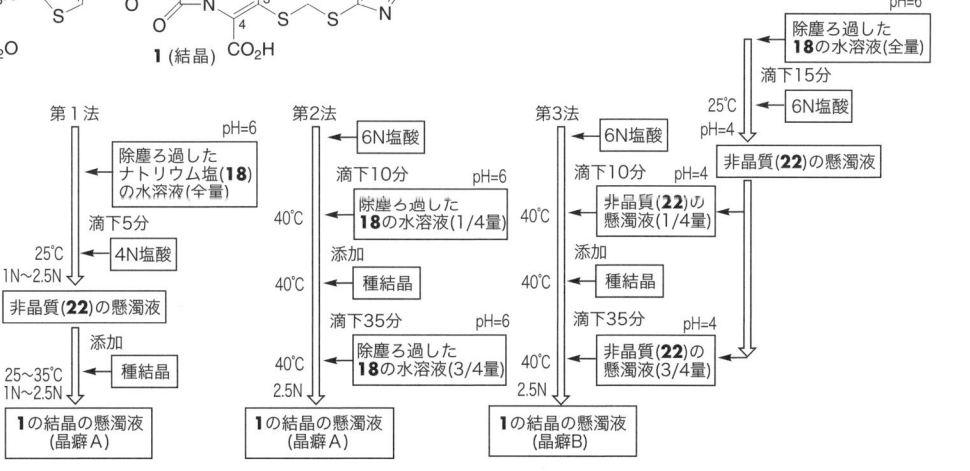

Part IV

官能基の変換

Part IV 第13章

半合成アミノ配糖体抗生物質の世界初の工業化
硫酸ジベカシンの製造法改良

■ 梅村　英二郎・味戸　慶一 ■
〔明治製菓株式会社 薬品研開発本部〕

1. カナマイシン耐性菌に有効なジベカシン（DKB）とその工業化

アミノ配糖体抗生物質は，抗菌スペクトルが広く殺菌性に優れていることから，今日でも臨床上有用な注射用抗菌剤である．なかでも1971年，梅澤ら[1]により半合成アミノ配糖体抗生物質として創製された3′,4′-ジデオキシカナマイシンB（ジベカシン，DKB）は，カナマイシン耐性菌のほか緑膿菌にも有効であることから，感染症の治療において現在でも重要な役割を担っている（図1）．

本稿では，世界で最初に工業化された半合成アミノ配糖体抗生物質ジベカシンの製法開発について，官能基の選択的変換と隣接した二つのヒドロキシ基のデオキシ化を中心に，実験室から生産現場にわたる検討の成果を紹介する．そのプロセス化学は，実験室での進歩を製造現場が追いかけて完成され

カナマイシン耐性菌
R因子をもつ耐性大腸菌などのことで，アミノ配糖体の3′位のヒドロキシ基がリン酸化され不活化される（梅澤・近藤ら）．

緑膿菌
多くの抗生物質に抵抗性を示して院内感染を引き起こす．ステロイド剤，免疫抑制剤，放射線治療などによって免疫能が低下している患者では敗血症や重篤な肺炎の原因となる．

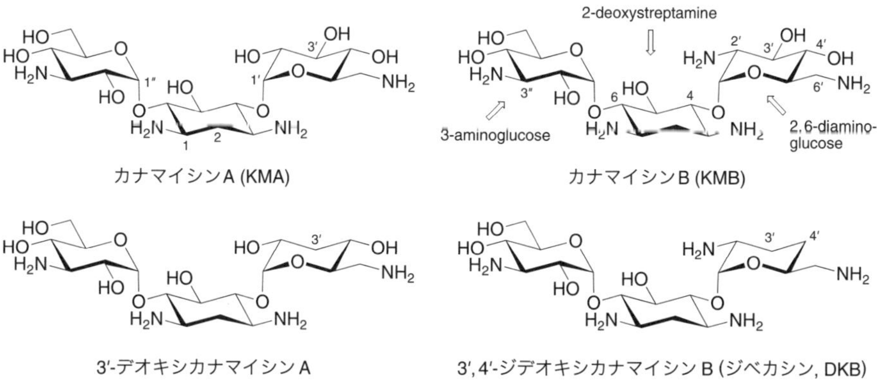

図1　カナマイシン類およびそれらの誘導体

ていったが，第2節では実験室での検討を，第3節では工業的製法の開発について当時のままに再現したい．

2. ジベカシンの合成と製造法改良のための基礎検討

2.1 初期実製造法に応用された最初のジベカシン合成

梅澤らは，カナマイシンA（KMA）から3′位のヒドロキシ基を除去した3′-デオキシカナマイシンAがカナマイシン耐性菌や緑膿菌に有効であることを見いだし，デオキシ化されたさまざまなカナマイシン類の網羅的合成を計画した（図1）．この過程で，4′位のデオキシ化の効果も合わせて評価することを目的として，カナマイシンB（KMB）から3′,4′-ジデオキシカナマイシンB，すなわちジベカシン（DKB）の合成が計画された．KMBは，2-デオキシストレプタミンの4位および6位に，2,6-ジアミノグルコースおよび3-アミノグルコースがそれぞれα-グリコシド結合した構造をもっているが，2,6-ジアミノグルコースの3位と4位がデオキシ化された誘導体がDKBである．

梅澤・土屋ら[2)]によるDKBの最初の合成（図2）では，アミノ基はエトキシカルボニル基で，4″位と6″位のヒドロキシ基はイソプロピリデン基で，孤立した2″位のヒドロキシ基はベンゾイル基でそれぞれ保護された**4**に対

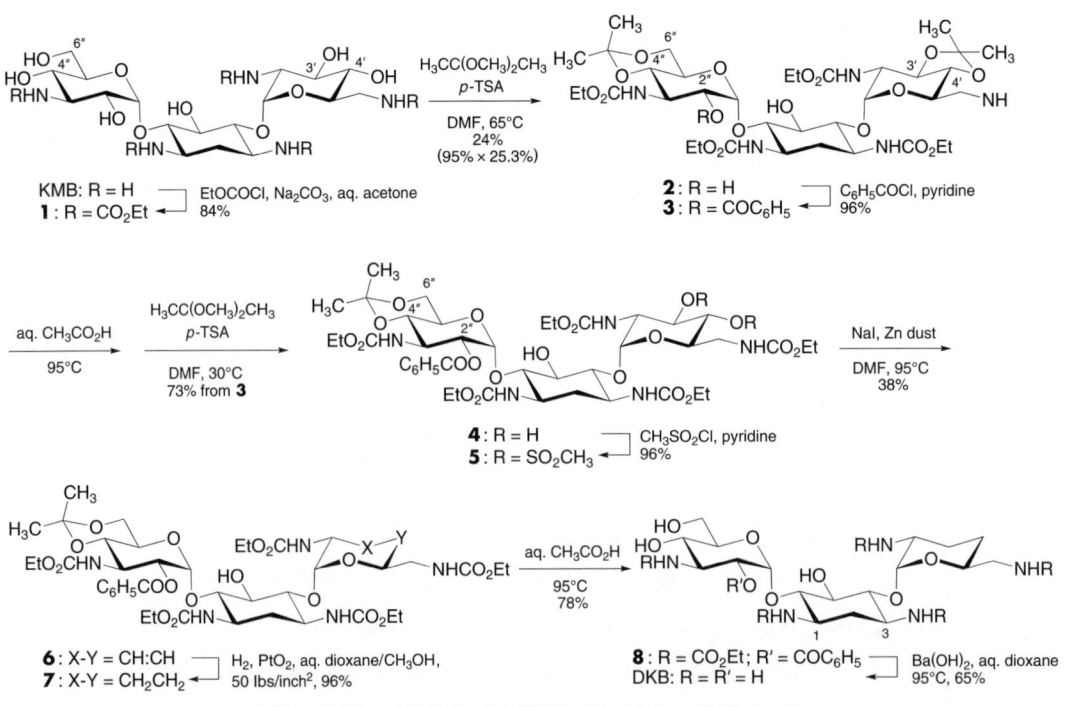

図2 梅澤・土屋らによる最初のジベカシン合成ルート

し，ジ-O-メタンスルホニル（Ms）化ののち，Tipson–Cohen 反応[3]による 3′ 位と 4′ 位のジデオキシ化（**4 → 5 → 6**）が適用された．なお，本法によるジデオキシ化は，アミノ基をもたない単糖類ではすでに Horton・土屋ら[4]による報告があったが，複雑な構造をもつアミノ配糖体への応用は，本合成（図 2）が最初の例となった．しかしながら，この方法では 3′,4′ 位ヒドロキシ基へのイソプロピリデン化（**1** の 4″,6″-イソプロピリデン体から **2** への反応）の収率（25%）と Tipson–Cohen 反応（**5 → 6**）の収率（38%）がともに低かったため，全 11 工程の通算収率は 2.5% にとどまった．

> **Tipson–Cohen 反応**
> 隣接した二つのヒドロキシ基をスルホン酸エステルに変換したのち，これに DMF 中亜鉛末とヨウ化ナトリウムを作用させて非末端二重結合を生成させる反応．

2.2　ジベカシンの現行実製造法のもとになった改良合成法

DKB の最初の合成（図 2）では，前述の問題点のほかにも，アミノ基の保護に用いたエトキシカルボニル基を最終工程において塩基性条件下で脱保護する際，ウレイレンが副生して DKB が収率よく得られないという問題があった．さらに，3′,4′-イソプロピリデン基が不安定なためか，**2** の収率向上にも限界があった．そこで三宅ら[5]は，アミノ基の保護にパラトルエンスルホニル（Ts）基を選択し，4″ 位と 6″ 位のヒドロキシ基の保護にシクロヘキシリデン基[*1]を用いるルートを検討した（図 3）．Ts 基は，液体アンモニア中 **14** に金属ナトリウムを作用させると，収率よく脱保護することができ，ウレイレンのような副生物は観察されなかった．また，2′ 位のアミノ基が Ts 化されていると，Tipson–Cohen 反応（**11 → 12**）は，亜鉛末が存在しなくとも収率よく進むことを見いだした．さらに，脱離基としてメタンスルホニルオキシ（MsO）基の代わりにベンジルスルホニルオキシ（BesO）基を用いると，

> **ウレイレン**
> 1 位のアミノ基と 3 位のアミノ基の間で形成された環状ウレアのこと．

> [*1] シクロヘキシリデン基を選択した根拠は，本稿 3.2 項で詳述する．

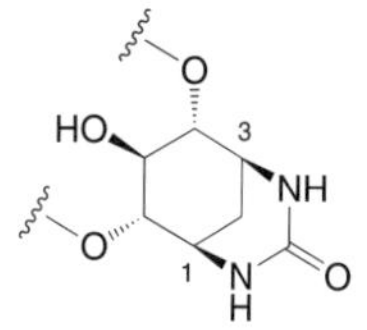

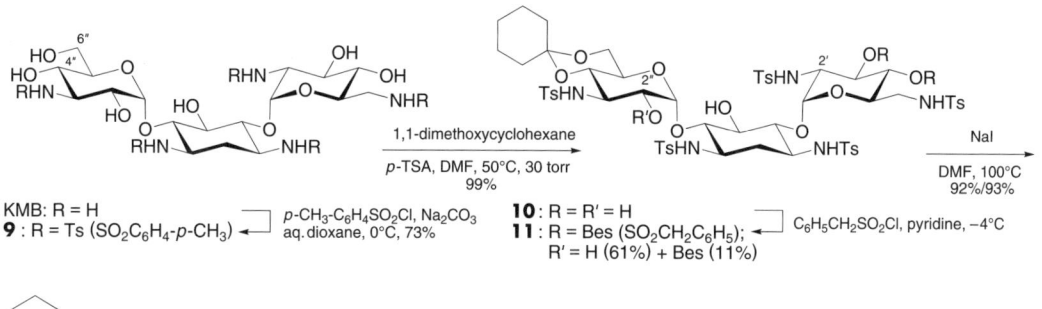

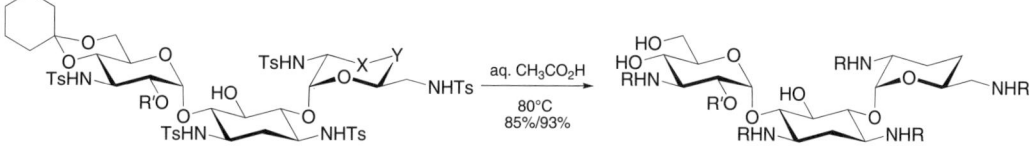

図 3　三宅らによるジベカシンの改良合成ルート
第 4 工程以降の収率は左が di-Bes ルート[5]，右が tri-Bes ルート[5]．

KMB: R = H
9: R = Ts (SO$_2$C$_6$H$_4$-p-CH$_3$)　　p-CH$_3$-C$_6$H$_4$SO$_2$Cl, Na$_2$CO$_3$, aq. dioxane, 0°C, 73%

1,1-dimethoxycyclohexane, p-TSA, DMF, 50°C, 30 torr, 99%

10: R = R′ = H
11: R = Bes (SO$_2$CH$_2$C$_6$H$_5$); R′ = H (61%) + Bes (11%)　　C$_6$H$_5$CH$_2$SO$_2$Cl, pyridine, −4°C

NaI, DMF, 100°C, 92%/93%

12: X-Y = CH:CH; R′ = H or Bes
13: X-Y = CH$_2$CH$_2$; R′ = H or Bes　　H$_2$, PtO$_2$, aq. ethyl acetate/dioxane, 50 lbs/inch^2, 84%/98%

aq. CH$_3$CO$_2$H, 80°C, 85%/93%

14: R = Ts; R′ = H or Bes
DKB: R = R′ = H　　liq. NH$_3$-ethylamine, sodium metal, −50°C, 96%/90%

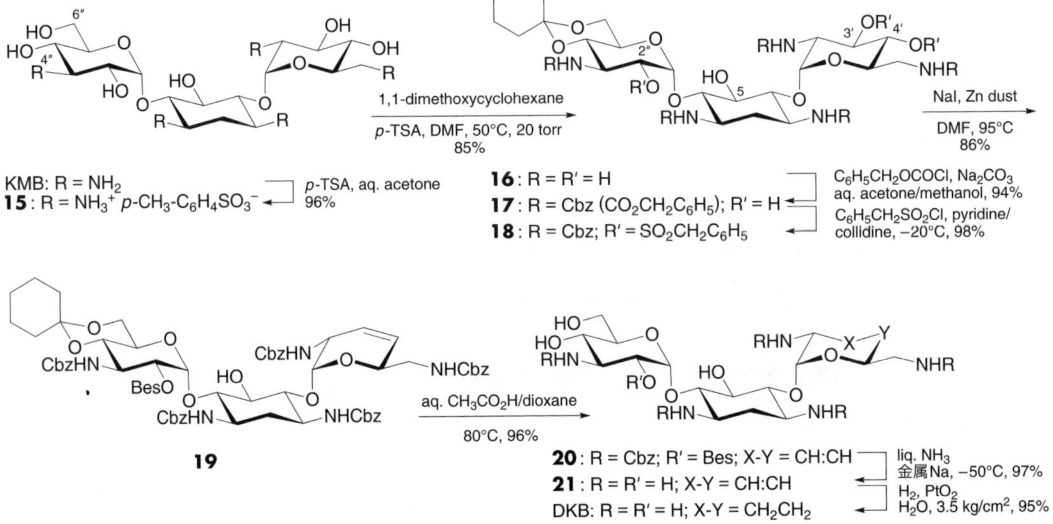

図4 西村・土屋らによるジベカシンの改良合成ルート

　Tipson-Cohen反応の収率を90％以上に高めることができた．なお，孤立した2″位ヒドロキシ基は，部分的にBes化されていても（**11**, R′= Bes），Tipson-Cohen反応の影響を受けず，**14**でR′がBesであったものもTs基と一緒に脱保護されることを見いだした．さらに，**9**のシクロヘキシリデン化では，4″位と6″位のヒドロキシ基のみが選択的に保護された**10**を収率よく得ることができたので，保護・脱保護のための余分な工程が省かれ，全7工程の通算収率が34％に改善された．

　一般に分子内にアミノ基とヒドロキシ基がある場合，有機溶媒への溶解性の確保や$O \rightarrow N$アシル転位反応を抑制するために，通常はアミノ基，次いでヒドロキシ基の順に保護を行うが，西村・土屋らは[6]，KMBのペンタパラトルエンスルホン酸塩（**15**）を出発物質として用い，最初に4″位と6″位のヒドロキシ基への位置選択的なシクロヘキシリデン化（**15** → **16**）を行ったのち，すべてのアミノ基をベンジルオキシカルボニル基（Cbz）で保護した（図4）．そして3′,4′,2″-tri-O-Bes化したのち，鍵となるTipson-Cohen反応（**18** → **19**）に付すことにより，全8工程の通算収率を57％に高めることに成功した．なお，5位のヒドロキシ基がBes化されるとTipson-Cohen反応で構造不明の副生成物を生じたため，位置選択的なBes化（**17** → **18**）の条件を確立した．

3. ジベカシンの実製造法改良

3.1 半合成アミノ配糖体の製造における実用上の課題

　糖質は結晶化しにくいことが知られているが，アミノ配糖体もその例外ではなく，アミノ基やヒドロキシ基が保護された誘導体であっても結晶になることはまれである．しかし，工程ごとにシリカゲルカラムクロマトグラフィーなどで精製していたのでは非経済的であり，高品質な原薬を低コストで製造することは困難である．そこで，反応条件を最適化して不純物の副生を抑制するだけではなく，反応の連続化や置換濃縮も検討しながら，製法の工業化に取り組むことにした．具体的には，脱塩操作（分液操作および沈殿化）以外は中間体での精製工程を可能な限り省略し，最終工程においてのみ，水溶性のDKBをイオン交換樹脂を充塡したカラムクロマトグラフィーで精製することにした．

　なお，実製造では工程日数が製造コストに与える影響が大きいため，乾燥に長時間を要する沈殿化による精製は現実的ではない．そこで，分液操作のみで次の工程に進む方法を積極的に取り入れた．

3.2 ジベカシン（DKB）の初期実製造法

　深津ら[7]は，オリジナルルート（図2）をもとにDKBの初期実製造法を確立したが，上述の方針に従って中間体の精製を簡略化し，最終工程でのみイオン交換樹脂クロマトグラフィーによる精製を行って文献値のおよそ2倍にあたる5％の通算収率を記録した．しかし当時の試算では，DKBの製造が採算ラインに乗るには，通算収率が10％を超える必要があった[7]．そこで，オリジナルルートにおいて収率の点で最も問題のあった3′,4′-イソプロピリデン化反応から検討した．

　トランスジエクアトリアルに配向した3′位と4′位のヒドロキシ基を歪みのかかった五員環アセタールに変換するには，2,2-ジメトキシプロパンとのアルコール交換で副生したメタノールを，加熱または減圧下に留去する必要があった（図2）．しかし，メタノールは2,2-ジメトキシプロパンとの沸点差が小さく，メタノールのみを選択的に系外に除くことができなかったため，反応を完結させることは困難であった．そこで，メタノールとの沸点差が大きい1,1-ジメトキシシクロヘキサンを用い，**1**のシクロヘキシリデン化を試みたところ，期待どおり3′,4′位でも反応が進んで目的とするジシクロヘキシリデン体（**22**）を高収率で与えた（図5）．またイソプロピリデン保護法（図2）では，**2**の2″位ヒドロキシ基をベンゾイル化した3′,4′;4″,6″-ジイソプロピリデン体（**3**）から3′,4′位のみを選択的に脱保護することが

置換濃縮
次工程で使用する反応溶媒を加えて濃縮することによって，反応溶媒を置換する方法．溶媒が水と共沸する場合は脱水工程を省略することができる．

カラムクロマトグラフィー
アミノ配糖体のように塩基性で水溶性の抗生物質の場合，吸着と溶出を水で行えるイオン交換樹脂によるカラムクロマトグラフィーは，樹脂が再利用できることもあって工業的に有効な精製方法である．
　しかし一般に，シリカゲルカラムクロマトグラフィーは製造プロセスにおいて生産性の低下をもたらすため，晶析などを用いる精製工程に変更されることが多い．一方，イオン交換クロマトグラフィーは，上述のようにアミノ酸，アミノ配糖体の工業的精製の手段として広く行われている．

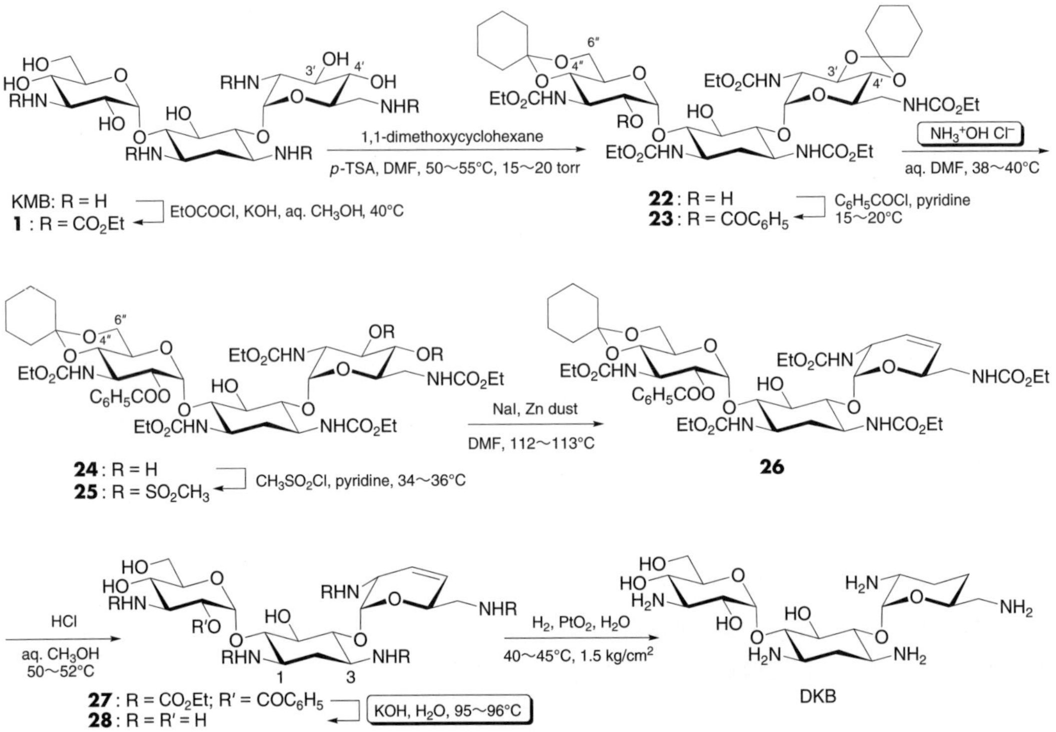

図5 ジベカシンの初期実製造法(通算収率30%)

できず，いったん双方を脱保護してから4″,6″位を再度イソプロピリデン化していた（**3→4**, 図2）．しかし，シクロヘキシリデン保護法（図5）では，**23**に塩酸ヒドロキシルアミンを作用させると，歪みのかかった3′,4′-シクロヘキシリデン基が選択的に脱保護され，**24**が効率よく得られた．

DKBの商業的製造を実現するには，もう一点改良する必要があった．オリジナルルート（図2）では，酸化白金による二重結合の接触還元（**6→7**）を保護基が存在する状態で行っていた．そのため，脂溶性の高い**6**を溶解させる目的で反応溶媒として含水ジオキサン–メタノールを使用していたが，工業的スケールでの接触還元に大量の有機溶媒を用いると引火の危険がある．そこで脱保護（**26→27→28**, 図5）を先行させ，最終工程において水溶性となった**28**を基質として水溶液中で接触還元を実施することにした．以上の改良の結果，通算収率は採算ラインの10％を上回る15％にまで改善された．

最後に，各反応について収率のいっそうの向上と操作性の改善を行い，図5に示したような反応条件を確立した．まずKMBの五つのアミノ基すべてのCbe化では，① 反応収率の向上，② 固体として沈殿する**1**のろ過性の改善，③ 無機塩を含まない**1**の沈殿化について検討した．その結果，反応

溶媒を含水アセトンから含水メタノールに，塩基を炭酸ナトリウムから水酸化カリウムに，反応温度を室温から40℃に変更することによって，反応が完結するだけでなく，無機塩を含まないろ過性のよい沈殿が定量的に得られるようになった[7]．次に 3′,4′-ジメシラート (**25**) から 3′-エノ体 (**26**) への変換 (Tipson–Cohen 反応) では，当初 100 当量近い亜鉛と 120 当量のヨウ化ナトリウムを必要としていたが，反応基質 (**25**) と試薬の添加順序を変更することにより，亜鉛とヨウ化ナトリウムの使用量をそれぞれ 1/8 と 1/2 に削減することに成功した[8]．さらに，**27** の N–CO_2Et 基を脱保護して **28** を得る工程では，穏和な条件下にアルカリ加水分解を行うと 1 位と 3 位の反応に速度差が生じ，かえってウレイレンが副生しやすくなることが明らかとなった．そこで，含水ジオキサン中で水酸化バリウムを用いる方法（図2）から濃水酸化カリウム水溶液に基質 (**27**) を添加する方法（図5）に変更したところ，ウレイレンの副生を従来の 1/2 以下に抑えることができた．以上のようにしてオリジナルルート（図2）の各工程を最適化した結果，DKB の初期実製造法(全9工程)を確立し，通算収率 30 ％を達成した（図5）．

> 添加順序
> 当初は，反応基質 (**25**)→亜鉛末→ヨウ化ナトリウムの順に添加していたが，亜鉛末→ヨウ化ナトリウム→反応基質 (**25**) の順に変更した．

3.3　ジベカシンの改良実製造法

初期実製造法（図5）には，実用上の課題がまだ二つ残されていた．一つは Tipson–Cohen 反応 (**25 → 26**，図5) において，原料である KMB の1バッチ（140 kg）に対して，削減できたとはいえ 1.3 トンのヨウ化ナトリウムと 200 kg の亜鉛末が必要となることであった．このままでは，前者はわが国の全生産量の相当量を占めてしまううえ，後者は産業廃棄物として処理しなければならない点が問題であった．もう一つの問題点は，CO_2Et 基の脱保護 (**27 → 28**) の過程でウレイレンの副生が完全には抑制できず，**28** の収率が 70 ％で頭打ちとなることであった．しかも DKB の売上が次第に伸張するにつれ，限られた設備で必要量を供給するには，通算収率を 40 ％に高める必要が生じた．このような事情のもと，先行していた実験室での検討（第2節）も参考にしながら，アミノ基の保護基と二重結合の生成条件を抜本的に見直すこととなった．

3′,4′-二重結合の生成については，糖類のトランス-1,2-ジオールを二重結合に変換する反応を網羅的に検索し，Lemieux らによって開発されたエポキシドからヨードヒドリンを経由する方法[9]を応用することとした．またアミノ基の保護には，酸性条件下に脱保護できればウレイレンが副生しないと考えて t-ブトキシカルボニル (Boc) 基を採用し，米田・柴原ら[10]による DKB の改良実製造法（図6）が考案された[*2]．この改良製造ルート（全12工程）は初期製造法と比較して3工程長くなったものの，目標の 40 ％を上回る

*2 参考文献 10 に記載のとおり，初期合成法における 2″ 位のヒドロキシ基の再保護 (**33 → 34**) はベンゾイル基であったが，工場導入後の検討により，二重結合形成工程 (**36 → 37**) の後処理においてろ過性の優れたアセチル基に変更された．

通算収率が期待された．事実，アミノ基を Boc 基で保護した結果，脱保護工程(**38**→**21**)ではウレイレンの副生がなくなり，**21** の収率が改善された．さらに，Boc 基の導入によって中間体の有機溶媒への溶解性が向上したため，抽出や置換濃縮だけで次に進める工程が増え，初期製造法では 4 か所あった沈殿化が本改良製造法では 2 か所に削減され，工程数が増えたにもかかわらず全作業日数はむしろ短くすることができた．

しかしながら，この改良製造法を検討した当初は，3′, 2″位ヒドロキシ基の位置選択的ジベンゾイル化(**30**→**31**)の終点を見定めることがきわめて困難で，しばしば複雑な混合物を生じた．この工程は，**30** における 4 個のヒドロキシ基のうち目的とする 2 か所(3′位と 2″位)にベンゾイル基を導入する反応であるが，分子中央部の擬似糖にある 5 位ヒドロキシ基の反応性が乏しい以外は，ほかのヒドロキシ基の反応性に有意差がなかったことから，変換率と位置選択性を両立させることが困難であった．しかしこの問題は，工程管理に HPLC 分析を導入し，ベンゾイル化反応の進行をリアルタイムで追跡して最適な終点を決定することによって解決することができた．

各工程について操作性の改善と収率の向上が図られた結果，図 6 に示し

沈殿化と工程日数
沈殿化で得られた生成物の乾燥には長時間を要するため，実製造における作業日数が顕著に増加する(3.1 項参照)．

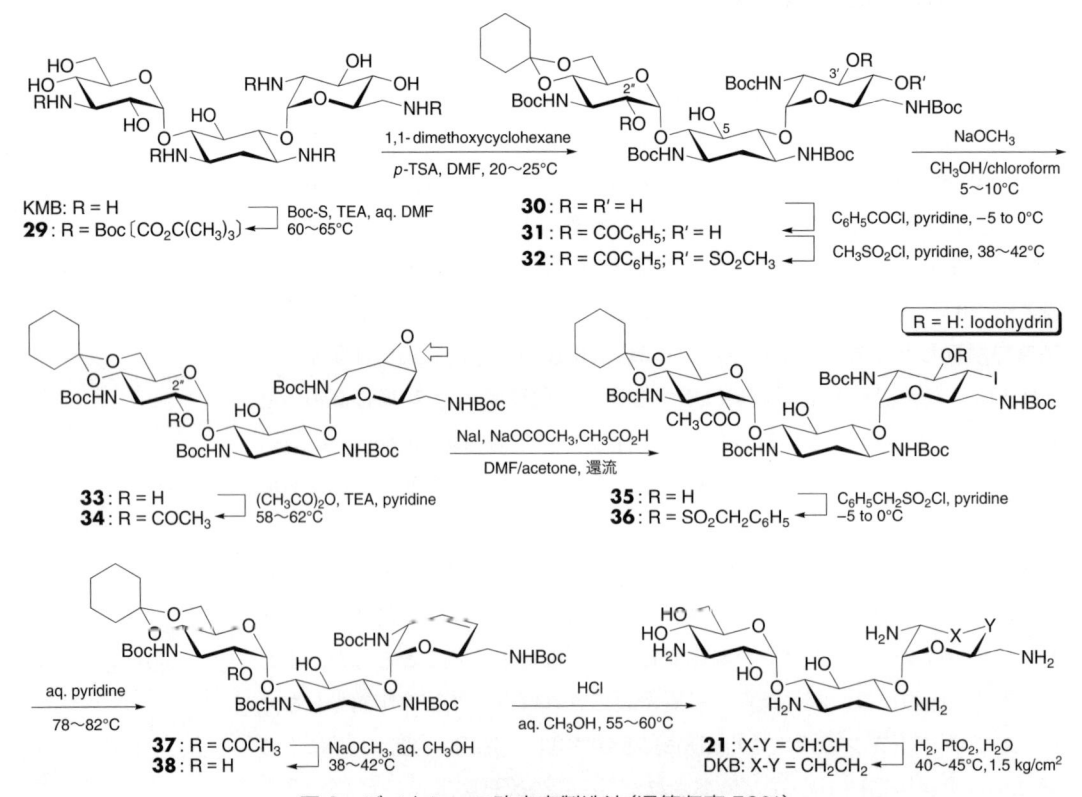

図 6 ジベカシンの改良実製造法(通算収率 50%)
最終工程で回収される KMB を考慮すると通算収率は 58%．

た全12工程の通算収率は50％を超えた．なお本改良製造法では，鍵となる二重結合の生成反応（**36 → 37**）を含めて反応条件が全般に穏和なうえ，2回の沈殿化と分液操作以外には中間段階での精製がないため，出発物質であるKMBが最終工程において約15％回収された．そのため，この原料回収を考慮すると，DKBの通算収率は58％に達した．

3.4　ジベカシンの現行実製造法

DKBの改良実製造法（図6）を確立したあとも，次世代のアミノ配糖体抗生物質開発がDKBを出発原料として進められていたこともあり，生産効率のいっそうの向上とコストダウンに取り組むこととなった．そこで筆者らは[11]，三宅らのN-Ts/O-Bes法[5]（図3）と西村・土屋らのアミノ基の無保護による選択的4″,6″-シクロヘキシリデン化法[6]（図4）の長所を組み合わせ，現在の実製造に使用されている新規製造法を開発するに至った（図7）．

その特筆すべき点は，KMBの3-アミノ糖部分の4″位と6″位のヒドロキシ基を選択的にシクロヘキシリデン化（KMB → **16**）して保護したのち，五つのアミノ基（1, 3, 2′, 6′, 3″位）と三つのヒドロキシ基（3′, 4′, 2″位）を，すべてBes化する（**16 → 39**）ことによって，DKBがわずか6工程で製造できるようになった点である[11]．しかも2.2項（図3）で論じたように，アミノ基がスルホンアミド化された**39**に対するTipson-Cohen反応は，亜鉛末が存在しなくとも円滑に進行した．なお，Bes化されたアミノ基とヒドロキシ基の脱保護（**41 → 21**）には，液体アンモニア中で金属ナトリウムを作用

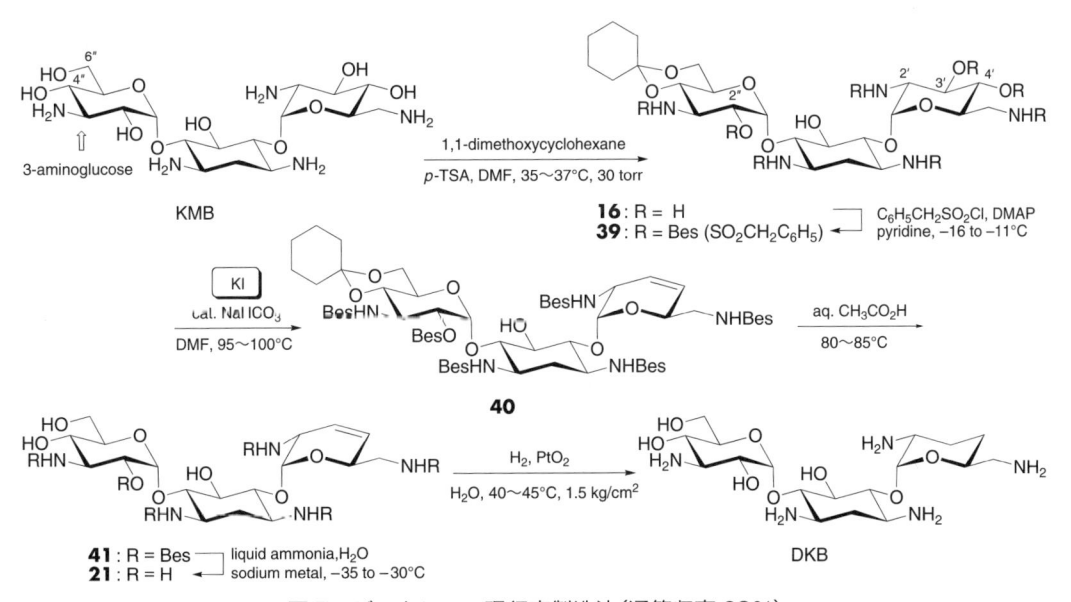

図7　ジベカシンの現行実製造法（通算収率68％）

Birch 還元
この反応を工業的に実施するには，強塩基に耐える極低温反応槽と，気化するアンモニアガスを処理するための設備が必要である．

[2',3'-エピミノ体の構造式]
2',3'-エピミノ体

グリコシド結合の切断
KIが不均化してHIが副生するためと考えられる．

させるBirch還元を用いたが，この反応はスケールアップしても問題なく進行した．

モノシクロヘキシリデン体 (**16**) に対するオクタ-N,O-Bes化では，8.8当量の塩化ベンジルスルホニル (BesCl) を必要としたが，後処理で未反応のBesClに由来する不純物を除いておかないと次工程のデオキシ化 (**39**→**40**) の収率が低下する傾向がみられた．そこで**39**を含む有機層を炭酸ナトリウム水溶液で洗浄したところ，不純物は除去できたものの2',3'-エピミノ体が20％以上副生してしまった．検討の結果，エピミノ体の副生を避けて不純物を除去するには，炭酸ナトリウム水溶液と炭酸水素ナトリウム水溶液を2：5の比率で混合して洗浄すればよいことを見いだした．さらに鍵となるジデオキシ化反応 (Tipson-Cohen反応) では，当初**39**に対して120当量のヨウ化ナトリウムを使用していたが，ヨウ化カリウムを用いて反応条件を最適化した結果，使用量を14当量にまで減らすことができた．しかし，ヨウ化カリウムの存在下**39**のDMF溶液を95～100℃に加熱すると，グリコシド結合の一部が切断されたので，0.06当量の炭酸水素ナトリウムを添加してこれを防いだ．このような最適化を経て確立された現行製造法 (全6工程) の通算収率は68％にまで向上した．

4. ジベカシンのプロセス開発を振り返って

DKBのプロセス開発においては，各種アミノ保護基の検討，ヒドロキシ基の選択的保護，そしてジデオキシ化反応に関する改良を進めると同時に，中間体では脱塩以外の精製を行わず，最終工程でのみ目的とするDKBをイオン交換樹脂カラムクロマトグラフィーで一気に精製し，通算収率と作業効率の改善を実現した．その結果，2.5％であったDKB合成の通算収率 (図2) は[2])，二通りの改良合成研究 (図3, 図4) と，3度にわたる実製造法の抜本的改良 (図5, 図6, 図7) を経ておよそ27倍も向上した．本稿で紹介した実製造法のステージごとに工程数，沈殿化の回数，製造日数，通算収率を比較すると図8のようになる．工程数と沈殿操作回数の減少とともに，製造日数が短縮し，通算収率が増大していることが一目瞭然である．

最後に，本稿で論じたプロセス開発の成果は，慶應義塾大学工学部 (当時) と微生物化学研究会そして明治製菓株式会社が，実験室における基礎研究から生産現場における工業化検討まで終始有機的に取り組んだ，厚い信頼関係と壁のない共同研究の賜物であることを付言して結びとしたい．なお，本稿を執筆するにあたりご指導を頂いた財団法人微生物化学研究会日吉創薬化学研究所所長の三宅俊昭博士に深謝する．

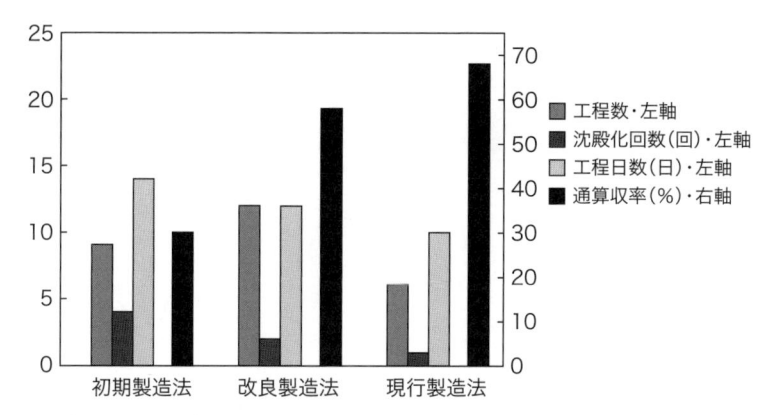

図8 ジベカシンの各実製造における工程数，沈殿化回数，工程日数，通算収率
最終工程においてイオン交換樹脂クロマトグラフィーに要した日数を含めない．

参考文献

1) H. Umezawa, S. Umezawa, T. Tsuchiya, Y. Okazaki, *J. Antibiot.*, **24**, 485 (1971).
2) S. Umezawa, H. Umezawa, Y. Okazaki, T. Tsuchiya, *Bull. Chem. Soc. Jpn.*, **45**, 3624 (1972).
3) R. S. Tipson, A. Cohen, *Carbohydr. Res.*, **1**, 338 (1965).
4) E. Albano, D. Horton, T. Tsuchiya, *Carbohydr. Res.*, **2**, 349 (1966).
5) T. Miyake, T. Tsuchiya, S. Umezawa, H. Umezawa, *Carbohydr. Res.*, **49**, 141 (1976).
6) T. Nishimura, T. Tsuchiya, S. Umezawa, H. Umezawa, *Bull. Chem. Soc. Jpn.*, **50**, 1580 (1977).
7) S. Fukatsu, *J. Antibiot.*, **32**, S-178 (1979).
8) 深津俊三，有機合成化学協会誌，**40** (3), 188 (1982).
9) R. U. Lemieux, E. Fraga, K. A. Watanabe, *Can. J. Chem.*, **46**, 61 (1968).
10) T. Yoneta, S. Shibahara, T. Matsuno, S. Tohma, S. Fukatsu, S. Seki, H. Umezawa, *Bull. Chem. Soc. Jpn.*, **52** (4), 1113 (1979).
11) T. Matsuno, T. Yoneta, S. Fukatsu, E. Umemura, *Carbohydr. Res.*, **109**, 271 (1982).

Part Ⅳ 第14章

プロセス化学における温故知新

活性型ビタミン D_3 マキサカルシトールの効率的な製造法の開発

■ 清水　仁 ■
〔中外製薬株式会社 合成技術研究部〕

1. マキサカルシトール

マキサカルシトール(**1**)は活性型ビタミン D_3〔カルシトリオール(**2**)〕の22−メチレン基が酸素原子で置換された非天然型の化合物である（図1）．**1**は腎不全に起因して二次的に引き起こされる続発性副甲状腺機能亢進症および原因不明の難治性皮膚疾患である乾癬に対する治療薬として，中外製薬株式会社で開発され，2000年にオキサロール® の販売名で上市された[1]．

中外製薬株式会社では**1**の開発研究に先立ち，**2**の25−デオキシ誘導体であるアルファカルシドール（**3**）をカルシウム・骨代謝改善薬として上市していた．**3**の開発を通じて筆者らは，活性型ビタミン D_3 誘導体の前駆体となるB環ジエン誘導体(**4**)を合成し，これを光反応によって開環したトリエン体を熱異性化させてビタミン D_3 型の**3**とするための実用的製法を開発し，その工業化にも成功していた．そこで当初は**1**についても，22位にエーテル結合をもったB環ジエン体(**5**)を光開環トリエン化することができれば，

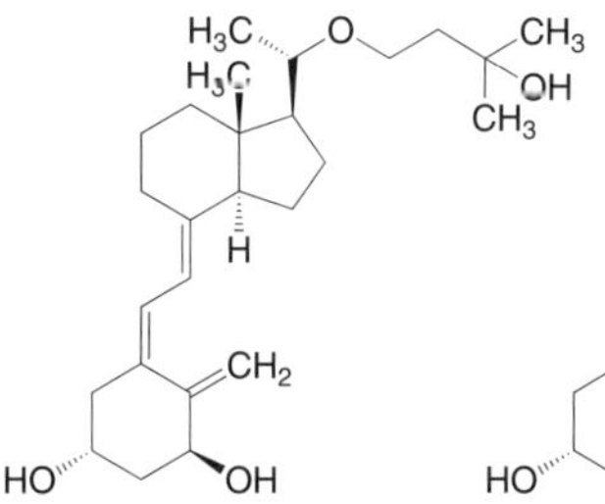
マキサカルシトール
1

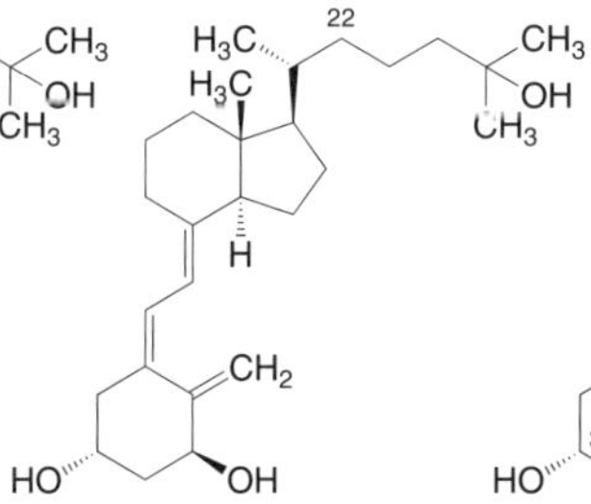
カルシトリオール
2

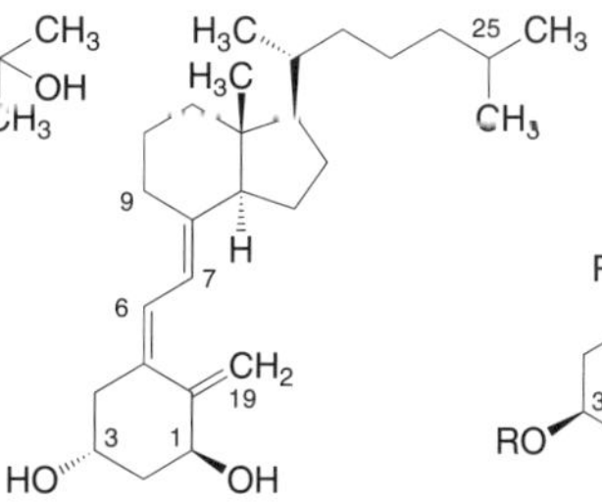
アルファカルシドール
3

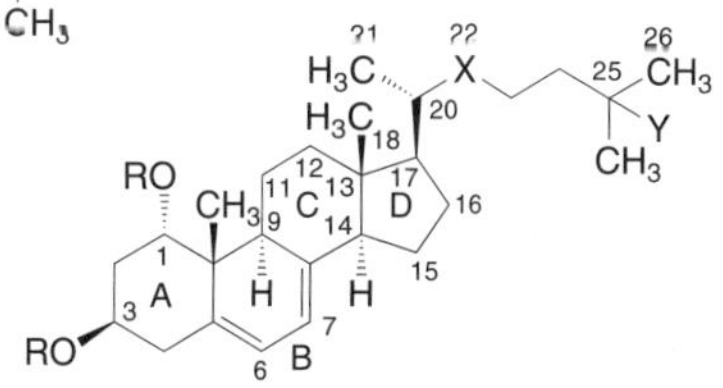
4 : R = Ac, X = CH_2, Y = H
5 : R = TBS, X = O, Y = OH

図1　活性型ビタミン D_3 誘導体とB環ジエン誘導体の構造

これまでソフト・ハード両面で蓄積してきた自社技術を生かすことによって，その工業的製造は比較的容易に実現できると思われた．しかしながら実際には，一見容易に思われたエーテル結合の形成が思いのほか困難であり，**1** を工業的に製造するにはB環ジエン構造の導入のタイミングのみならず，側鎖の構築方法についても根本から検討し直さなくてはならなかった．そこで本稿では，このような課題を段階的に克服し，**1** の工業的製法を確立するに至った経緯を紹介したい．

2. 初期合成法

1 の初期合成法を図2に示した．活性型ビタミン D_3 誘導体の合成における課題の一つに1位ヒドロキシ基の立体選択的導入があるが，これは微生物酸化によって大量に得られる1α-ヒドロキシデヒドロエピアンドロステロン（**6**）[2) を **1** の出発原料にすることによって解決した．そして1, 3位の二つのヒドロキシ基を保護し，得られたジシリルモノエン（**7**）の位置選択的なアリル位臭素化を経てジエン（**9**）を得た．次いで17位ケトンへの立体選択的Wittig反応で得られた（Z）-オレフィン（**10**）への位置ならびに立体選択的ヒドロホウ素化-酸化反応によって第二級アルコール（**11**）を単一の立体異性体として得た．

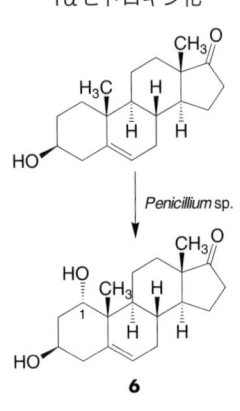

当初，**11** に対するWilliamsonエーテル合成については，適切な脱離基（X）をもち，第三級ヒドロキシ基がシリル基で保護されたアルキル化剤（**12**）を用いれば，容易に目的物（**16**）が得られると期待したが，この組合せでは反応がまったく起こらなかった．しかし，臭化ホモアリルを使う反応においては O-アルキル化が進行し，エーテル（**13**）を得ることができた．そして，**13** の末端オレフィン部を Wacker 酸化によってメチルケトン（**15**）としたのち，Grignard 反応剤を用いて鍵中間体となるジエン（**16**）に導いた．

しかしながら，エーテル化反応（**11** → **13**）では，塩基性条件下に末端オレフィンが内部に転位し，目的の **13** とほぼ同量の内部オレフィン（**14**）が副生した．さらに **16** に変換されるまでに，B環共役ジエンが一重項活性酸素の付加や脱共役化を起こし，複数の不純物を生成した．しかもこれらの副生物は，カラムクロマトグラフィーによってしか効率的に除去することができなかったので，**16** の合成効率は著しく低いものとなった．

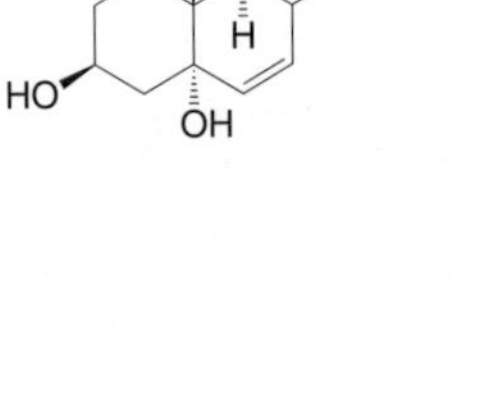

一方，鍵中間体である **16** から **1** への変換は，光化学反応を含めて **3** の合成で蓄積した技術を利用すれば，問題なく進行することが確認された．このことから **1** の工業的製法開発におけるポイントは，22位エーテル結合をもつ **16** の効率的な合成法の開拓にあることが明らかになった．

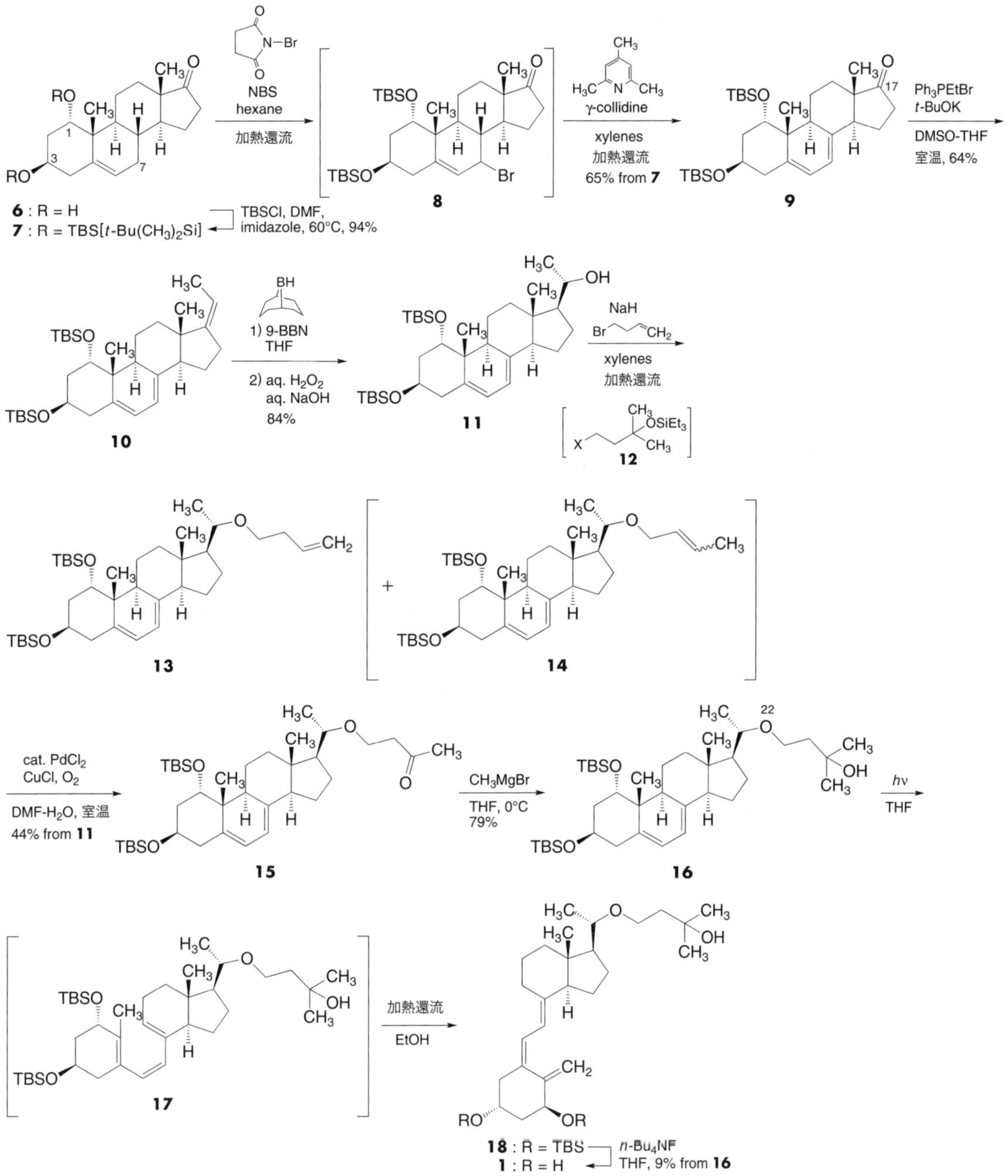

図2 マキサカルシトール(**1**)の初期合成法

3. パイロット製造法の確立
―― oxy-Michael 反応によるエーテル結合の形成

初期合成法の問題点を克服するために，22位エーテル結合の形成条件と，B環共役ジエン形成のタイミングに関する検討を行った(図3)．

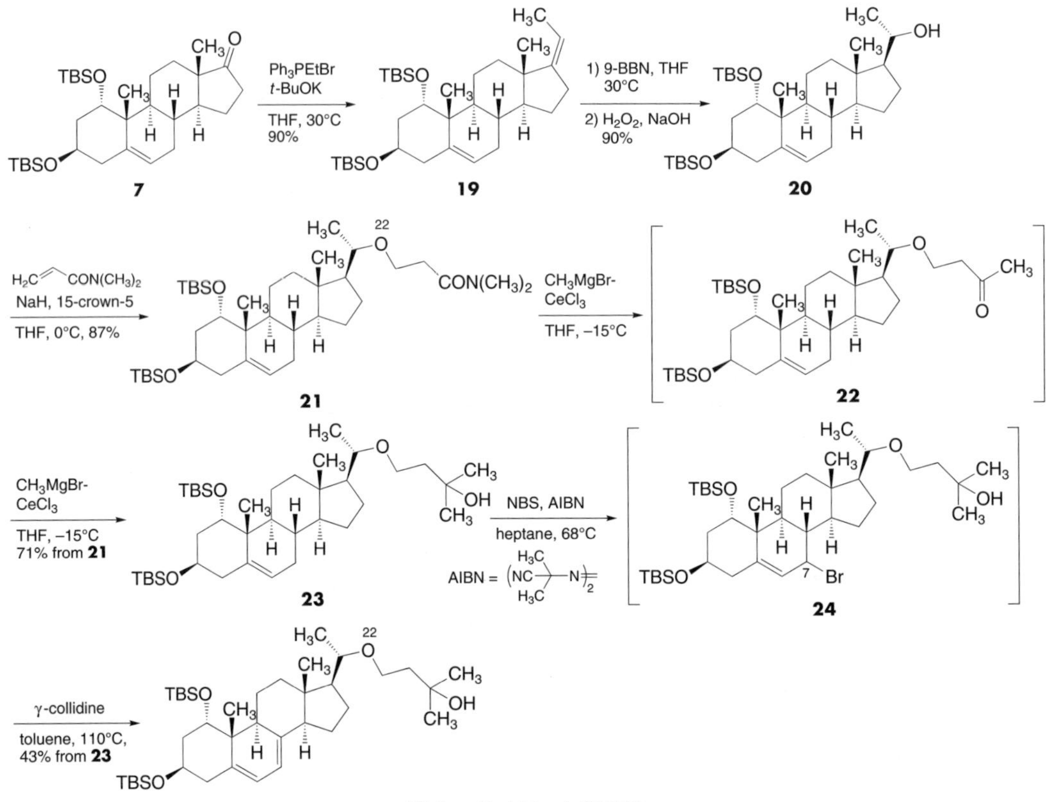

図3 パイロット製造法

① S_N2 型反応

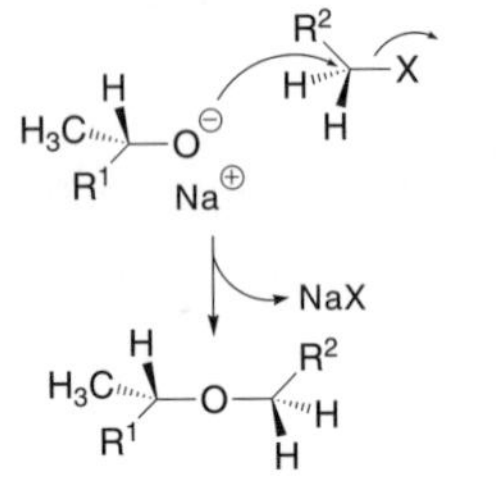

② oxy–Michael 型付加反応

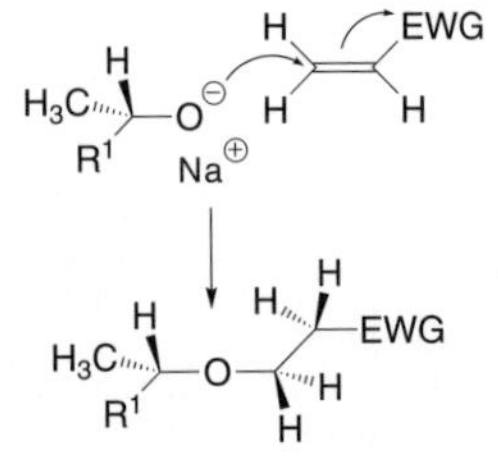

EWG = 電子求引基

Wが **11** で円滑に進行しなかったのは，第二級ヒドロキシ基が立体的に混み合った環境に置かれているうえ，B 環ジエンが塩基に不安定であったためであると考えた．そこで塩基性条件下でも安定なモノエンアルコール（**20**）に対する O-アルキル化を試みることにした．またアルキル化剤には，四面体の sp^3 炭素に結合した脱離基の背面から求核攻撃（S_N2 型反応）が起こる臭化ホモアリルや **12** の代わりに，立体障害の小さい sp^2 炭素の前面から Michael 付加が起こる α,β-不飽和カルボニル化合物を使用することにした．

7 から **19** を経由して合成した **20** は，塩基性条件下にメチルビニルケトンあるいはアクリル酸エステルに付加して目的のエーテル体を与えたが，同時に多数の副生成物が生成した．しかし，Michael 受容体として求電子性の低い N,N-ジメチルアクリルアミドを用いると，目的とするエーテル（**21**）が高収率で得られた．**21** はメチルリチウムとの反応でメチルケトン（**22**）としたのち，さらにメチルリチウムを付加させて目的の側鎖を備えたモノエン中間体（**23**）に変換することができた．しかし，メチルリチウムの高い塩基性のために，**21** と **22** で逆 Michael 反応が引き起こされ，それによって再

生したアクリルアミドに対する重合反応が避けられなかった．そこで臭化メチルマグネシウムを塩化セリウムと組み合わせて使用したところ，そのような副反応をほぼ完全に抑制することができた（図3）[3]．**21** への2段階付加反応をワンポットで行うことはできなかったものの，これにより **23** が確実に合成できるようになり，初期の開発に十分な量の **1** を供給することが可能となった．

以上の検討をもとに，**16** のパイロット製造では **7** に対する Wittig 反応で調製した **19**（18.5 kg）に位置および立体選択的なヒドロホウ素化–酸化反応を行い，**20** を 17.2 kg 得た．次いで 10 mol％の 15-crown-5 と 1.5 当量の水素化ナトリウム（NaH）の存在下 THF 中，11.1 kg の **20** を 3 当量の N,N-ジメチルアクリルアミドと 0℃で反応させ，**21** を 11.4 kg 得た．なお **21** はカラムクロマトグラフィーで精製することなく，晶析によって単離・精製できた．なお使用した NaH に由来するミネラルオイルは，次工程で完全に除去できた．

21 から **23** への2段階変換は **21**，**22** それぞれに対し，3.7 当量の臭化メチルマグネシウムと 4.4 当量の塩化セリウムを用いることによって，各段階とも 80％以上の収率で進行した．その結果，3.5 kg の **21** から 2.45 kg（通算収率 71％）の **23** が得られた[4,5]．

23 への二重結合の導入は，初期合成（図2）において **7** から **9** を得た条件を適用することで問題なく達成でき，クロマトグラフィーによる精製も不要であった．具体的には，ヘプタン中 19.6 kg の **23** を AIBN（0.14 当量）の存在下，1.2 当量の NBS と反応させて 7-ブロモ体（**24**）としたのち，2.6 当量の γ-コリジンで処理することによって 8.4 kg の **16** を収率 43％で得た．

上記の oxy-Michael 法（図3）は，開発段階における **1** の必要量を確保する手法として Williamson 法（図2）を凌駕するものであったが，**16** の工業的製法とするには依然として改良の余地があった．すなわち，化学量論量を超える Grignard 反応剤とセリウム反応剤を 2 工程にわたって使用することは，高い反応剤コスト，煩雑な操作ならびにセリウム塩の廃棄といった問題を提起することとなり，22 位のエーテル結合の形成法について抜本的な改善が求められた．

4．工業的製法の確立——Williamson 法への回帰

20 が oxy-Michael 反応下での塩基性条件にも安定であったので，再度 Williamson 法によるエーテル合成を試みた．

まず NaH の存在下，初期合成法（図2）で **11** の O-アルキル化に用いた **12** と **20** の反応を検討したが，脱離基（X）の種類にかかわらず反応はまっ

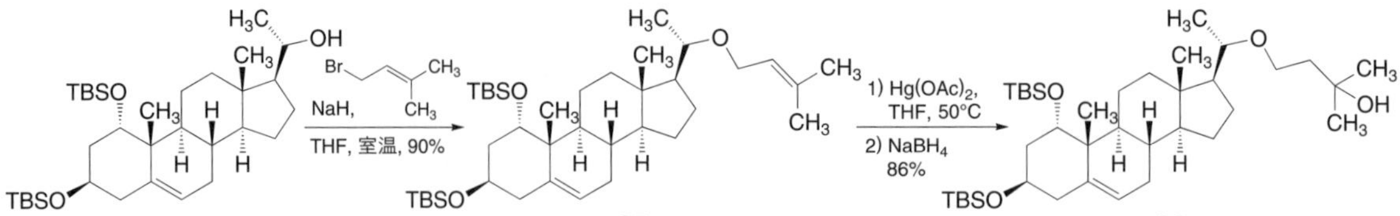

図4 *O*–プレニル化とオキシ水銀化反応による **23** の合成

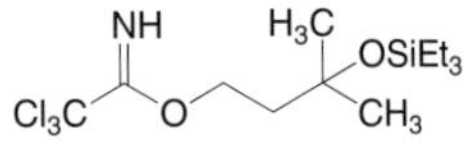

トリクロロアセトイミダート

Gevorkyan らの報告[6)]

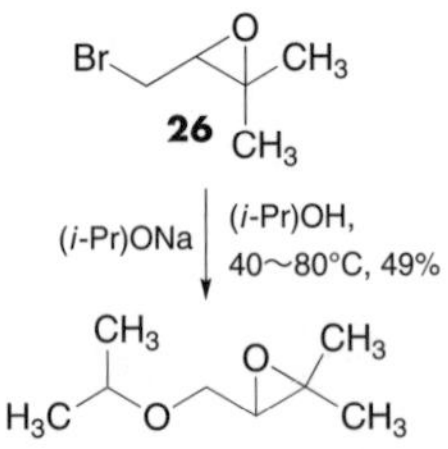

たく進行しなかった[5)]. また酸性条件下, 対応するトリクロロアセトイミダートを用いても, 反応は起こらなかった[5a)]. このことから, ステロイド骨格をβ位にもつ立体障害の大きい **20** をエーテル化するには, 反応性が高く, あまりかさ高くないアルキル化剤を用いる必要があることが示唆された. 事実, 隣接する二重結合で反応性の高まった臭化プレニルだけが, 標準的な塩基性条件下で **20** と反応して, エーテル (**25**) を高収率で与えた (図4). なお **25** をオキシ水銀化反応に付すと, 分子内の2個のオレフィンのうち側鎖のプレニル基でのみ水和が起こり, 目的とする第三級アルコール (**23**) に変換することができた.

このような状況にあるとき, 臭化プレニルのエポキシド(**26**)が2–プロパノール中, 立体障害の比較的大きなナトリウムイソプロポキシドと 40 〜 80 ℃で反応し, 低収率ながらエポキシ環が損なわれることなくイソプロピルエーテルを生成するという Gevorkyan らの報告 (1981年) を知った[6)]. この反応では, エポキシ環のひずみのために結合に関与できなかったσ電子が, **20** を *O*–アルキル化できた臭化プレニルの二重結合のπ電子と類似の活性化効果をもたらしたものと考えられる.

そこで THF 中, *t*–BuOK の存在下 **20** に **26** を室温で反応させたところ, *O*–アルキル化が円滑に進行して望むエポキシエーテル(**27**)を与えた(図5). 塩基として NaH を使っても反応は問題なく進行し, *t*–BuOK を使ったときよりも **26** の分解が少なかった. 反応条件を最適化した結果, **20** に対して3当量の NaH の存在下, 2当量の **26** を 50℃で反応させると **27** が収率 88%で得られるようになった[4,5)].

この **26** による **20** の *O*–アルキル化において, 少量 (約0.5%) ではあるがピバリン酸エステル (**28**) の副生が観察された (図5). 予期しなかったこの副生物は, 反応条件を変えてもつねに生成したことから, 当初は反応剤中の不純物に由来する可能性を疑ったが, 使用する塩基の種類を変えると生成量が変動したため, **26** がアレンオキシド–シクロプロパノン転位を起こして生成したと考えた (図5). まず塩基の存在下, **26** からブロミドがβ脱離して生成したアレンオキシド (**29**) が, アレンオキシド–シクロプロパノン

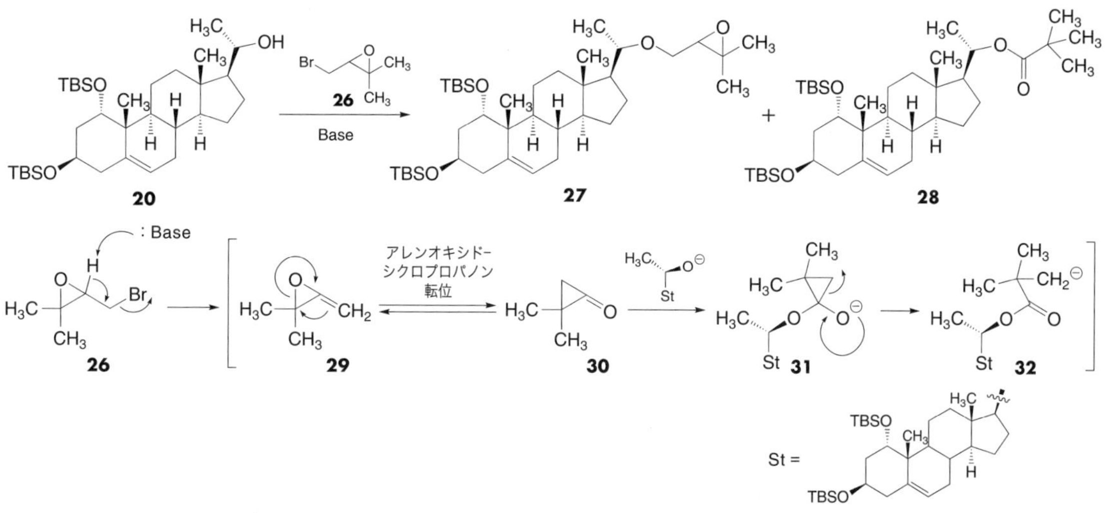

4. 工業的合成法の確立——Williamson 法への回帰

図5 臭化エポキシド(**26**)を利用したエーテル側鎖の導入

転位によってシクロプロパノン(**30**)に異性化する．次いで，**20** のアルコキシドが **30** のカルボニル基に付加すると，ヘミアセタールオキシドアニオン(**31**)が生成する．そして **31** のシクロプロパン環が，安定な第一級カルバニオン(**32**)を生みだすように開裂すると，**28** が生成することになる[4]．なお **28** は，副生量がわずかであったため，次工程以降で容易に除去することができた．

このようにして **27** が得られたので，エポキシドの還元的開環による **23** の合成を検討した（表1）．$NaAl(OCH_2CH_2OCH_3)_2H_2$ (Red-Al) では THF 中で加熱還流しても **23** を得ることができなかったが，2,3-エポキシブタンの開環例が報告されている $LiAlH_4$ を **27** と反応させたところ，目的の **23** とその異性体(**33**)の混合物が反応率94%，生成比 **23**：**33** = 92.6：7.4 で得られた (entry 1)．他方，ルイス酸性の強い i-Bu_2AlH を使用すると **33** が主生成物となった (**23**：**33** = 15.4：84.6) (entry 2)．

アルミニウム系の還元剤では満足のいく結果が得られなかったので，ホウ素系の還元剤を用いて開環反応を検討した．$NaBH_4$，$NaBH_3CN$ および $LiBH_4$ を用いた場合には，反応はわずかしか起こらなかった (entry 3)．さらに $NaBH_3CN$ とルイス酸を組み合わせた反応では，開環は起こるものの **33** の生成が優先した (entry 4, 5)．還元的開環は，基本的には立体障害の小さな第二級炭素側で起こるが，エポキシドの酸素原子に Lewis 酸が配位すると C-O 結合が活性化されて第三級カルボカチオンが形成され，第三級炭素側で開環が起こりやすくなると推測できる．

ヒドリドによる S_N2 反応に有効であるとされる $LiEt_3BH$ (Super Hydride)

表1 エポキシエーテル(**27**)の還元的開環における位置選択性

entry	ヒドリド(当量)	温度	時間(h)	反応率[a](%)	生成比[a] 23	生成比[a] 33
1	$LiAlH_4$ (3.0)	室温	4	94	92.6	7.4
2	$i\text{-}Bu_2AlH$ (5.0)	室温	2	72	15.4	84.6
3	$LiBH_4$ (10.0)	室温	17	3	n.d.[b]	n.d.
4	$NaBH_3CN$ (10.0) $BF_3\cdot Et_2O$[d] (2.0)	室温	18	66	n.d.	28[c]
5	$NaBH_3CN$ (10.0) $AlCl_3$[d] (1.0)	室温	3.5	73	n.d.	42[c]
6	$LiEt_3BH$ (5.0)	室温	3	100	98.2	1.8
7	$Li(s\text{-}Bu)_3BH$ (5.0)	室温	2.5	100	99.7	0.3
8	$K(s\text{-}Bu)_3BH$ (10.0)	加熱還流	8	4	n.d.	n.d.

a) HPLCで決定. b) not determined. c) 単離収率. d) 添加剤.

を室温で作用させたところ, 比較的良好な位置選択性〔**23**:**33**(98.2:1.8)〕で目的とする**23**が得られた(entry 6). そこで, かさ高いs-ブチル基をもつ$Li(s\text{-}Bu)_3BH$ (L-Selectride)を室温で反応させたところ, 位置選択性が**23**:**33** = 99.7:0.3まで向上した(entry 7). しかし, $Li(s\text{-}Bu)_3BH$のカリウム同族体である$K(s\text{-}Bu)_3BH$ (K-Selectride)を使用したときは, **27**の開環はほとんど起こらなかった(entry 8). このことからリチウムカチオンのエポキシドへの配位が, 還元的開環反応において重要な役割を果たしていることが示唆された.

$Li(s\text{-}Bu)_3BH$を用いた位置選択的な開環反応により, **23**の合成が可能となったので, 反応操作性の効率を高めるために, Williamson法によるエーテル合成(**20**→**27**)と$Li(s\text{-}Bu)_3BH$によるエポキシドの還元的開環(**27**→**23**)をワンポットで行う条件を次のように確立した. THF中17.2 kgの**20**を2当量のNaHと室温で反応させて高濃度(約20% w/w)のアルコキシド溶液を調製し, これに1.4当量の**26**を加えて1時間加熱還流した. 次いで, この反応混合物に1.8当量の$Li(s\text{-}Bu)_3BH$のTHF溶液(1 M)を加えて1時間加熱還流した. 反応混合物を-10℃に冷却後, アルカリ性過酸化水素水を加えて還元剤に由来するトリアルキルボランを酸化的に分解した. 最後に, 酢酸エチルで抽出した粗生成物を含水メタノールから結晶化させる

ことによって，純粋な **23** を 19.6 kg（収率 99％）得た．

以上のようにして，**20** と **26** の Williamson エーテル合成を用いて **1** の側鎖を構築する方法が確立されたので，あらためて **26** の工業的製法を検討することにした．ラボスケールで **26** を調製するのであれば，臭化プレニルを m-CPBA のような過酸でエポキシ化すればよいが[4]，臭化プレニルが比較的高価であるうえ，使用する過酸に爆発の危険性があることを考慮すると，この方法で **26** を製造することは不適切であると判断した．そこで過去の文献を調べたところ，Strauss らが 1933 年，2-メチル-3-ブテン-2-オール（**34**）に HOBr の水溶液を作用させると，**26** が生成することを報告していた（図 6）．さらに Winstein らは 1954 年，水酸化ナトリウム水溶液中 **34** を臭素で処理しても，系内で発生した HOBr によって **26** がワンポットで得られると報告している．そこでこれら二つの報告をもとに，工業的スケールでも実施可能な **26** の製造方法を開発した（図 6）．すなわち，5.2 mol/L 水酸化カリウム水溶液（4.5 当量）と 1.5 当量の臭素を混合したのち，これに 1 kg の **34** を 10℃で加え，同じ温度で 20 時間撹拌した．ヘキサン抽出ののち，ただちに蒸留すると **26** を 1.6 kg（収率 82％）得ることができた[4]．

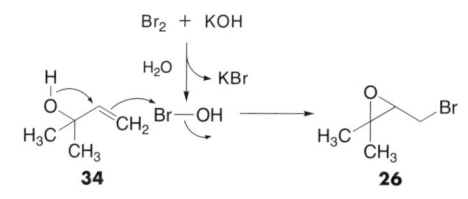

図 6　過酸を用いないエポキシド(**26**)の製造

以上の検討をもとに確立された **1** の工業的製造プロセスを図 7 にまとめた[4,7]．その特徴は，出発原料として入手容易な **6** を使用し，エーテル側鎖を **26** による **20** の O-アルキル化と Li(s-Bu)$_3$BH によるエポキシ環の位置選択的還元開裂によって導入し，クロマトグラフィーによる精製を行うことなくモノエン中間体の **23** を合成したことにある．そして，**23** の B 環をジエン化して光反応の基質となる鍵中間体（**16**）を完成させ，共役ジエンの不安定性に起因する不純物の副生を抑制して **1** の工業的製法が確立された．**6** から **16** までの工程数は，初期製法における 7 工程から 5 工程に短縮され，通算収率は 2.4 倍の 26％に向上した．さらに全工程において，カラムクロマトグラフィーによる精製を回避することにも成功し，効率の高いプロセスを完成することに成功した．

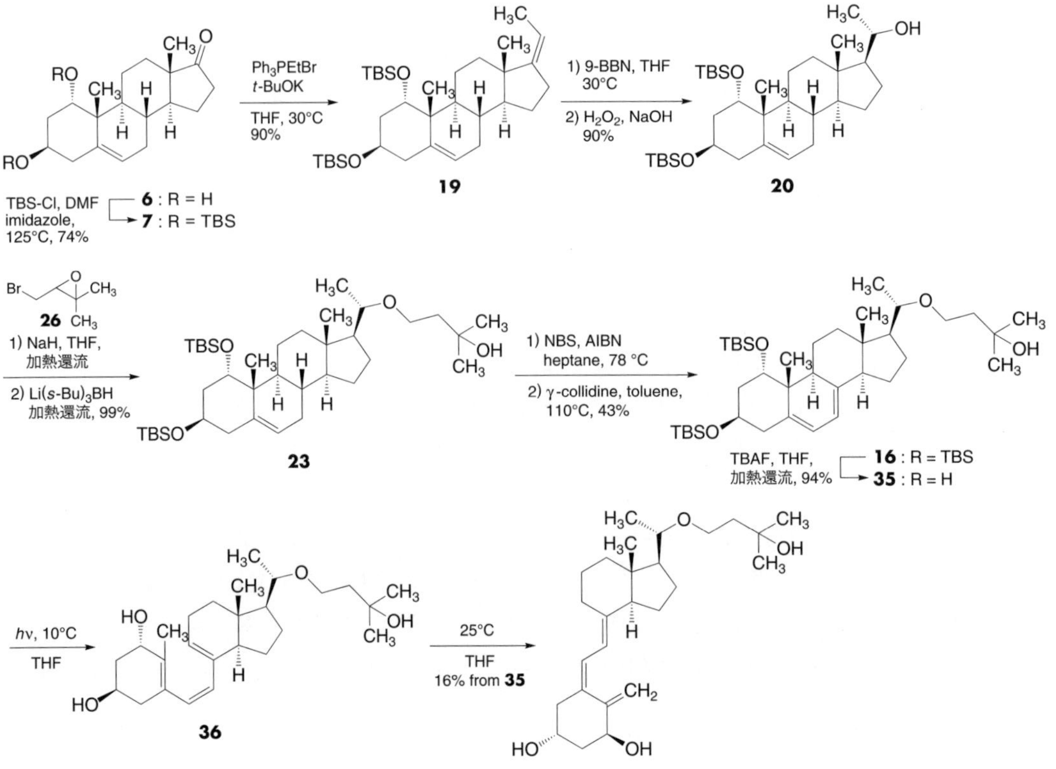

図7 マキサカルシトール(**1**)の工業的製法

5. おわりに

　細胞に対する分化誘導作用を強く保持しながら血清カルシウム上昇作用が弱いという特徴をもつ活性型ビタミンD_3誘導体マキサカルシトール(**1**)の工業的製法の開発研究について，その経緯を紹介した．製造法を確立するうえで鍵となる側鎖の構築において，当初比較的容易に実現できると考えていたエーテル結合形成が思いのほか困難であったことから，そのプロセス化学は予想外の展開をすることになった．そして，問題解決にブレイクスルーをもたらしたのは，**20**に対するWilliamsonエーテル合成において，**26**が臭化プレニルに優るとも劣らない反応性を示したことである．このことはシクロプロピル基とビニル基が有機電子論的に等価であり，エポキシ環とシクロプロパン環の構造的類似性を考慮すれば当然のことかもしれないが，**27**を手にしてはじめて実感することができた．さらに**26**の工業的製造において，過酸を使わずにエポキシ環を形成するには，オレフィンをブロモヒドリン化する昔ながらの手法が役に立った．このように振り返ると，活性型ビタミンD_3の側鎖に酸素原子を導入するプロセス開発は，古典的電子論（エポキシ環

とビニル基の電子構造的相同性)と古典的な反応(ブロモヒドリンを経由するエポキシ化)に学んではじめて達成された,プロセス化学の「温故知新」であったといえよう.

参考文献

1) (a) E. Murayama, K. Miyamoto, N. Kubodera, T. Mori, I. Matsunaga, *Chem. Pharm. Bull.*, **34**, 4410 (1986). (b) N. Kubodera, H. Watanabe, T. Kawanishi, M. Matsumoto, *Chem. Pharm. Bull.*, **40**, 1494 (1992). (c) N. Kubodera, *J. Syn. Org. Chem. Jpn.*, **54**, 139 (1996).
2) R. M. Dodson, A. H. Goldkamp, R. D. Muir, *J. Am. Chem. Soc.*, **82**, 4026 (1960).
3) T. Mikami, T. Iwaoka, M. Kato, H. Watanabe, N. Kubodera, *Synth. Commun.*, **27**, 2363 (1997).
4) H. Shimizu, K. Shimizu, N. Kubodera, T. Mikami, K. Tsuzaki, H. Suwa, K. Harada, A. Hiraide, M. Shimizu, K. Koyama, Y. Ichikawa, D. Hirasawa, Y. Kito, M. Kobayashi, M. Kigawa, M. Kato, T. Kozono, H. Tanaka, M. Tanabe, M. Iguchi, M. Yoshida, *Org. Process Res. Dev.*, **9**, 278 (2005).
5) (a) H. Shimizu, K. Shimizu, N. Kubodera, K. Yakushijin, D. A. Horne, *Tetrahedron Lett.*, **45**, 1347 (2004). (b) H. Shimizu, K. Shimizu, N. Kubodera, K. Yakushijin, D. A. Horne, *Heterocycles*, **63**, 1335 (2004).
6) A. A. Gevorkyan, P. I. Kazaryan, S. V. Avakyan, G. A. Panosyan, *Khim. Geterotsikl. Soed.*, **7**, 878 (1981).
7) 三上哲弘,『プロセスケミストリーの新展開』,シーエムシー出版 (2003), p.266.

文献を読むときは問題意識をもって

　L-Selectride を利用した 3 置換エポキシド（**27**）の位置選択的開環反応を見いだすことができたのは，執拗な問題意識のもとに文献を精査した賜物であった．

　エポキシ環の開裂によく活用される Super Hydride（LiEt$_3$BH）を用いると，予期したように **27** の立体障害の少ないほうから開環し，その選択性は比較的満足のいくものであった（**23**：**33** = 98.2：1.8）．念のため SciFinder® などのデータベースを使い，Selectride 系還元剤〔M(s-Bu)$_3$BH；M = K, Li〕と 3 置換エポキシドとの反応例を調査してみたが，検索でヒットしたのはエポキシ環の共存したケトンにこのような還元剤を作用させ，エポキシ環を保持したまま第二級アルコールに還元しているものばかりであった．事実，還流条件下 **27** に K-Selectride〔K(s-Bu)$_3$BH〕を作用させても，エポキシ環の開環反応はまったく起こらなかった．そんな矢先，Majetich らの興味深い文献に遭遇した〔G. Majetich, Y. Zhang, K. Wheless, *Tetrahedron Lett.*, **35**, 8727 (1994)〕．それは，L-Selectride を用いた脱メチル化に関するものであったが，その脚注に副反応として L-Selectride〔Li(s-Bu)$_3$BH〕によりエポキシ環が開環することが紹介されていた（下図）．K-Selectride では反応がまったく起こらなかったことから半信半疑であったが，さっそく手許にあった K-Selectride にヨウ化リチウムを加えて **27** との反応を試みたところ，驚くべきことに高選択的な開環反応が室温で進行した．そこで，L-Selectride を急遽購入して試したところ，ほぼ完璧な選択性（**23**：**33** = 99.7：0.3）で目的とする開環が達成された．

　上記の結果は，L-Selectride と K-Selectride を巧みに使い分ければ，エポキシ環開裂に対する官能基選択性をうまく発揮できる可能性を秘めている点で，たいへん興味深いものであるといえよう．

（清水　仁）

第15章 発酵生産品を有効利用した医薬品製造プロセス
ヌクレオシド系抗ウイルス薬の製法開発

■ 井澤　邦輔 ■
〔味の素株式会社 アミノサイエンス研究所〕

1. ヌクレオシド系抗ウイルス薬とは

　ヌクレオシド系抗ウイルス薬は単純ヘルペス，水痘，帯状疱疹，エイズ，B型肝炎などの感染症に対する治療薬として広く使われており，その代表的なものに抗ヘルペス薬のアシクロビル（**1**）がある（図1）．1970年代後半Burroughs Wellcome社で発見された**1**は，天然リボヌクレオシドの一つであるグアノシン（**10**）の糖部分（リボース）の代わりに，非環状の2-ヒドロキシエトキシメチル基をもつ．**1**は長く抗ヘルペス薬として用いられてきたが，現在ではその改良薬として経口吸収性を向上させたバラシクロビル（**2**）がブロックバスター薬に成長している．また**1**の発見以後，リボースを非環状構造で置換したヌクレオシドアナログが抗ヘルペス薬として開発され

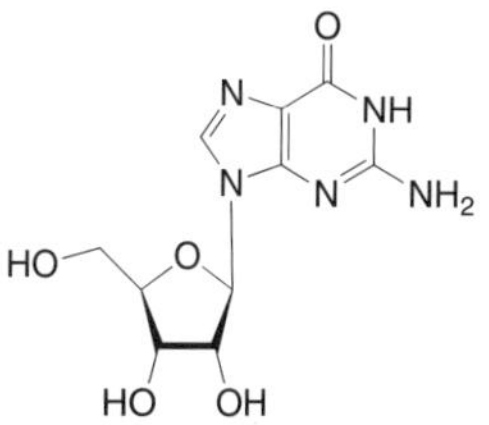

グアノシン（**10**）

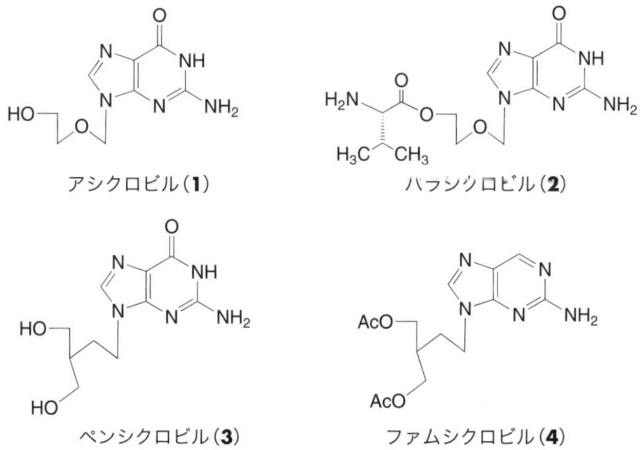

アシクロビル（**1**）　　バラシクロビル（**2**）

ペンシクロビル（**3**）　　ファムシクロビル（**4**）

図1　代表的な抗ヘルペス薬

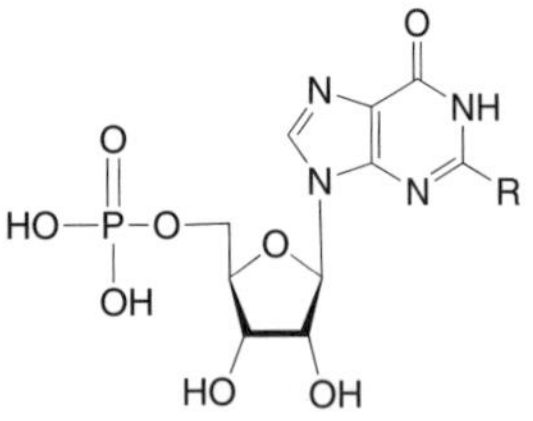

グアニル酸(R = NH$_2$)
イノシン酸(R = H)

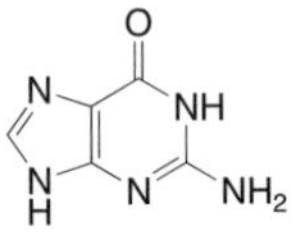

グアニン塩基

ており，SmithKline Beecham 社のペンシクロビル(**3**)とファムシクロビル(**4**)がその代表である(図1)．

味の素株式会社では以前から，グアニル酸やイノシン酸といった核酸系呈味増強物質を工業規模で生産している．そこで筆者らは，図1の抗ヘルペス薬がいずれもグアニン塩基誘導体であることに着目し，発酵生産で大量かつ安価に得られる **10** を原料に用いて **1**，**3** そして **4** の新しい工業的製法を確立した．

2. アシクロビル(**1**)の製法開発

2.1 新規ラボプロセスの開発

筆者らが開発に着手した1990年当時，**1** の製法として有用と思われたものに水野らによる報告があった(図2)[1]．彼らはグアニン(**5**)をアセチル化してジアセチルグアニン(**6**)に誘導し，これを酸触媒存在下，(2-アセトキシエトキシ)メチルアセタート(**7**)と反応させてジアセチルアシクロビル(**8**)としたのち，それを加水分解して **1** を得ていた．しかし調査を進めていくと，この製法はすでに Burroughs Wellcome 社からほぼ同様の内容で特許出願されていることがわかった[2]．このような特許抵触の問題に加え，原料として用いている **5** はシアノ酢酸エチルとグアニジンから4段階かけて製造されており，安価に確保することは困難と思われた．さらに，上記の方法では目的とする9位異性体(**8**)とともに7位異性体(**9**)が副生し，両者の分離にはカラムクロマトグラフィーによる精製が不可欠であった．

一方，Boryski らは **10** から合成したテトラアセチルグアノシン(**11**)をクロロベンゼン中，トシル酸触媒の存在下 **7** と反応させることにより，**6** を原料にした場合とほぼ同様の収率で **8** が得られることを報告していた(図3)[3]．目的物である **8** と異性体(**9**)の生成比は47/39であったが，興味深いことに彼らは，分離した7位異性体(**9**)を高温条件下におくと，**8** と **9** の比が

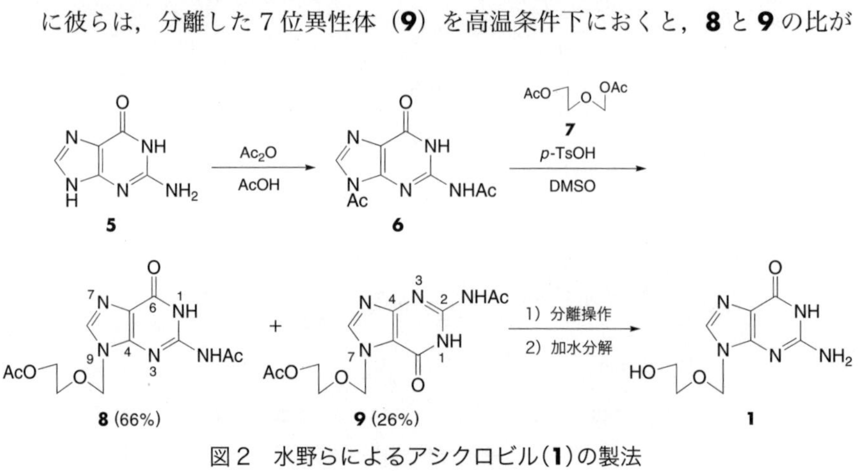

図2 水野らによるアシクロビル(**1**)の製法

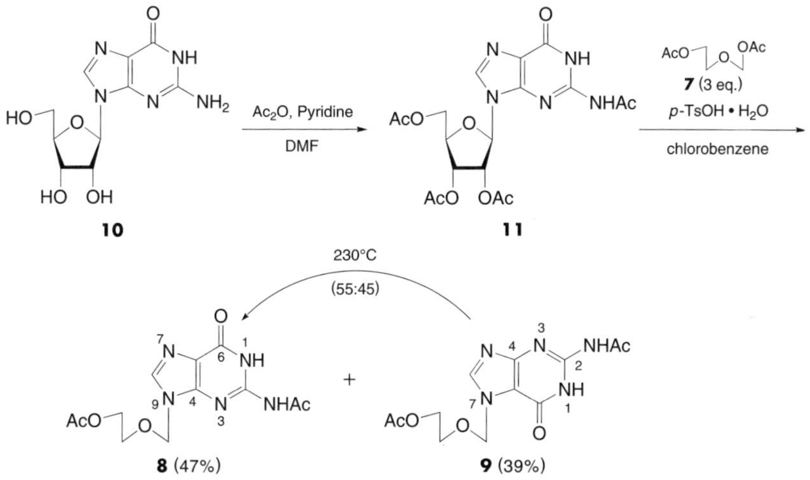

図3 Boryski らによるアシクロビル中間体(**8**)の製法

55/45 の混合物が得られることを見いだしていた[3]．そこで筆者らは，大量に入手できる **10** を原料にして一挙に **8** を合成できないかと考え，さまざまな反応条件で **7** とのトランスグリコシル化を試みた．その結果，**10** の糖部ヒドロキシ基と2位アミノ基が無保護もしくは部分的に保護されただけでは，収率が著しく低下することが確認された．しかし Boryski らのように，**11** を単離したのではステップ数が増加するので効率が悪い．そこであらためて，**10** のアセチル化と **7** とのトランスグリコシル化反応を連続的にワンポットで行うことにした．

トシル酸触媒の存在下，**10** と **7** を無溶媒で無水酢酸(8当量)と加熱したところ(図4)，**8** と **9** の混合物が **6** を原料とした場合と同等の収率(86%)で得られた．**8** と **9** の生成比は 1.45：1 であり，Boryski らの結果とほぼ同じであった．ところが生成物の単離の過程で，減圧濃縮して得られた残渣を HPLC で分析すると，**8** と **9** の比が 2：1 まで向上していた．さらにこの残渣を，スラリー状態のまま 100℃で 24 時間加熱すると，**8** と **9** の比は 17：1 にまで向上した．しかもこのスラリーを冷却し，酢酸エチルを添加して晶析させると，**8** に含まれる **9** の量は 1%以下に減っていた．このようにして得られた **8** をアルカリ加水分解ののち，結晶化させると高純度の **1** が **10** からの通算収率 78%で得られた．

2.2 アシクロビル(**1**)工業化での問題点

以上のようにして **10** からわずか 2 段階(2 ポット)で **1** が合成できるようになったが，そのスケールアップではいくつかの問題点に直面した．その一つは，**10** のアセチル化で発生する大きな反応熱で，酸触媒存在下に無溶

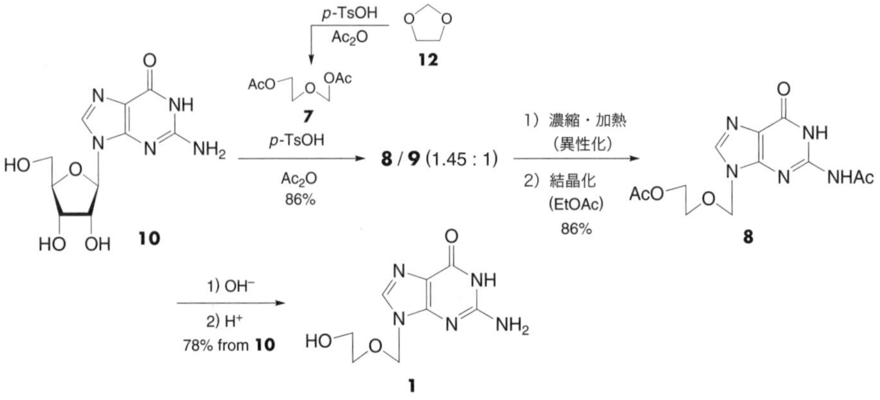

図4 グアノシン(**10**)からアシクロビル(**1**)の合成

媒で **10** を無水酢酸と反応させると，系内の温度は 100℃ 以上に達した．反応熱量計を用いた検討の結果，反応温度を制御するには酢酸を溶媒に用い，**10** をゆっくり加えれば発熱が緩和されることを見いだした（図4）．さらに酢酸を溶媒とすることで，無水酢酸の使用量を削減することができた．

反応温度の制御は，1,3-ジオキソラン(**12**)の開環アセチル化による **7** の調製でも重要であった（図4）．この反応は，ラボスケールでは **10** のアセチル化と同時に行うことができ，**7** の代わりに **12** を使用しても所望の **8** を問題なく得ることができた．しかし，**10** と **12** から直接 **8** を合成する反応のスケールアップでは，反応を冷却して注意深く制御しないと図5に示す二量体をはじめ多くの不純物が生成することがわかった．そこで **7** の合成は，**10** との反応に先立って別の反応槽で行うこととした．

このようにして基本的な製造条件は確立したが，品質面では微量不純物の除去という大きな課題が残されていた．微量不純物の構造は，さまざまな分析から二量体(**14b**)およびそのグアニン環7位の位置異性体(**15b**)であることが判明した（図5）．これは **7** の調製時，**12** の不均化によって少量副生した **13** にグアニン塩基(**5**)が二つ結合して生成したと推定される．**14b** および **15b** は，いずれの溶媒にも難溶で，**1** を再結晶しても逆に **14b**, **15b** の含量が増えてしまった．そこで，まず粗製の **1** を 100℃ の沸騰水に溶解させ，熱時ろ過により難溶性不純物を除去したのち，再度 **1** を水から再結晶することを試みた．しかし **1** にしても水への溶解度は低く，ろ過装置を熱水で温めておいても随所で **1** が析出して操作は煩雑をきわめた．そこで，さらに検討を重ね，不純物(**14b**, **15b**)の除去には合成吸着樹脂を用いる精製が最も有効かつ簡便であることを見いだした．そして最終的には，この精製法を採用することによって，高純度の **1** を工業的に製造するプロセスが完成した．

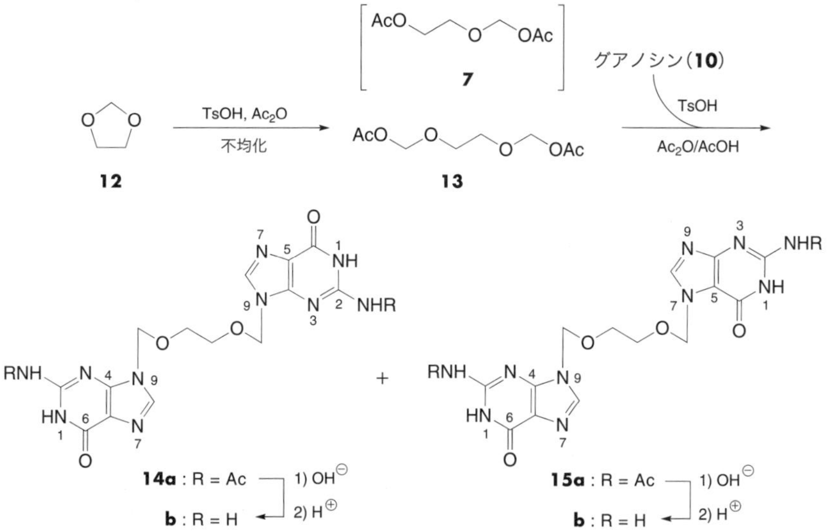

図5 微量不純物の構造と推定生成機構

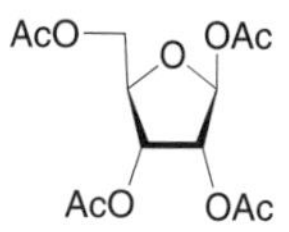

テトラアセチルリボース

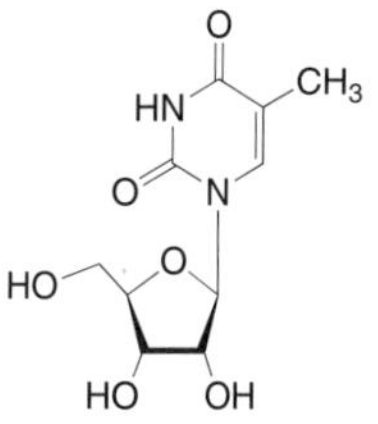

5−メチルウリジン

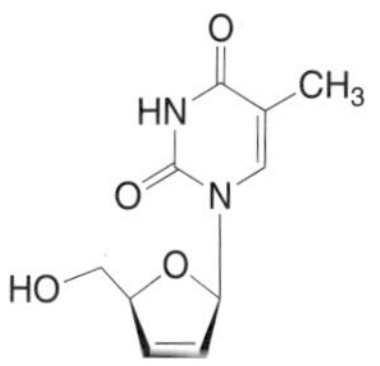

スタブジン

なお余談になるが筆者らは，トランスグリコシル化反応で副生したテトラアセチルリボースを，**8**の結晶化母液から結晶として回収する方法（収率約80%）も同時に確立した．テトラアセチルリボースはさまざまなリボヌクレオシド誘導体の合成中間体として有用であり，筆者らもそれを用いて5−メチルウリジンに誘導したのち，抗HIV薬スタブジンに導く方法を開発した[5]．これにより，**10**の糖部分も廃棄されることなく，抗ウイルス薬の原料として有効利用されるようになった．

3. ペンシクロビル(3)とファムシクロビル(4)の製法開発

3.1 9位選択的アルキル化反応の開発

1の発見以来，多くの非環状糖鎖アナログをもつヌクレオシド誘導体が合成されて抗ウイルス活性が評価されたが，なかでも**3**に強い抗ヘルペス活性が認められた(図1)．しかし**3**は経口吸収性が乏しかったため，プロドラッグとして**4**が開発された(図1)[6]．

さて**3**と**4**はグアニンの9位に非環状側鎖をもっている点で**1**と類似しているものの，その結合様式は異なっている．すなわち，**1**がN−C−O結合でつながった*N*−グリコシドであるのに対し，**3**と**4**は**5**の*N*−アルキル化体である．したがって**3**と**4**では，**1**の場合のように異性化による目的物への変換(**9**→**8**)を行うことができないので，グアニンの9位を選択的にアルキル化する手法の開発が不可欠となる．文献では，6位にかさ高い塩素やヨウ素を導入したグアニン（**16a, b**）を用いて，9位選択性を向上させる方法が知られていた(図6)[7]．そこで，われわれも6−クログアニン(**16a**)

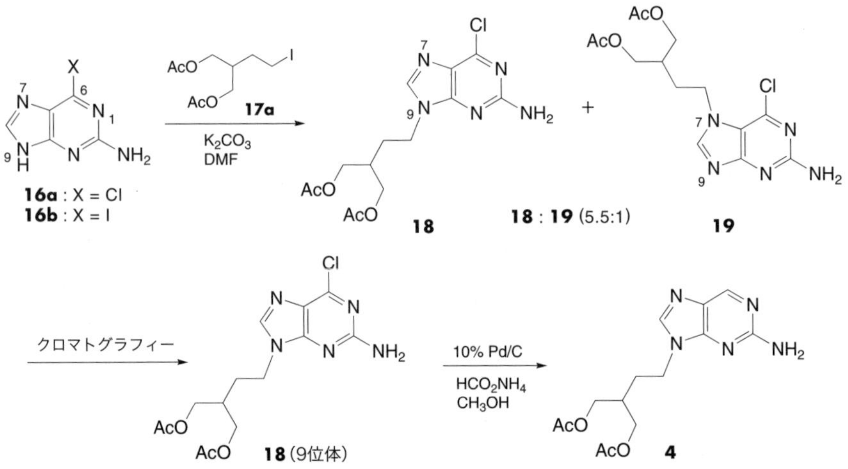

図6 SmithKline Beecham 社によるファムシクロビル(**4**)の製法

の製造から検討を開始した．しかし，**5** の塩素化をオキシ塩化リンを使って収率よく行うには，**5** をいったんアセチル化する必要があり，必ずしも効率的でなかった．しかも，**16a** のヨウ化物（**17a**）によるアルキル化反応の位置選択性は高くなく，2 割程度副生した 7 位異性体（**19**）の分離にはカラムクロマトグラフィーが必要であった．これに対して SmithKline Beecham 社では，煩雑なクロマト分離を回避するためにジカルボキシラート法と呼ばれるルートが開発された（図7）[8]．この方法によれば，工程数が増えるものの，晶析による精製で 7 位異性体を含まない **21** を得ることができる．しかしこの方法でも，位置選択性の問題が解決されたわけではなく，7 位アルキル化異性体の副生による **21** の収率低下は避けられなかった．さらに原料（**16a**）には変異原性があるため，工業生産時にはその取り扱いに安全衛生上の特別

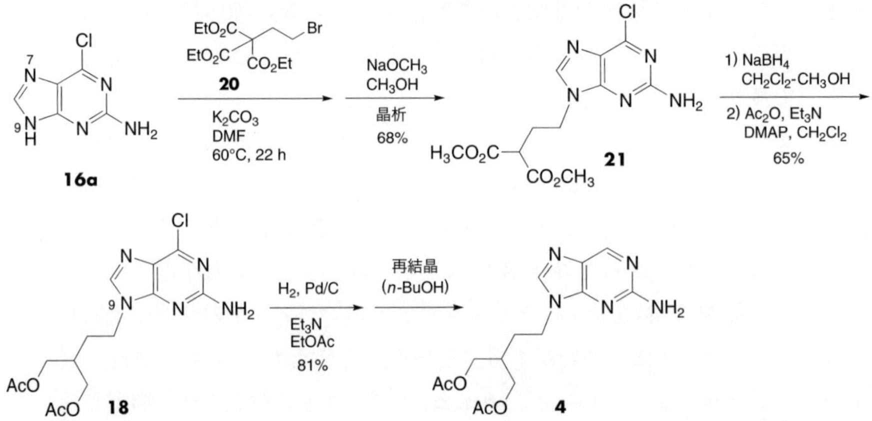

図7 SmithKline Beecham 社による **4** の改良合成法（ジカルボキシラート法）

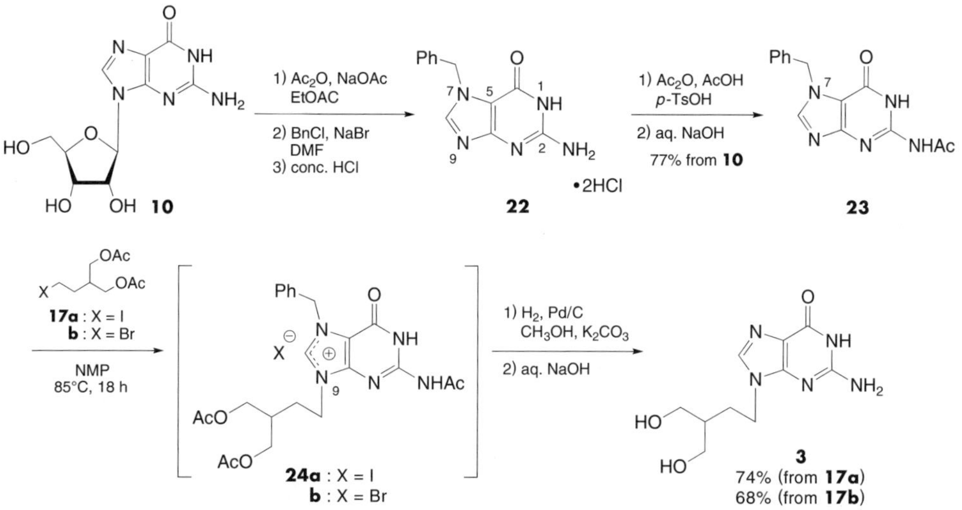

図8 選択的9位アルキル化法によるペンシクロビル(**3**)の合成

の注意を払う必要があった．

ところで **10** は，9位が保護されたグアニンとみなすことができる（図8）．そして **10** に臭化ベンジルを作用させれば，酸加水分解のあとに7-ベンジルグアニン（**22**）が得られることも知られている．したがって，もし **22** の9位を選択的にアルキル化することができ，その後7位のベンジル基を接触還元で除去できれば，**3** が選択的に得られると考えた．

臭化ベンジルによる **10** の7-ベンジル化は，一段階で進行したが，溶媒に DMSO を用いることからスケールアップには問題があった．しかし **10** のアミノ基とヒドロキシ基をアセチル化しておくと，塩化ベンジルとの反応が臭化ナトリウムの存在下 DMF（ジメチルホルムアミド）中で効率よく進行した（図8）．次いで N-グリコシル結合を酸加水分解したのち，塩酸で処理すると **22** を容易に単離できることを見いだした．なお **22** は，次のアルキル化反応に用いる溶媒 DMF や NMP（N-メチルピロリドン）に難溶であったため，2-アセチル-7-ベンジルグアニン（**23**）にいったん誘導する必要があったが，**23** と **17a** との反応は DMF や NMP 中円滑に進行し，付加体（**24a**）を問題なく与えた．このようにして得た **24a** は NMR および X 線構造解析から，9位が選択的にアルキル化された化合物であることが確認された．最後に **24a** を単離することなく，炭酸カリウムの存在下 Pd/C 上で接触還元（ベンジル基の加水素分解）を行い，次いで N- および O-アセチル基をアルカリ加水分解したところ，7位体を含まない **3** が単離収率 75％ で得られた（図8）．なお **3** は，文献記載の方法で **4** に変換することができた[9]．

3.2 ファムシクロビル(**4**)の製法開発

23に対するアルキル化反応で経済的に問題になるのは，ヨード体(**17a**)である．そこで，より安価なブロモ体(**17b**)を用いて反応を行ったところ(図8)，収率68%で**3**が得られたものの，2-アセチル-7,9-ジベンジルグアニン(**26b**)が5%以上副生していた(図9)．これは，**23**と**17b**の反応で生成した**24b**が臭化物イオンによる求核攻撃を受け，**25**と臭化ベンジルに分解し，後者が**23**をアルキル化することにより副生したものと推測された．そこで，求核反応性の乏しいメシラートを脱離基とした**17c**を使って**23**のアルキル化を検討したところ，NMP中120℃に加熱すると反応は円滑に進行し，**24c**の反応収率が90%程度まで改善されると同時に，**26c**の副生も1%以下に抑制することができた．なおメシラート体(**17c**)は，ハロゲン化物(**17a, b**)の合成前駆体であることから，**17c**の使用は製造コストの削減にもつながった．

アルキル化生成物(**24c**)を接触還元によって脱ベンジル化し，トリアセチルペンシクロビル(**25**)として単離したのち，それをオキシ塩化リンで塩素化した(図10)．次いで，その反応液に酸性メタノールを加えるとN-脱アセチル化が選択的に進行し，6-クロロファムシクロビル(**18**)を80%程度の収率で純度よく得ることができた[10]．そして**18**は，文献記載の方法[7]により80%以上の収率で**4**に導かれた．したがって上記の方法に従うと，**23**から5工程，3回の単離を経て，**4**が通算収率47%で得られたことから，SmithKline Beecham社による改良法〔**16a**からの通算収率36%（5工程），図7〕よりも優れた製法を生みだすことができたことになる．

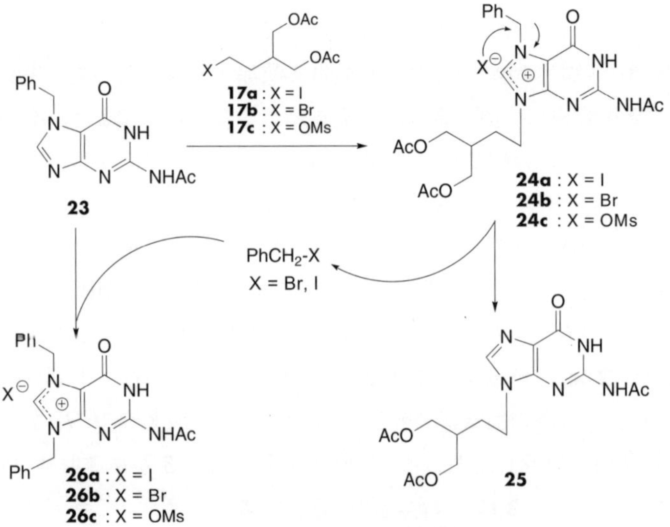

図9 副反応の推定機構

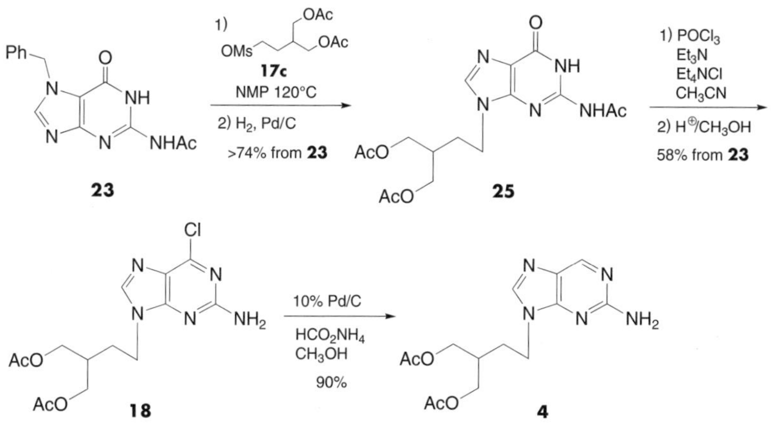

図10 9位選択的アルキル化によるファムシクロビル(**4**)の合成

4. おわりに

　本稿では，発酵法により大量に工業生産されている **10** を原料に用いたヌクレオシド系抗ウイルス薬のプロセス開発の経緯を紹介した．医薬品は，高品質で十分な量が適切な価格で供給されなくてはならない．またその製造には，安全かつ環境にも配慮したプロセスが求められる．品質の確保という観点からは，効率的な晶析法といった優れた精製法の開発が重要であるが，それにも増して反応の選択性を高め，原料を有効に利用することが開発の基本となる．ここでは，そのような事例として，グアノシンの特性を生かした選択的反応の開発によって副生成物の削減とクロマトグラフィーの回避を実現した製造プロセスを二つ紹介した．また 2.2 項の終わりでも触れたように，反応副産物を回収して有効に使用することは，グリーンケミストリー（アトムエコノミーの最大化）の観点からも今後ますます求められるであろう．本稿を通じて，限られた資源を有効活用するというプロセス化学者の使命をいくらかでもお伝えできれば幸いである．

参考文献

1) H. Matsumoto, C. Kaneko, K. Yamada, T. Takeuchi, T. Mori, Y. Mizuno, *Chem. Pharm. Bull.*, **36** (3), 1153 (1988).
2) H. J. Schaeffer, GB-Patent, 1567671, 1977.
3) J. Boryski, B. Golankiewicz, *Nucleosides & Nucleotides*, **8** (4), 529 (1989).
4) H. Shiragami, Y. Koguchi, Y. Tanaka, S. Takamatsu, Y. Uchida, T. Ineyama, K. Izawa, *Nucleosides & Nucleotides*, **14** (3-5), 337 (1995).
5) H. Shiragami, T. Ineyama, Y. Uchida, K. Izawa, *Nucleosides & Nucleotides*, **15** (1-3), 47 (1996).
6) G. R. Geen, T. J. Grinter, P. M. Kincey, R. L. Jarvest, *Tetrahedron*, **46** (19), 6903 (1990).
7) B. M. Choudary, G. R. Geen, P. M. Kincey, M. J. Parratt, J. R. M. Dales, G. P.

Johnson, S. O'Donnell, D. W. Tudor, N. Woods, *Nucleosides & Nucleotides*, **15** (5), 981 (1996).
8) K. Izawa, H. Shiragami, *Pure Appl. Chem.*, **70** (2), 313 (1998).
9) T. Torii, H. Shiragami, K. Yamashita, Y. Suzuki, T. Hijiya, T. Kashiwagi, K. Izawa, *Tetrahedron*, **62** (24), 5709 (2006).
10) T. Torii, K. Yamashita, M. Kojima, Y. Suzuki, T. Hijiya, K. Izawa, *Nucleosides, Nucleotides & Nucleic Acids*, **25** (4-6), 625 (2006).

Column ヒントはテレビ番組のなかにあった！

「あっ，これだ！」．ある夏休みの午後，自宅でなにげなく教育テレビを見ていた筆者は思わず叫んだ．番組は遺伝子工学に関するもので，MaxamとGilbertによって考案された最初の実用的なDNAの塩基配列決定法を説明するものであった（1980年度ノーベル化学賞）．それはDNAをジメチル硫酸で処理すると，G（デオキシグアノシン）の7位が選択的にメチル化されて，DNAがその位置で切断されやすくなるため，塩基配列の決定に有効であるとの話．以前から知っていた話であったが，数か月もの間グアニン類の9位を選択的にアルキル化する方法の開発に頭を悩ませていた筆者にとっては，目から鱗のヒントであった．グアノシンを原料にすれば，7位を選択的に保護できる．そうなれば，9位に結合したリボース残基を取り除きさえすれば，次は9位が選択的に反応するはずである．

研究室にもどった筆者は，さっそく若手の研究員に入手容易なモデル化合物による実験を依頼した．しかし，最初に返ってきた答えは期待を裏切るものであった（図）．アルキル化反応はまったく選択性がないという．しかし，実験の詳細を聞いてみると，これまで検討してきた2-アミノ-6-クロロプリンの場合と同じように，過剰な塩基の存在下に反応を行ったという．そのような条件では1位が脱プロトン化された結果，グアニン塩基全体の反応性が高まり，その各所でアルキル化が起こるため，選択性が出ないのは当然である．狙っているのはMenschutkin型反応（第三級アミンとハロゲン化アルキルとの反応でアンモニウム塩をつくる反応をMenschutkin反応という）であると説明して，塩基を添加しない条件で反応をもう一度試みてもらった．その結果は本文に書いたとおりである．なお，電子密度計算によっても，Menschutkin型反応における位置選択性を説明することができるが，ここでは省略する．

（井澤　邦輔）

図　塩基性条件による7-ベンジルグアニンのアルキル化

索　引

― 英　字 ―

AGE	
→ *N*-アシル-D-グルコサミン 2-エピメラーゼ	
AIBN	19, 183
AlCl$_3$	152
ATP	122
Bacillus megaterium	137
BAS-490F (Kresoxim-methyl)	47
BINAP	132
Boc 基	152
Candida magnoliae	132
cDNA	122
DBU	77
DMF	→ジメチルホルムアミド
DMSO	197
DNA	123〜124
――の塩基配列決定法	200
EDCI	77
Et$_4$NCN	83
GMP 原薬	83
HMTA	48
HOBt	77〜78
HOSu	77
HPLC	64, 72, 74, 77, 98, 174, 193
ICH	150
ICIA5504 (Azoxystrobin)	47
K-Selectride〔K(s-Bu)$_3$BH〕	190
LDL コレステロール	70
LiBr	88
L-Selectride〔Li(s-Bu)$_3$BH〕	190
m-CPBA	13, 187
mRNA	122
NaBH$_4$	82
NADH	135〜136
NADPH	134〜136
NAL	
→ *N*-アセチルノイラミン酸リアーゼ	
n-BuLi	84〜86
Pd/C	64
PG ロン	38, 40
React-IR™	84〜85
S-1090	162
SbF$_5$	113
SciFinder®	190
SEGPHOS	132
S$_N$2 型反応	182
S$_N$Ar 法	114
Super Hydride (LiEt$_3$BH)	190
tac プロモーター	124
TCA 回路	135
THF	77, 86, 88, 91, 146
TMEDA	91

― あ ―

アキラル	81
アクチノボリン	2
アクリル酸エステル	182
アシクロビル	191
アゼチジノン	11
アセトニトリル	61, 64, 98〜99
アトムエコノミー	16
アトルバスタチンカルシウム	131
アニソール	152
アミド化反応	77
アミド結合	81
4-アミノ-1-アルキルピペリジン	75
(1S,2R)-1-アミノインダン-2-オール	93
2-アミノ-6-クロロプリン	200
アミノ酸配列	134
アミノチアゾール	153
アミノ配糖体	171
――抗生物質	167, 175
アリル位臭素化	180
アリル酸化	19
アリル転位	21
亜リン酸トリメチル	18
アルコール成分	30
アルデヒド還元酵素	136
アルドール縮合	37
アルドール反応	29
分子内――	39
アルドール付加	118
分子内――	37
アルファカルシドール	179
α-シアノ-3-フェノキシベンジル 　アルコール	40
1α-ヒドロキシデヒドロ 　エピアンドロステロン	180
α,β-不飽和カルボニル化合物	182
アレスリン	30
アレスロロン	36〜37
アレンオキシド	184
――-シクロプロパノン転位	184
アロステリックエフェクター	121
安全	138, 199
――衛生	196
――性評価	67
安定化	84
安定性	73, 148
アンモニア	169, 175
――水	94

― い ―

イオン交換クロマトグラフィー	120
イオン交換樹脂	171
――カラムクロマトグラフィー	176
異種遺伝子発現	137
異性化	89
異性体	192
イソチオシアン酸フェニル	65
イソニペコチン酸エチル	60
イソプロピリデン基	168
一重項活性酸素	180
位置選択性	62, 115, 174, 196
位置選択的	60, 75, 170
――脱炭酸	39
遺伝子	134
――組換え	120
――技術	134
――大腸菌	136
伊藤-三枝酸化	2
イノシン酸	192
イプソ置換	106
イマゾスルフロン	69
イミダゾ[1,2-a]ピリジン	69
イミダゾチオン	65
――環	59
イミニウム	41
イミノクロリド	13
(E)-メトキシイミノ酢酸	48
引火	172
――性	59, 65
インジナビル	93
インデューサー	119
インデン	94

― う ―

Wittig 反応	13, 180
分子内――	16

Williamson エーテル合成 180, 182〜183, 186〜188	オキサセフェム抗生剤 2	カルベン 31
Woodward 法 13	オキサゾリン 94	カルボン酸 81
Ullmann 反応 29, 41〜42	―― 環 13	カロリーメーター 68
ウレイレン 169	オキサロール® 179	環境 140, 146, 199
	オキシアミン 48	還元 75
― え ―	オキシ塩化リン 59〜60, 63〜64, 196, 198	還元型補酵素
エイズ 93	オキシ水銀化反応 184	―― 再生用酵素 136
エクアトリアル 82, 87	oxy-Michael 反応 181	―― の再生 135
(S)-2,3-デカジエン 3	oxy-Michael 法 183	還元酵素 132〜134, 136, 139
(S)-tert-ブチルアレンオキシド 3	オキシム 153〜155	アルド‐ケト―― 134
(S)-β-ヒドロキシエステル 134	―― 基 158	カルボニル―― 134
エタノール 64, 66, 75, 77, 89, 148	4-オキソシクロヘキサンカルボン酸エチル 87	還元的アミノ化 146
X線結晶構造解析 69	オキソスルホニウムイオン 20	還元的開環(ラクトン) 36
エトキシカルボニル基 168	オゾン酸化 36	還元的変換 76
N-アシル-D-グルコサミン 2-エピメラーゼ(AGE) 121〜122, 124〜127	オルト酢酸エチル 34	乾癬 179
N-アセチルグルコサミン(GlcNAc) 118	オルト選択的メタル化反応 84	感染症治療 25
N-アセチルノイラミン酸 117	オルプリノン 69	官能基 131
―― リアーゼ(NAL) 118, 119〜121, 125, 127	オレアナン型トリテルペン 5	―― 変換 86
N-アセチルマンノサミン 118	オレアノール酸 5	
N-アルキル化 75		― き ―
N,N-ジイソプロピルエチルアミン 63	― か ―	菊酸 29, 31
N,N-ジメチルアクリルアミド 182	開環トリエン体 179	―― エチル 31
N-ヒドロキシフタルイミド(PhtNOH) 48	開環反応 186	(1R)-トランス―― 32
N-ブロモコハク酸イミド(NBS) 16	会合状態 88	ジクロロビニル―― 33
N-メチルピロリドン(NMP) 197〜198	解糖系 135	ギ酸 136
エネルギー 140	過酸化水素 95	―― 脱水素酵素(FDH) 136
エノラート 1, 84	過酸化ニッケル 13	―― ナトリウム 64
エピミノ体 176	加水分解 88, 91, 135, 193, 197	基質特異性 133, 139
3-エピメビノリン 3	―― 酵素 88	軌道対称性保存則 1
エピメリ化 32, 118〜120, 125	Gassman 反応 109	キナゾロン 59
―― 反応 121	活性化エステル 77	キノリン 43
エポキシ化 13, 187	活性型ビタミン D_3 179, 188	キノロン 105
塩化亜鉛 13	―― 誘導体 179〜180	―― 系抗菌剤 105
塩化アルミニウム(無水)/アニソール 25	活性炭 121	キマーゼ阻害薬 5
塩化オキサリル 77	―― 処理 156	逆合成解析 59, 71, 78
塩化セリウム 183	活性メチレン 38	逆滴下 86
塩化リチウム 91	カナマイシン 167	逆転写酵素 122
塩酸 64, 73, 88, 197	―― A (KMA) 168	求核的 C–N 結合形成反応(分子間) 105
塩酸グレパフロキサシン 105	―― B (KMB) 168, 170, 172〜173, 175	求核的 C–N 結合形成反応(分子内) 106
塩酸セフマチレン(S-1090) 151	―― 耐性菌 167	急性心不全治療薬 69
塩酸ヒドロキシルアミン 172	加ヒドラジン分解 48	求電子置換反応(ベンゼン環上) 105
塩素化 2	可溶性タンパク質 137	求電子的臭素化反応 109, 111
エンドセリン拮抗薬 3	カラムクロマトグラフィー 71, 74, 118, 122, 133, 171, 187, 196	狭心症治療薬 59
	イオン交換―― 122	共沸 51
― お ―	陰イオン交換―― 121	―― 留去 43
O-アミノ化反応 54	ゲルろ過―― 122	夾膜多糖 118
O-アルキル化 41	シリカゲル―― 82	極性溶媒 55
1-オキサセフェム 9, 17	カルシウム・骨代謝改善薬 179	キラル 93, 132
―― 系抗生物質 11	カルシトリオール 179	―― アレン 3
	L-カルニチン 131	―― ビルディングブロック 131
	カルベノイド 32	キレート効果 84
		金属ナトリウム 169, 175

— く —

グアニル酸	192
グアノシン	191
Cooper 法	18, 24
組換えタンパク質生産	137
クムレン	3
クメンヒドロペルオキシド法	150
15-crown-5	183
グラム陰性菌	10, 105, 151
グラム陽性菌	11, 105, 151
Clariant 法	115
グリコシド結合	118
クリックケミストリー	1
Grignard 反応剤	48, 115, 143, 180, 183
グルコース脱水素酵素(GDH)	136
グルコノラクトン	136
グルコン酸	138
グレバフロキサシン	108
クローニング	120〜122, 134
クロスカップリング	1
クロマトグラフィー	59, 67, 83, 187, 199
—— 精製	141
イオン交換樹脂 ——	171
クロマト分離	196
4-クロロアセト酢酸エチル	131
7-クロロ-2,4-キナゾリンジオン	62
4-クロロ-3-ヒドロキシ酪酸エチル	131

— け —

K1 抗原	118
経口投与	151
経済的	131
結晶	147, 171
—— 化	76, 147, 171, 193, 195
—— 性	88
—— 性状(晶癖)	151
—— 多形	159
血清カルシウム上昇作用	188
ケテン	89
ゲノム DNA	135
ゲル化	155
嫌気性菌	151
原薬	151, 153〜154, 161〜162, 171
—— の不純物に関するガイドライン	151
治験用 ——	141, 147, 149
原料	199
堅牢性	78

— こ —

抗 AGE 抗体	122〜123
抗 HIV 薬	195
抗ウイルス薬	191, 195
光学活性	131
—— 体	101
光学純度	134
光学分割	32, 94, 101
交換反応	55
好気性菌	151
工業化	132, 138, 146, 167, 171
工業生産	199
工業的	135, 140
—— スケール	172
—— 製造	59
—— 製法	96, 101, 168, 192
—— プロセス	98, 100
抗菌活性	10〜11
抗菌剤	167
抗菌スペクトル	47, 151, 167
交差アルドール反応	127
交差アルドール付加	39
高脂血症治療薬	70, 78, 131
構成型	119
合成吸着樹脂	194
合成原料	131
合成スタチン	131
酵素	88, 132〜135
—— 還元	135
—— 反応	29
構造活性相関(SAR)	3, 48
—— 研究	10
工程管理	174
抗肥満薬	81
抗ヘルペス薬	191
効率化	92
固液分離	94
五塩化リン	63
コストダウン	175
Koppel 法	16, 21, 24
コロミン酸	118
混合酸無水物	152
コンパクチン	3
コンバージェント(収斂的)	50, 71, 78, 141

— さ —

細菌細胞壁(ペプチドグリカン)	10
再結晶	66, 77, 89, 148, 194
最適化	88, 171, 173, 176
細胞外膜(糖脂質層)	10
細胞表層	117
催涙性	71
作業効率	176
酢酸	74, 194
—— エチル	64, 73, 88, 146, 147, 193
—— ブチル	132
殺虫効力	38
ザナミビル(リレンザ®)	118
さらし粉〔$Ca(ClO)_2$〕	2
三塩化リン	63
酸化カップリング	1
産業廃棄物	173
三共法	13
酸クロリド	25
—— 法	77
酸成分	30
Sandmeyer 反応	111
—— (塩素化)	107
—— (シアノ化)	109
—— (臭素化)	107
三フッ化ホウ素ジエチルエーテル錯体 ($BF_3 \cdot OEt_2$)	113
酸捕捉剤	72
残留溶媒	66
—— の安全性	148

— し —

次亜塩素酸 t-ブチル(t-BuOCl)	16
ジアキシアル水素	90
3,5- ——	87
次亜臭素酸(HOBr)	95
ジアステレオマー	101
ジアゾ酢酸エチル	31
ジアゾニウム塩	52, 112
シアノヒドリン化	40
シアン化ナトリウム	83
ジェネリック医薬品	116
ジオキサン	83
1,3-ジオキソラン	194
シオマリン®	9
σ電子	184
2,3-シグマトロピー転位	18
ジグライム	75
シクラジン	69〜71, 73〜74
C-グリコシド	2
シクロプロパンカルボン酸	30
シクロプロパン環	35
1,4-シクロヘキサンジオンモノアセタール	82
シクロヘキシリデン	171
シクロペンテノンアルコール	29〜30
ジクロロメタン	98
1,4-ジケトン	1
資源	140
自殺型阻害活性	10
シス-ジャスモン	1
Schiff 塩基	13
3′,4′-ジデオキシカナマイシン B (ジベカシン)	167
至適温度	133

シハロトリン	30, 35	
ジヒドロオキサジン環	10	
3,5-ジヒドロキシヘキサン酸	3	
ジフェニルジアゾメタン(Ph₂CN₂)	11	
ジフェニルメチル基	152	
シフェノトリン	30, 40	
3,5-ジ-t-ブチル-4-ヒドロキシベンズアルデヒド	13	
ジブチルマグネシウム	143〜144	
1,2-ジブロモインダン	95	
ジベカシン(DKB) 167〜169, 171〜173, 175〜176		
シペルメトリン	30, 34	
ジメチルスルホキシド	61, 63	
ジメチルホルムアミド(DMF) 43, 74, 77, 83, 89, 91, 142〜145, 176, 197		
N,N- ──	64, 66	
ジメチル硫酸	200	
ジャスモン酸	36	
収率	174	
臭化テトラ-n-ブチルアンモニウム	55	
臭化プレニル	184	
臭化ホモアリル	180	
シュウ酸	147	
臭素	94	
収束的合成	81	
収率	144〜145, 174, 193, 198	
縮合剤	77	
Schlenk 平衡	143	
循環器系疾患治療薬	3	
商業的製造	172	
硝酸エステル	68	
常磁性環電流	69	
脂溶性	172	
晶析	148, 152〜154, 193, 196	
晶癖	151, 156, 159〜160, 162〜163	
蒸留	147	
触媒	132, 136〜137	
除塵ろ過	153	
除虫菊	29, 32	
Johnson-Claisen 転位反応	34	
Girard 反応剤	13	
シリカゲルクロマト	70	
シリルエノールエーテル	1	
神経ペプチド Y (NPY)	81	

― す ―

水酸化ナトリウム	99	
水素化アルミニウムリチウム	59, 61	
水素化トリアセトキシホウ素ナトリウム	146	
水素化ホウ素ナトリウム	61, 75, 77	
水素化ホウ素リチウム	61	
水溶性	74, 171〜172	
水和物	148	

スクリーニング	65	
スケールアップ	71, 73〜74, 89, 140〜141, 193〜194, 197	
スタチン	3	
スタブジン	195	
ストロビルリン	47	
スピロ環	81	
スルホン	31	
── アミド	5	

― せ ―

生産効率	175	
生産プロセス	140	
精製	88〜89, 91, 133, 135, 146〜148, 171, 175〜176, 194, 196	
生成機構	67	
生成熱	85	
製造コスト	89, 171, 198	
製造プロセス	67, 199	
生体触媒	132	
清澄ろ過	148	
赤外吸収パターン	85	
接触還元	64, 82, 172, 197〜198	
セネシオン酸メチル	31	
セフェム	9	
── 環	153, 157, 158	
── の 3,4 位二重結合の 2,3 位への移動	157	
── 系	9	
── 抗生物質	151	
── 母核	152	
セフテム®	26	
セリウム反応剤	183	
セリンプロテアーゼ(キマーゼ)	26	
前駆体	131, 147, 198	
選択性	88, 199	
選択的	91, 171〜172, 175, 197	

― そ ―

相間移動触媒	100	
増炭反応	86	
創薬段階	59	
速度論的	89, 100	
── 条件	89	
── プロトン化	89	
── 分割	48, 54	
続発性副甲状腺機能亢進症	179	
粗酵素液	132	
速効性(ノックダウン効力)	38	
Sommelet 反応	41	
ゾルピデム(酒石酸塩)	69	

― た ―

対アニオン種	112	
第 5 類危険物	68	
第一相臨床試験	83	
対称第二級アミン	76	
大腸菌	118〜120, 122, 124, 135	
── 組換え ──	135	
大量生産	134, 137	
脱塩処理	121	
脱共役化	180	
脱クロロ化	83	
脱水	43	
── 剤	23	
脱炭酸	115	
脱保護	172, 174	
脱離反応	83	
脱硫剤	18	
種結晶	163	
Duff 反応	73〜74	
タングステン酸ナトリウム	21	
炭酸カルシウム	61	
炭酸水素ナトリウム	77, 176	
単純タンパク質	124	
タンパク質加水分解酵素	134	
タンパク質結合率	10	
単離	137, 142, 148, 193, 197〜198	

― ち ―

チアゾール	151	
チアゾリジン環	11	
チオアセタート	152	
チオラート	152	
置換濃縮	171, 174	
置換反応(立体反転)	40	
蓄熱	63	
中間体	171, 174, 195	
抽出	138, 147, 174	
沈殿化	174	

― つ、て ―

通算収率	169〜170, 172〜176, 198	
低温反応装置	85	
Tipson-Cohen 反応 169〜170, 173, 175〜176		
デオキシ化	167	
デオキシスタニル化反応	3	
テトラアセチルリボース	195	
テトラエチルアンモニウムシアニド	82	
テトラブチルアンモニウムブロミド	100	
2,3,4,6 テトラフルオロ安息香酸	115	
テトラフルオロイソフタル酸	115	
テトラメチルエチレンジアミン	90	
デルタメトリン	30, 35	
テレスコーピング化	24〜25	
電位依存性 Na チャネル阻害薬	141	
電気泳動	122	
伝熱面積	68	

索引　205

― と ―

糖鎖	117
銅触媒	42
動的光学分割	5
特性吸収	85
(1R)-トランス菊酸	32
(1S)-トランス菊酸	32
トランスグリコシル化	193, 195
トランスペプチダーゼ	10
トリアゾール	153, 156
トリエチルアミン	72〜73, 90
トリグリセリド	70
トリクロロアセトイミダート	184
2,4,6-トリクロロ-1,3,5-トリアジン	23
トリチルエーテル	155
トリチル基	152
トリテルペン	3
トリトン X-100	94〜96
トリフルオロ酢酸銀	19
トリフルオロメタンスルホン酸	16
トルエン	61, 64

― な 行 ―

ナトリウムエトキシド	75, 89
ニコチンアミドアデニンジヌクレオチド (NAD$^+$)	135
ニコチンアミドアデニンジヌクレオチドリン酸(NADP$^+$)	135
2相不均一反応系	133
ニトロソグアニジン(MNNG)	119
4-ニトロベンズアルデヒド	134
ニューキノロン	105
系合成抗菌剤	105
尿排泄型	10
尿路感染症治療薬	11
二硫化炭素	59, 65
ヌクレアーゼ	123
ヌクレオシド	191
熱安定性	132
熱許容反応	1
熱力学的	89, 100
条件	89
熱量分析	67
粘性	88
ノイラミニダーゼ(NA)	118
農園芸用殺菌剤	47
農業用殺虫剤	29
濃硫酸	82

― は ―

配位効果	11
廃液	100, 101
バイオ還元法	132
バイオプロセス	140
バイオ法	132
廃棄物	59, 78, 98
媒晶剤	159〜161
廃水	94, 98
ハイスループット・スクリーニング法	88
π電子	184
パイロットスケール	62, 153
Hauser 塩基	142
バクテリア	119
Birch 還元	176
発熱パターン	85
Barton 反応	5
バラシクロビル	191
Balz-Schiemann 反応	109, 111〜112, 114〜115
ハロゲン系溶媒	141
ハロベンゼン	42
半還元	13
パン酵母	132
反応条件	88, 175
反応熱	193
反応熱量計(RC1™)	84〜85, 194
反応の暴走	63
反応のモニタリング	84
反応溶媒	172
反芳香族性	69

― ひ ―

光安定性	30
光 Schiemann 反応	111
光反応	179
― 設備	112
非還元末端	117
非極性溶媒	55
微生物	132, 134〜135, 137〜139
― 酸化	180
ビタミン	135
ヒトインフルエンザウイルス	117
ヒドロホウ素化-酸化反応	180
非ハロゲン系溶媒	146
比表面積	160
2-ピペリジノベンゾニトリル	60
ピリジン	72
Vilsmeier 反応	70, 73〜74
ピルビン酸	118
ピレスロイド	29〜32, 34, 42〜43
ピレトリン	29〜30, 32
品質	199
― 管理	78, 147

― ふ ―

Favorskii 型転位反応	35
ファムシクロビル	192
フィニバックス®	26
封じ込め(組換え微生物)	138
フェノール	42
3-フェノキシベンジルアルコール	40
3-フェノキシベンズアルデヒド	41
フェノトリン	30, 40
フォールディング	124
副生	198
― 物	89
不純物	71, 78, 147, 171, 176, 194
不斉アルドール反応	2
不斉加水分解	40
不斉還元	52, 54, 131〜132, 135〜136, 139〜140
不斉金属錯体	131
不斉合成	29, 32
菊酸の ―	32
不斉水素移動反応	51
不斉炭素	32
不斉配位子	32
不斉ホスフィン配位子	131
不斉ルテニウム(II)錯体	53
2-ブタノン	1
フタロイル基	48
ブチルリチウム	81, 144
フッ素化反応	29
2-t-ブトキシピラジン	141
プラスミド	120
― ベクター	135, 137
プラレトリン	30, 38
Friedel-Crafts 反応	111
分子内 ―	107〜108
2-フルオロベンゾニトリル	60
フルマリン®	9
プレニルクロリド	31
プロスタグランジン	36
プロセス	194
― 開発	176, 199
― 化学	140
プロタミン	122
プロテアーゼ阻害薬(エイズウイルス)	93
プロドラッグ	195
^{1}H NMR	69, 98
プロモーター	137
ブロモニウムイオン	95
ブロモヒドリン	16, 97
― 化	95〜97
分液	73, 138, 171, 175
― 操作	73
分割投入	126
分化誘導作用	188
分子内アシル化反応	106
分子内 S$_N$Ar 反応	106
分子内エーテル化反応	17

分子内求核置換反応	95
分子内反応	65
分配係数	10
分別蒸留	34
分離	88

— へ —

ヘキサメチレンテトラミン	73
ベクタープラスミド	124
β-ケトエステル類	134
β脱離	184
β-ラクタマーゼ	10, 26
β-ラクタム環	2
β-ラクタム抗生物質	9
ヘテロリシス(熱的)	112
ペニシリン	11
—— G	16
—— スルホキシド	18
6α- —— 誘導体	16
ヘマグルチニン(HA)	118
ヘミアセタールオキシドアニオン	185
ヘルパーファージ	123
ペルメトリン	30, 34
変異原性	196
ペンシクロビル	192
ベンジル基の加水素分解	197
ベンズイミダゾール-2-チオン	64
変性	127

— ほ —

芳香環上の求核置換反応	73
芳香族性	69
保護	174
——・脱保護	170
補酵素	132, 135
—— 再生系	132
還元型 ——	136
保持(立体配置)	51
ホスホジエステラーゼ5型(PDE5)	59
Horner-Wadsworth-Emmons (HWE) オレフィン化	4
ホモリシス	112
ボラン付加錯体	76
ポリメラーゼ連鎖反応(PCR)	135
ポリリン酸($H_6P_4O_{13}$)	24
ホルミル化	70, 141

— ま 行 —

Michael 付加	31, 182
マキサカルシトール	179, 188
マグネシウムアミド	142, 144
—— 反応剤	141
末梢性神経痛	141
光延反応	48, 51
ミネラルオイル	183
ミリセリン酸 A	3
ミリセロン	3
無機塩	101
無溶媒	193
メシラート	82
メタノール	63, 75, 77, 171〜173
—— 添加有機溶媒	75
5-メチルウリジン	195
メチルビニルケトン	182
2-メチル-3-ブテン-2-オール	187
メチルリチウム	182
メトキシアクリル酸	47
5-メルカプト-1-メチルテトラゾール	13
Menschutkin 型反応	200

— や 行 —

有機溶媒	132, 138, 170, 172, 174
優先晶析	88
誘導酵素	119
溶解性	88, 170, 174
溶解度	148, 194
ヨウ化リチウム	190
溶菌	122
陽性クローン	123
溶媒	138, 147, 194, 197

— ら 行, わ —

ライブラリー	139
ラウリン酸ビニル	48
ラジカル臭素化	48
ラジカル付加	34
—— 反応	35
ラセミ化	101
ラセミ体	93
ラタモキセフ(シオマリン®)	2
λファージ	122
Lunn 法	13, 21
リチウムアミド反応剤(LiTMP)	141
リチウムエノラート	1
リチウム 1,1,6,6-テトラメチルピペリジド(LiTMP)	81
リチオ化	82
立体収斂的	40
立体選択性	87, 89, 98, 131〜134, 139
立体選択的	89, 92, 131, 134, 136
—— 加水分解	88
—— 水素移動反応	53
—— 製造	132
立体配座	87
立体反転	54, 95
Ritter 反応	95, 98〜100
リパーゼ	40, 54
—— (TOYOZYME LIP)	48
リボヌクレオシド	191
粒径	159
硫酸	99
—— 銅	52
緑膿菌	167
臨床試験	59, 149
—— 用原薬	59
Lewis 酸	11, 88
ルテニウム	131
Lemieux	173
レクチン	117
レトロアルドール反応	119
連続化	171
漏洩トラブル	145
ろ過	194
—— 性	172〜173
ロバスタチン(クレストール®)	3
Weinreb アミド	141
Wacker 酸化	180
ワンポット	100, 193
—— 化	24

略 語 表

Δ	heat	HPLC	high performance liquid chromatography
6-APA	6-aminopenicillanic acid	HWE	Horner-Wadsworth-Emmons
9-BBN	9-borabicyclo[3.3.1]nonane	i	iso
AGE	N-acyl-D-glucosamine 2-epimerase	KMB	kanamycin B
AIBN	2,2′-azobisisobutyronitrile	LDA	lithium diisopropylamide
BSA	bovine serum albumin	LiTMP	lithium tetramethylpiperidide
Bes	benzylsulfonyl	mCPBA	m-chloroperbenzoic acid
BHT	butylated hydroxytoluene, 2,6-di-$tert$-butyl-4-hydroxytoluene	MNNG	N-methyl-N'-nitro-N-nitrosoguanidine
		MTBE	methyl t-butyl ether
BINAP	2,2′-bis(diphenylphosphino)-1,1′-binaphthyl	Ms	methanesulfonyl
		n	normal
Boc	$tert$-butoxycarbonyl	NA	neuraminidase
BSA	N,O-bis(trimethylsilyl)acetamide	NAL	N-acetylneuraminic acid lyase, NeuAc lyase
cat	catalytic		
Cbz	benzyloxycarbonyl	NAD	nicotinamide adenine dinucleotide
CDI	carbonyl diimidazole	NADP	nicotinamide adenine dinucleotide phosphate
CHBE	ethyl 4-chloro-3-hydroxybutanoate		
COBE	ethyl 4-chloro-3-oxobutanoate	NBS	N-bromosuccinimide
conc	concentrated	NMP	N-methylpyrrolidone
DBU	1,8-diazabicyclo[5.4.0]undec-7-ene	NPY	neuropeptide Y
DCB	2,6-dichlorobenzyl	o	ortho
DKB	3′,4′-dideoxy kanamycin B	p	para
DMAP	4-(dimethylamino)pyridine	Ph	phenyl
DME	1,2-dimethoxyethane	PMB	p-methoxybenzyl
DMF	N,N-dimethylformamide	Pr	propyl
DMSO	dimethyl sulfoxide	p-TSA	p-toluenesulfonic acid
EDCl	1-ethyl-3-(3-dimethylaminopropyl)carbodiimide hydrochloride	PYR	2,5-diphenylpyrimidine
		s	secondary, sec
EMME	diethyl ethoxymethylenemalonate, ethoxymethylene-propanedioic acid diethyl ester	SAR	structure-activity relationships
		SEGPHOS	5,5′-bis(diphenylphosphino)-4,4′-bi-1,3-benzodioxole
eq	equivalent	SEM	2-(trimethylsilyl)ethoxymethyl
Et	ethyl	Sia	secondary isoamyl, 1,2-dimethylpropyl
FDH	formate dehydrogenase	t	tertiary, tert
GDH	glucose dehydrogenase	TBAB	tetra-n-butylammonium bromide
GLP	Good Laboratory Practice	TBS	$tert$-butyldimethylsilyl
GMP	Good Manufacturing Practice	THF	tetrahydrofuran
HA	hemagglutinin, haemagglutinin	THP	2-tetrahydropyranyl
HMTA	hexamethylenetetramine	TMEDA	N,N,N',N'-tetramethylethylenediamine
$h\nu$	photoirradiation	TMS	trimethylsilyl
HOBt	1-hydroxybenzotriazole	Ts	p-toluenesulfonyl
HOSu	N-hydroxysuccinimide		

【日本プロセス化学会】
工業化に伴うさまざまな課題を解決するプロセス化学の科学技術の水準を向上させるために，研究者どうしの親睦と技術の切磋琢磨，成功・失敗事例の共有をめざすユニークな学会．
（詳しくは，http://www.jspc-home.com/index.html）

〒606-8501　京都市左京区吉田下阿達町46-29
京都大学大学院薬学研究科 薬品合成化学教室内
日本プロセス化学会
Tel 075-753-4553　Fax 075-753-4604
E-mail：jspc@pharm.kyoto-u.ac.jp
Home Page：http://www.jspc-home.com/index.html

プロセス化学の現場 —— 事例に学ぶ製法開発のヒント

2009年7月20日　第1版　第1刷　発行

検印廃止

JCOPY 〈(社)出版者著作権管理機構委託出版物〉
本書の無断複写は著作権法上での例外を除き禁じられています．複写される場合は，そのつど事前に(社)出版者著作権管理機構（電話 03-3513-6969，FAX 03-3513-6979，e-mail：info@jcopy.or.jp）の許諾を得てください．

乱丁・落丁本は送料小社負担にてお取りかえします．

編　者　日本プロセス化学会
発行者　曽　根　良　介
発行所　(株)化学同人
〒600-8074　京都市下京区仏光寺通柳馬場西入ル
編集部　Tel 075-352-3711　FAX 075-352-0371
営業部　Tel 075-352-3373　FAX 075-351-8301
振替　01010-7-5702
E-mail　webmaster@kagakudojin.co.jp
URL　http://www.kagakudojin.co.jp
印　刷　創栄図書印刷(株)
製　本　清水製本所

Printed in Japan　© The Japanese Society for Process Chemistry　2009　　ISBN978-4-7598-1276-3
無断転載・複製を禁ず